AF571046

EUL
VERLAG

EINZELSCHRIFTEN

Andreas Schmidt
Ausgestaltung und Analyse der Kapitalflussrechnung im Jahresabschluss – Nach HGB und IFRS
Lohmar – Köln 2017 • 92 S. • € 46,- (D) • ISBN 978-3-8441-0502-5

Detlef Pietsch
Grenzen des ökonomischen Denkens – Wo bleibt der Mensch in der Ökonomie?
Lohmar – Köln 2017 • 264 S. • € 62,- (D) • ISBN 978-3-8441-0503-2

Christian Unsöld
Kompetenzorientiertes Strategisches Management in turbulenten Zeiten – Kontextadäquate Kompetenzkontingentierung als Schlüssel für eine beständige Leistungsfähigkeit
Lohmar – Köln 2017 • 280 S. • € 64,- (D) • ISBN 978-3-8441-0507-0

Ulrike Sträßer
Entwicklung eines Modells zur Optimierung klinischer Behandlungsprozesse im Fehlerkostenmanagement
Lohmar – Köln 2017 • 324 S. • € 68,- (D) • ISBN 978-3-8441-0510-0

Benedikt Krams
Sustainable Mobility Engineering – Eine Fallstudie zu Gemeinschaftsverkehren mit Elektrofahrzeugen im ländlichen Raum
Lohmar – Köln 2017 • 344 S. • € 70,- (D) • ISBN 978-3-8441-0514-8

Helge Kaul
Kooperatives Kulturmarketing – Typen und strategische Implikationen der interaktiven Wertschöpfung im kulturellen Markt
Lohmar – Köln 2017 • 460 S. • € 82,- (D) • ISBN 978-3-8441-0515-5

Laura Bernadette Kassner
Product Life Cycle Analytics – Analytics auf unstrukturierten Daten für eine intelligentere Fertigung
Lohmar – Köln 2017 • 256 S. • € 62,- (D) • ISBN 978-3-8441-0521-6

Dr. Laura Bernadette Kassner

Product Life Cycle Analytics

Analytics auf unstrukturierten Daten für eine intelligentere Fertigung

Mit einem Geleitwort von Prof. Dr. Bernhard Mitschang, Universität Stuttgart

Bibliografische Information der Deutschen Nationalbibliothek

Die Deutsche Nationalbibliothek verzeichnet diese Publikation in der Deutschen Nationalbibliografie; detaillierte bibliografische Daten sind im Internet über <http://dnb.d-nb.de> abrufbar.

Dissertation, Universität Stuttgart, 2017

D 93

ISBN 978-3-8441-0521-6
1. Auflage August 2017

JOSEF EUL VERLAG GmbH
Brandsberg 6
53797 Lohmar
Tel.: 0 22 05 / 90 10 6-80
Fax: 0 22 05 / 90 10 6-88
E-Mail: info@eul-verlag.de
https://www.eul-verlag.de

Bei der Herstellung unserer Bücher möchten wir die Umwelt schonen. Dieses Buch ist daher auf säurefreiem, 100% chlorfrei gebleichtem, alterungsbeständigem Papier nach DIN 6738 gedruckt.

Geleitwort

Die Verarbeitung großer Datenmengen (Big Data) sowie die Wichtigkeit von Datenanalysen (Data Analytics, Data Science) sind mittlerweile in den produzierenden Unternehmen angekommen und finden sich auch schon in der ein oder anderen Form in den aktuellen Referenzarchitekturen zu Industrie 4.0 (Industrial Internet) bzw. zu Internet der Dinge (Internet of Things). Dabei ist die Analyse strukturierter Daten schon weitestgehend etabliert. Gemeint sind hier speziell aufgesetzte Analyseprojekte (etwa sog. Predictive-Maintenance-Untersuchungen), die für einen vorgegebenen Anwendungsbereich (etwa Werkzeugbestückung), dessen meist über Metadaten strukturierte Daten (SCADA Protokolle) analysieren und so zu spezifischen Optimierungen Anlass geben bzw. beitragen. Aktuell liegt der Fokus auf fokussierten Analysen zu spezifischen Problembereichen, wohingegen themenübergreifende Analysen oder auch die Berücksichtigung semi- bzw. unstrukturierter Daten noch weitestgehend unbearbeitet sind.

Genau an dieser Stelle setzt die vorliegende Dissertationsschrift von Frau Kassner an. Das Ziel der Dissertation ist, die vorhandenen „Analytics“-Potenziale unstrukturierter, also weitestgehend schemaloser Daten, insbesondere unstrukturierter Textdaten, rund um den Produktlebenszyklus industriell gefertigter Produkte zu untersuchen.

Zur Erreichung dieses Ziels wurde das „Product Life Cycle Analytics“ genannte Konzept zur Integration und Analyse von strukturierten wie auch unstrukturierten Daten aus dem gesamten Produktlebenszyklus entworfen, mit dem nun neuartige produktlebenszyklusübergreifende Analysen ermöglicht werden. Eine erweiterbare Referenzarchitektur ist die Grundlage für eine prototypische Realisierung von Datenintegrations- und Analyse-Infrastruktur und dient als

Basis für Machbarkeitsuntersuchungen von Anwendungsfällen mit realitätsnahen Beispieldaten. Die bessere Integration des Menschen in die immer komplexer und flexibler werdende Produktion und deren Abläufe ist ein weiteres übergeordnetes Ziel. Dazu wird das Konzept der sogenannten „Sozialen Fabrik“ entworfen, welches auf dem entwickelten Rahmenwerk aufbaut und den Menschen in der Produktion (Maschinenarbeiter, Fabrikarbeiter, Prozessverantwortlichen etc.) durch eine effektive Datenintegrations- und Analysefunktionalität als aktiven Problemlöser unterstützt.

Insgesamt wird ein Rahmenwerk für die Integration und Analyse unstrukturierter und strukturierter Daten geschaffen, welches neuartige und themenübergreifende Analysen bzw. Optimierungen ermöglicht. Das Rahmenwerk steht für weitere Untersuchungen auch in anderen Anwendungsbereichen zur Verfügung.

Stuttgart, im Mai 2017 Prof. Dr.-Ing. habil. Bernhard Mitschang

Vorwort

Diese Forschungsarbeit entstand an der Graduate School advanced Manufacturing Engineering in den Jahren 2013 – 2016. Eine Reihe von Menschen haben mich im Lauf dieser Zeit besonders unterstützt und gefördert; ihnen sind die folgenden Zeilen gewidmet.

Der erste Dank gilt meinem Doktorvater Prof. Dr.-Ing. habil. Bernhard Mitschang, der mir bei der Ausgestaltung meines Themas einerseits viel Freiheit ließ und auf meine Eigeninitiative vertraute, andererseits aber stets ein offenes Ohr für Fragen hatte und zum Ideenaustausch bereit stand.

Ich bedanke mich auch bei Prof. Dr.-Ing. Wolfgang Lehner für die Übernahme des Mitberichts und das Interesse an meiner Arbeit.

Im Laufe meiner Forschungsarbeit konnte ich eine Industriekooperation mit der Daimler AG aufbauen und mit echten Daten und Anwendungsbeispielen arbeiten. Am Gelingen dieser Kooperation waren verschiedene Personen besonders beteiligt: Dr. Martin Grass, Dr. Norbert Lange, Dr. Dominik Petzelt, Frank Müller, Jan Römer, Kristine Puritz und Sebastian Müller. Herzlichen Dank für den Einblick in die Industrie und die Unterstützung!

An der Universität Stuttgart hat mich der Austausch mit Kollegen am Institut für Parallele und Verteilte Systeme immer wieder inspiriert. Besonders bedanken möchte ich mich bei Christoph Gröger, Pascal Hirmer, Eva Hoos, Cornelia Kiefer, Jan Königsberger, Frank Steimle, Stefan Silcher, Christian Weber und Matthias Wieland.

Im Rahmen meiner Forschungsarbeit durfte ich einige sehr fähige und motivierte Studenten bei Abschlussarbeiten, als wissenschaftliche Hilfskräfte und bei Studienprojekten betreuen. Namentlich erwähnen möchte ich Marcel Estel, Nils Krieg, Sebastian Kunz, Simon Rühle, Christian Schierle, Niklas Schnabel und Alejandro Villanueva Zacarias.

Zu guter Letzt danke ich meiner Familie: Meinen Eltern Angelika und Klaus und meiner Schwester Sophie, die mich ermutigt haben, das lange Unterfangen einer Promotion in Angriff zu nehmen, meinem Mann Marc, der mir in der ganzen Zeit geduldig und interessiert zur Seite stand, meiner Schwiegermutter Sibylle, die mich vor allem in der Prüfungszeit tatkräftig unterstützt hat, und meiner Tochter Stella.

Herrenberg, im Mai 2017 Laura Bernadette Kassner

Inhaltsverzeichnis

Abbildungsverzeichnis

Tabellenverzeichnis

Abkürzungsverzeichnis

AdMA	Advanced Manufacturing Analytics, Seite 58
AIM	Automotive Internet Mining, Seite 41
API	Application Programming Interface, Seite 126
ApPLAUDING	Architecture for Product Life cycle Analytics with Unstructured Data INteGration, Seite 9
BI	Business Intelligence, Seite 26
BOM	Bill of Materials, Seite 4
CAD	Computer-Aided Design, Seite 3
CAS	Common Analysis Structure, Seite 36
CAx	Computer-Aided Anything, Seite 3
CIM	Computer-Integrated Manufacturing, Seite 19
CPPS	Cyber-Physische Produktionssysteme, Seite 166
CRM	Customer Relationship Management, Seite 5
ERP	Enterprise Resource Planning, Seite 20
ETL	Extract Transform Load, Seite 27
FIN	Fahrzeugidentifikationsnummer, Seite 46
GSaME	Graduate School of Excellence advanced Manufacturing Engineering, Seite 7
HTML	Hypertext Markup Language, Seite 39

IT	Informationstechnik, Seite 16
JDBC	Java Database Connectivity, Seite 126
KDD	Knowledge Discovery in Databases, Seite 27
KIF	Knowledge Interchange Format, Seite 114
kNN	k-Nearest-Neighbors, Seite 71
MaXCcpt	Manufacturing Exception Escalation, Seite 162
MES	Manufacturing Execution System, Seite 20
MIS	Management Information System, Seite 26
NHTSA	National Highway Traffic Security Administration, Seite 94
NLP	Natural Language Processing, Seite 31
NoSQL	Not only SQL, Seite 65
OEM	Original Equipment Manufacturer, Seite 44
OLAP	Online Analytical Processing, Seite 26
OWL	Web Ontology Language, Seite 115
PLCA	Product Life Cycle Analytics, Seite 11
PLM	Product Lifecycle Management, Seite 17
QATK	Quality Analytics Toolkit, Seite 92
QUEST	Quality Engineering Support Tool, Seite 92
RDF	Resource Description Framework, Seite 115
REST	Representational State Transfer, Seite 126
SITAM	Stuttgart IT Architecture for Manufacturing, Seite 7
SitOPT	Optimierung und Adaption situationsbezogener Anwendungen, Seite 182
SitRS	Situation Recognition Service, Seite 186
SQL	Structured Query Language, Seite 65

TF-IDF	Term Frequency-Inverse Document Frequency, Seite 36
UIMA	Unstructured Information Management Architecture, Seite 36
WEKA	Waikato Environment for Knowledge Analysis, Seite 71
XML	Extensible Markup Language, Seite 2

Kurzfassung

Die vorliegende Arbeit untersucht die Analytics-Potenziale unstrukturierter Textdaten rund um den Produktlebenszyklus industriell gefertigter Produkte, hauptsächlich am Beispiel von Produktqualitätsdaten aus der Automobilindustrie und mit besonderem Fokus auf die Entwicklung einer leistungsfähigen IT für die Produktion im Zuge von Industrie 4.0. Übergeordnetes Ziel ist die Schaffung eines Rahmenwerks für die Integration und Analyse unstrukturierter und strukturierter Daten, insbesondere unstrukturierter Textdaten. Ein solches Rahmenwerk soll die Erfüllung dreier untergeordneter Forschungsziele gewährleisten: (1) die Unterstützung von bestehenden, manuell ausgeführten Analyseaufgaben mit hohem Textdatenanteil im Tagesgeschäft durch Teilautomatisierung, (2) die Durchführung von neuen, wertschöpfenden und produktlebenszyklusübergreifenden Analyse-Aufgaben unter Verwendung von unstrukturierten Daten, sowie (3) die bessere Integration des Menschen in die flexible Produktion im Rahmen von Industrie 4.0 durch Analytics und Datenintegration.

Um diese Ziele zu erfüllen, wird das Konzept *Product Life Cycle Analytics (PLCA)* zur Integration und Analyse von Daten strukturierter und unstrukturierter Form aus dem gesamten Produktlebenszyklus entwickelt und eine Architektur als Rahmenwerk zur Umsetzung dieses Konzepts entworfen. Innerhalb dieser Architektur werden mehrere Anwendungsfälle aus dem Bereich Qualitätsdaten in der Automobilindustrie – vor allem Aftersales-Teilequalität – prototypisch umgesetzt oder auf Machbarkeit untersucht, die sich vor allem auf die ersten zwei Forschungsziele beziehen. Die Unterstützung von manueller Analysearbeit durch Teilautomatisierung wird prototypisch umgesetzt für die Klassifizierung von Schadteilen im Aftersales-Bereich auf Basis von Textbefunden aus verschiedenen Quellen (Forschungsziel 1). Die Machbarkeit verschiedener lebenszyklusübergreifender Analyseszenarien wird an Quellen aus Entwicklung und Aftersales gezeigt, zum Beispiel für das Ableiten möglicher Fehlerursachen in einer neuen Fahrzeugbaureihe aus bekannten Aftersales-Diagnosen in der vorigen Baureihe (Forschungsziel 2).

In einem Exkurs wird die Wiederverwendung und Wartung domänenspezifischen strukturierten unternehmensinternen Wissens behandelt, das für Text Analytics gebraucht wird.

Schließlich wird Forschungsziel 3 durch das Konzept einer Sozialen Fabrik für Industrie 4.0 bearbeitet, in der sich menschliche Arbeiter durch eine starke Datenintegrations- und Analytics-Infrastruktur optimal als flexible Problemlöser einbringen können. Die Soziale Fabrik baut auf dem definierten Integrations- und Analytics-Rahmenwerk auf und wird ebenfalls prototypisch implementiert.

Abstract

This thesis investigates the analytics potential of unstructured text data around the product life cycle of industrially manufactured products and the IT approaches needed to handle such data, especially in view of current developments towards a fourth Industrial Revolution. The main example throughout this thesis is product quality data from the automotive industry. The overarching research goal is the creation of a framework providing means to integrate and analyze structured and unstructured data across the product life cycle of an industrially manufactured product. Several sub-goals are to be fulfilled by this framework: (1) Data analytics tasks which are currently carried out manually and involve the processing of unstructured data are to be supported through partial automation with the help of unstructured data analytics. (2) Novel value-added analytics tasks using unstructured data from across the product life cycle are to be enabled. (3) With the help of analytics and data integration, the human worker is to be integrated better into an increasingly flexible production environment as it arises during the fourth Industrial Revolution.

To address these goals, the concept *Product Life Cycle Analytics (PLCA)* is developed for the purpose of integrating and analyzing structured and unstructured data from the entire product life cycle. An architectural framework for implementing this concept is provided. Within this framework, several application scenarios from the area of automotive quality data, especially aftersales part quality, are prototypically implemented or tested as proofs of concept. They address mainly the first two research goals: A prototype is implemented for supporting the classification of damaged car parts in aftersales through the automatic analysis of text reports from several sources (research goal 1). Several novel analytics scenarios using unstructured sources from several life cycle phases are tested for feasibility (research goal 2). For example, the discovery of error causes in the development of a new vehicle series can be supported through analytics on diagnostic data from the aftersales phase of the preceding model.

The thesis also investigates the re-use and maintenance of structured domain-specific enterprise internal knowledge which is necessary for text analytics in the context of the overall analytics framework.

To address research goal 3, PLCA and the associated architecture are used as a foundation for developing the concept and prototype of a Social Factory which optimally integrates human workers as flexible problem solvers with the help of a strong data integration and analytics infrastructure.

Kapitel 1

Einleitung

Big Data und Big Text sind zwei wichtige Themen der gegenwärtigen Entwicklungen im Bereich Datenanalyse. Datenspeicher und Rechenleistung sind in immer größerer Menge und immer günstiger verfügbar. Gleichzeitig partizipieren große Teile der Weltbevölkerung aktiv an den Sozialen Medien. Damit wächst die Menge an produzierten Daten, und zugleich ist es erstmals möglich, diese dauerhaft kostengünstig zu speichern und analytisch aufzubereiten. Große Datenmengen entstehen auch in Unternehmen, z.B. im produzierenden Gewerbe. Es ist etablierte Praxis in der Industrie, strukturierte Daten zu analysieren, also Daten mit einem festen Datenschema. Dadurch lassen sich wettbewerbsrelevante Erkenntnisse über Produkt und Produktion gewinnen. Die Analyse unstrukturierter, d.h. schemaloser Daten, ist erst in den letzten Jahren zu einem wichtigen Thema geworden und noch nicht im großen Stil umgesetzt.

Besonders wichtig ist dabei die analytische Erschließung von unstrukturierten Textdaten: Zum Einen enthalten Textdaten vielfach unerschlossene Informationen, die wettbewerbsentscheidend sein können, aber aufgrund der großen Datenmengen heute noch nicht auffindbar sind. Zum Anderen werden Textdaten heute oft manuell analysiert, was sehr aufwändig ist. Die Unterstützung dieser Analysen durch automatische oder teilautomatische Textanalyse bringt also einen direkten wirtschaftlichen Nutzen.

Die vorliegende Arbeit befasst sich mit der produktlebenszyklusübergreifenden Analyse unstrukturierter Textdaten in realistischen Industriekontexten an einem Beispiel aus der Automobilindustrie und mit der Relevanz dieser Form von Analysen für die Smarte Fabrik der vierten Industriellen Revolution. In diesem ersten Kapitel wird zunächst in Abschnitt 1.1 die Motivation für diese Forschung präsentiert und die Forschungslücke offengelegt, mit der sich diese Arbeit befasst. Weiterhin wird in Abschnitt 1.2 der Forschungskontext dieser Arbeit vorgestellt. Im Anschluss folgen die Definition von Forschungsfrage und Forschungszielen in Abschnitt 1.3 sowie die wesentlichen Beiträge dieser Dissertation in Abschnitt 1.4. Schließlich wird ein Überblick über die Struktur der restlichen Arbeit gegeben.

1.1 Motivation und Forschungslücke

Im gesamten Produktlebenszyklus eines industriell gefertigten Produktes entstehen große Mengen an Daten, sowohl strukturierte als auch unstrukturierte. Die unstrukturierten Daten machten populären Schätzungen zufolge bereits in den frühen 2000er Jahren über 80 % (Grimes, 2008), unternehmensintern mit Sicherheit etwa 50 % (Russom, 2007) der Gesamtdaten aus. Durch den seither erfolgten starken Anstieg von Datenproduktion in den Sozialen Medien sind heute sowohl absolut als auch relativ noch mehr unstrukturierte Daten zu Produkten vorhanden. Laut Grimes (2014) werden in Text-Analytics-Projekten in der Industrie hauptsächlich Daten aus den Sozialen Medien verarbeitet, z.B. Blogbeiträge oder Onlinekommentare.

Strukturierte Daten sind nach Batini u. a. (2011) alle Daten, die ein explizites semantisches Schema besitzen, also z.B. Daten in den Tabellen einer relationalen Datenbank. *Unstrukturiert* sind dagegen alle Daten, die kein Schema besitzen, also z.B. Textdaten, Bilddaten, Audio- und Videodaten. *Semistrukturierte* Daten haben schemalose Anteile, z.B. XML-Dateien mit einer durch Tags vorgegebenen, aber frei wählbaren Struktur und weiteren frei befüllbaren Anteilen. Sie werden in der vorliegenden Forschungsarbeit zu den unstrukturierten Daten gerechnet.

In dieser Arbeit liegt der Fokus innerhalb der unstrukturierten Daten insbesondere auf *Textdaten.* Einen Sonderfall bilden Textdaten innerhalb relationaler Datenbanken: Hier liegen die Daten zwar innerhalb eines strukturierten Schemas vor, sind jedoch selbst nicht weiter strukturiert. Die Inhalte dieser Tabellenfelder haben also keine direkt erschließbare oder automatisch verarbeitbare Semantik. Sie sind aber bereits mit strukturierten Daten integriert, nämlich den ihnen zugeordneten strukturierten Feldern in derselben Datenbank. Ähnlich zu betrachten sind Textdaten mit einer detaillierten und durchweg gut gepflegten Sammlung an Metadaten, zum Beispiel strukturierte Informationen zu Autor, Textkategorie, Erstellungsdatum etc. In der empirischen Forschung im Industriekontext dieser Arbeit werden unstrukturierte Textdaten aus einer relationalen Datenbankquelle betrachtet.

Abbildung 1.1 gibt einen Überblick über unterschiedliche Typen von strukturierten und unstrukturierten Daten und ihre Nutzung in allen Phasen des Produktlebenszyklus. Dieser wird nach Saaksvuori u. Immonen (2002) und Stark (2011) in sechs Phasen eingeteilt (siehe auch Abschnitt 2.1.1 im Hintergrundkapitel für eine ausführliche Erläuterung):

1. die Konzept- und Produktplanung
2. die Design- und Entwicklungsphase
3. die Produktionsplanung
4. die Produktionsphase
5. die Nutzung und Wartung
6. die Entsorgung oder Wiederverwertung des Produkts.

In der *Konzept- und Produktplanungsphase* werden zum Beispiel unstrukturierte Daten aus der Marktforschung gesammelt, Patentdokumente ausgewertet und Ideen in unternehmensinternen Blogs oder Wikis ausgetauscht. Hier können auch schon erste Designdaten aus computerassistierten Systemen entstehen. Ein Beispiel ist Computer-Aided Design (CAD), allgemeiner spricht man auch von CAx für eine Reihe von verschiedenen computergestützten Aufgaben. In der nächsten Phase, der *Design- und Entwicklungsphase*, entstehen weitere strukturierte CAx-Daten, außerdem erste strukturierte Daten für das Enterprise Resource Planning (ERP).

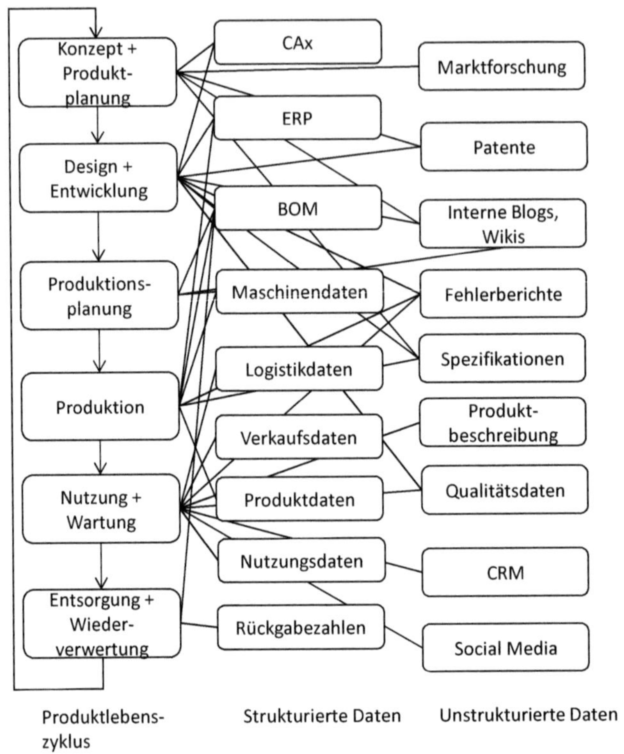

Abbildung 1.1: Daten im Produktlebenszyklus in Anlehnung an Kassner u. a. (2015)

Interne unstrukturierte Textmedien wie Blogs, Wikis und Textdokumente werden weiterhin genutzt. Außerdem können bei der Testung von Prototypen bereits Fehlerberichte und unstrukturierte Qualitätsdaten entstehen, und falls neue Produktionsmittel oder IT-Systeme benötigt werden, können Spezifikationen geschrieben werden. Am Ende der Entwicklungsphase existiert eine strukturierte Stückliste (englisch: „Bill of Materials", BOM). Diese wird für die *Produktionsplanung* genutzt, ebenso wie die strukturierten Stammdaten der zu verwendenden Maschinen. Insgesamt sind in den Phasen der Produktionsplanung und auch der *Produktion* strukturierte Daten dominant: es entstehen hauptsächlich Maschinendaten, z.B. Sensordaten oder Fehlercodes, strukturierte Produktdaten und Logistikdaten. Unstrukturierte Fehlerberichte können ebenfalls aus der Produktion kommen. Für die *Nutzungs- und Wartungsphase* ist wieder ein

Anstieg der unstrukturierten Datenmenge charakteristisch. Diese können sowohl aus Customer Relationship Management-Systemen (CRM) kommen als auch aus Quellen aus den Sozialen Medien, oder sie liegen als unternehmensinterne Qualitätsberichte vor. Außerdem entstehen strukturierte Daten zu Verkaufszahlen und Nutzungsverhalten. Die Phase der *Entsorgung und Wiederverwertung* bringt zusätzlich strukturierte Daten zu Rückgabezahlen.

Erkenntnisse aus Datenanalysen leisten einen wesentlichen Beitrag zur Verbesserung von Inhalten und Prozessen in allen Lebenszyklusphasen. Sie helfen, Schwachstellen im Produktionsprozess oder Qualitätsmängel an Produktbauteilen zu identifizieren und zu beheben, Potenziale für neu zu entwickelnde Produkteigenschaften aus Kundenwünschen zu erkennen oder Logistikprozesse zu optimieren. Das aus Datenanalysen gewonnene Wissen ist wettbewerbsrelevant, gerade im Hinblick auf den raschen Wandel der produzierenden Industrie unter dem Druck globaler Megatrends wie demographischer Wandel, Ressourcenknappheit oder Massenindividualisierung, welche zur Notwendigkeit einer vierten Industriellen Revolution beitragen (Kagermann u. a., 2013).

Vor allem im Hinblick auf die Entwicklung zu einer vernetzten Fabrik unter dem Stichwort Industrie 4.0 (Kagermann u. a., 2013), in der dem menschlichen Arbeiter als flexiblem Entscheider eine wichtige Rolle zukommt, ist die Analyse unstrukturierter Daten wichtig. Menschen kommunizieren durch gesprochene und geschriebene Sprache, produzieren und verarbeiten also unstrukturierte Daten selbst am besten. Wenn der Mensch optimal in die vernetzte Smarte Fabrik eingebunden werden soll, muss diese in der Lage sein, unstrukturierten Input zu verstehen und von Menschen benötigte Informationen in einer Form zu kommunizieren, die für diese intuitiv zu erfassen ist, also zum Beispiel textbasiert.

Heute finden Datenanalysen größtenteils nur auf strukturierten Daten statt und beschränken sich auf einzelne Datenquellen in Isolation sowie auf die Abbildung von Ist-Situationen (*deskriptive Analysen*) oder allenfalls auf die Vorhersage von Situationen (*prädiktive Analysen*). Unstrukturierte Datenquellen werden nicht oder nur einzelfallbezogen berücksichtigt, zum Beispiel durch die Beauftragung einer externen Social-Media-Analyse zu einem neuen Produkt.

Unstrukturierte Daten fließen zwar auch in Analyseprozesse ein, nachdem sie von menschlichen Experten vorstrukturiert wurden. Ein Beispiel ist die manuelle Klassifizierung von Fehlerberichten nach einem festgelegten Schlüssel, der dann genutzt wird, um Fehlerhäufungen und -ursachen statistisch auszuwerten. Dies ist jedoch aufwändig und kostet im Tagesgeschäft viel Zeit, die anders besser genutzt werden könnte.

Automatisierte Analysen unstrukturierter Textdaten werden heute nur auf einem kleinen Segment der verfügbaren Texttypen und zu stark eingeschränkten Zwecken ausgeführt, nämlich hauptsächlich auf Daten aus den Sozialen Medien und aus Customer Relationship Management-Systemen (Grimes, 2014). Vielen Unternehmen ist zwar im Grunde bewusst, dass Text Analytics wichtige Erkenntnisse bringt (Grimes, 2014). Jedoch fehlt häufig ein konkretes Bewusstsein für das große Potenzial von Wissen, das in unstrukturierer Form gerade unternehmensintern vorliegt.

Sowohl strukturierte als auch unstrukturierte Daten werden heute innerhalb eines Unternehmens in vielen verschiedenen Softwaresystemen erfasst und nur in Ausnahmefällen in eine Datenhaltung überführt. Somit können Daten aus unterschiedlichen Lebenszyklusphasen nicht ohne Aufwand für vergleichende Analysen verwendet werden, z.B. um die auftretenden Fehlerarten während der Produktentwicklung und während der Produktnutzung miteinander zu vergleichen. Diese Problematik betrifft strukturierte und in noch viel höherem Maße unstrukturierte Daten.

Durch die beschriebene Sachlage haben die produzierenden Unternehmen keinen Zugriff auf große Teile wichtigen, potenziell wettbewerbsrelevanten Wissens, oder dieser Zugriff ist zumindest sehr schwer herzustellen. Um Abhilfe zu schaffen, sind ein umfassendes Konzept zur Datenanalyse und -integration und insbesondere neue Anwendungsfälle für die Analyse unstrukturierter unternehmensinterner Daten notwendig. Hier besteht eine Forschungslücke, die in dieser Dissertation bearbeitet wird.

Die vorliegende Arbeit entwickelt ein Rahmenwerk für die Analyse und Integration strukturierter und unstrukturierter Daten über den gesamten Produktlebenszyklus und erforscht Methoden und Anwendungsfälle für die Analyse unstrukturierter Textdaten im Kontext der fertigenden Industrie.

1.2 Forschungskontext

Die Forschungsarbeit zu dieser Dissertation fand im übergeordneten Kontext *advanced Manufacturing Engineering* statt, das heißt im Rahmen interdisziplinärer Forschung für zukunftsfähige Produktion. Die Graduiertenschule „Graduate School of Excellence advanced Manufacturing Engineering" (GSaME) an der Universität Stuttgart hat sich diesem Thema besonders verschrieben und bereits zahlreiche interdisziplinär und industrienah ausgerichtete Dissertationen zu ingenieurstechnischen, wirtschaftswissenschaftlichen und informatischen Fragestellungen im Kontext des advanced Manufacturing Engineering hervorgebracht.

Im Bereich Datenenalyse existieren Vorarbeiten zur Integration strukturierter und unstrukturierter Daten in einem einheitlichen Wissensrepository (Gröger u. a., 2014b) sowie zur präskriptiven Analyse strukturierter Fertigungsprozessdaten (Gröger u. a., 2014a). Für die Analyse von unstrukturierten Daten im Kontext der Automobilindustrie existieren Vorarbeiten zu zwei isolierten Anwendungsfällen von Social Media Analytics und Text Analytics auf unternehmensinternen Datenquellen (Bank u. Hänig, 2011, Schierle, 2011). Weiterhin existieren verwandte aktuelle Arbeiten im Kontext der GSaME zu IT-Themen wie Governance, mobilen Apps und Datenqualität. Der gemeinsame Nenner dieser aktuellen Arbeiten wird in den Publikationen Gröger u. a. (2016) und Kassner u. a. (2017a) zusammengefasst in der Vision einer datengetriebenen Fabrik, für die eine Referenzarchitektur, die Stuttgart IT Architecture for Manufacturing (SITAM), erarbeitet wird. Dabei liegt ein besonders starker Fokus auf der Integration und Analyse von Daten aller Art. Die SITAM und die datengetriebene Fabrik werden in Kapitel 2.1.3 eingehender vorgestellt.

1.3 Forschungsziele und Themenüberblick

Ausgehend von der Forschungslücke zum Thema Analyse unstrukturierter Daten im Industriekontext, die in Abschnitt 1.1 umrissen wurde, werden in Abschnitt 1.3.1 drei Forschungsziele entwickelt. Ihnen werden in Abschnitt 1.3.2 ein Lösungsansatz und ein Überblick über die behandelten Themen gegenübergestellt.

1.3.1 Forschungsziele

Übergeordnetes Ziel dieser Arbeit ist die konzeptuelle Entwicklung und prototypische Implementierung eines Rahmenwerkes für die produktlebenszyklusübergreifende Integration und Analyse strukturierter und unstrukturierter Daten im Kontext der Produktionsindustrie. Die Anwendungsbeispiele wie auch die Datenquellen in dieser Arbeit stammen aus der Automobilindustrie, die Prinzipien lassen sich aber auch auf andere Zweige der produzierenden Industrie übertragen. Ausgehend von einer Überblicksstudie über die aktuelle Daten- und Analyselandschaft im Anwendungskontext und in der Literatur (siehe Kapitel 3 und 4.3) wurden drei untergeordnete Forschungsziele entwickelt, die das Rahmenwerk erfüllen muss:

- **Forschungsziel 1 (FZ_1): Unterstützung oder teilweise Automatisierung von manueller Datenanalysearbeit auf unstrukturierten Textdaten unter realistischen industriellen Gegebenheiten.** Die Analysefunktionalitäten für diese Aufgaben sind grundlegende Funktionalitäten, die auch für die Erfüllung der weiteren Forschungsziele zur Verfügung stehen müssen.
- **Forschungsziel 2 (FZ_2): Unterstützung von produktlebenszyklusübergreifenden Analyseszenarien unter Verwendung unstrukturierter Textdaten, die erst durch Text Analytics möglich werden.** Diese Analyseszenarien bauen methodisch auf den vorigen Szenarien auf, integrieren aber Daten aus verschiedenen Datenquellen miteinander.

- **Forschungsziel 3 (FZ_3): Nutzung unstrukturierter Textdaten für die Integration des Menschen in die Smarte Fabrik von Industrie 4.0.** Damit wird ein größerer und nochmals anspruchsvollerer Anwendungskontext aufgespannt, in dem auch echtzeitnahe Analytics benötigt werden und das unmittelbare Zusammenspiel von Mensch, Maschine und Analytics sichergestellt werden muss.

1.3.2 Lösungsansatz: ApPLAUDING

Der Lösungsansatz ApPLAUDING – „Architecture for Product Life cycle Analytics with Unstructured Data INteGration" – ist eine Referenzarchitektur zur Erfüllung aller drei Forschungsziele, an der sich alle weiteren bearbeiteten Themen orientieren. ApPLAUDING folgt den Anforderungen für Product Life Cycle Analytics, die in Kapitel 4 dieser Arbeit definiert werden. Das Konzept zu ApPLAUDING wurde im Rahmen der Forschung zu dieser Dissertation entwickelt und bereits in Kassner u. a. (2015) publiziert. Die Implementierung eines Analyseszenarios innerhalb von ApPLAUDING wurde bereits in Kassner u. Mitschang (2016) publiziert.

Die detaillierte Beschreibung von ApPLAUDING findet sich in Kapitel 5. Im Folgenden wird kurz erläutert, inwiefern ApPLAUDING und die dazu erfolgten Implementierungen die drei Forschungsziele dieser Arbeit erfüllen.

1.3.2.1 Unterstützung manueller Analysearbeit auf Textdaten

Für die Lebenszyklusphasen Produktion und Nutzung/Wartung wurden zwei Detailkonzepte für Anwendungsbeispiele zur Unterstützung manueller Analysearbeit erstellt, welche der Struktur der ApPLAUDING-Architektur folgen. Diese liegen bereits in Eigenpublikationen vor (Kassner u. Mitschang, 2015, 2016). Für den Anwendungsfall in der Produktwartung erfolgten eine prototypische Implementierung und ein Machbarkeitsnachweis, ebenfalls publiziert in Kassner u. Mitschang (2016).

1.3.2.2 Unterstützung von produktlebenszyklusübergreifenden Analyseszenarien auf Textdaten

Die Integration strukturierter und unstrukturierter Daten rund um den Produktlebenszyklus sowie die Bereitstellung von Analysewerkzeugen für unstrukturierte Daten ermöglichen produktlebenszyklusübergreifende Analyseszenarien, die mit heutigen Mitteln einen hohen Implementierungsaufwand für Einzelfälle erfordern. Detailkonzepte für solche Analyseszenarien wurden publiziert in Gröger u. a. (2016), woran die Autorin dieser Dissertation beteiligt war, und in der Eigenpublikation Kassner u. a. (2015). Ein prototypisch implementiertes Beispiel für produktlebenszyklusübergreifende Datenvergleiche wird vorgestellt in der Eigenpublikation Kassner u. Mitschang (2016). Weitere Analyseszenarien und Strategien werden im Rahmen dieser Arbeit in Kapitel 8 auf Machbarkeit untersucht.

1.3.2.3 Nutzung unstrukturierter Textdaten für die Integration des Menschen in die Smarte Fabrik

Für die Unterstützung menschlicher Arbeit durch unstrukturierte Daten im Shop Floor einer Smarten Fabrik wird ein detailliertes Konzept zur datengetriebenen Fehlereskalation entwickelt, das in der Eigenpublikation Kassner u. Mitschang (2015) erstmals veröffentlicht ist. Darauf aufbauend wird im Rahmen dieser Arbeit ein Prototyp eines sozialen Netzwerks für die Fabrik entwickelt, in der die Fehlereskalation auf Basis von textueller Kommunikation und Analysen auf Sensordaten implementiert ist und welches ebenfalls in einer Eigenpublikation vorliegt (Kassner u. a., 2017b). Konzept und Prototyp werden in Kapitel 9 vorgestellt.

1.3.2.4 Weitere bearbeitete Inhalte

Die Referenzarchitektur ApPLAUDING sieht hohe Modularität von Analysewerkzeugen für eine optimale Wiederverwendbarkeit vor. Eine besondere Herausforderung bieten dabei domänenspezifische semantische Ressourcen, zum Beispiel Taxonomien und Ontologien. In Kassner

u. Kiefer (2015) wird ein Detailkonzept für die Wiederverwendbarkeit von Taxonomien zur Textanalyse entwickelt. Kapitel 7 baut darauf auf und präsentiert Konzept und Prototyp für eine teilautomatischen Wartung domänenspezifischer semantischer Ressourcen.

1.4 Beiträge und Gliederung dieser Arbeit

In dieser Arbeit wurden insgesamt acht Beiträge erarbeitet, um den in Abschnitt 1.3 definierten Forschugszielen gerecht zu werden. Diese Beiträge sind im Einzelnen

1. das Konzept Product Life Cycle Analytics (PLCA) (Kapitel 4)
2. eine Auswertung aktueller Analyseansätze für unstrukturierte Daten in Bezug auf die Anforderungen an Product Life Cycle Analytics (Kapitel 4.3)
3. eine Referenzarchitektur für Product Life Cycle Analytics, ApPLAUDING – Architecture for Product Life Cycle Analytics with Unstructured Data INteGration (Kapitel 5)
4. die prototypische Implementierung bzw. der Machbarkeitsnachweis mehrerer Anwendungsszenarien aus der Automobilindustrie innerhalb der Referenzarchitektur ApPLAUDING, insbesondere
    - ein Softwareprototyp für einen Anwendungsfall zur Unterstützung manueller Analysearbeit bei der Qualitätsbefundung von Schadteilen der Automobilbranche in der Lebenszyklusphase der Produktnutzung (Kapitel 6)
    - Machbarkeitsnachweise für mehrere Anwendungsfälle zur Vergleichbarkeit von unstrukturierten Qualitätsdaten aus den Lebenszyklusphasen Entwicklung und Produktnutzung (Kapitel 8)
5. ein Konzept und eine prototypische Umsetzung der IT-gestützten Wartung domänenspezifischer Analytics-Ressourcen am Beispiel einer konkreten Ressource für die Automobildomäne (Kapitel 7)
6. das Konzept Soziale Fabrik zur analytischen Unterstützung menschlicher Arbeiter im Shop Floor (Kapitel 9.1)

7. eine ApPLAUDING-konforme Detailarchitektur für ein produktionsspezifisches Anwendungsszenario im Rahmen der Sozialen Fabrik (Kapitel 9.3)
8. eine prototypische Implementierung der Sozialen Fabrik (Kapitel 9.4).

Die weiteren Kapitel dieser Arbeit sind wie folgt gegliedert: In Kapitel 2 werden der Hintergrund und verwandte Arbeiten vorgestellt. Kapitel 3 gibt einen kurzen Überblick über die zwei großen Anwendungsszenarien, an denen die Forschung im Rahmen dieser Arbeit stattfand, eines zum Thema Qualitätsdaten in der Automobilbranche (3.1) und eines zum Thema Problemeskalation in der Produktion (3.2). In Kapitel 4 wird das Konzept PLCA vorgestellt (4.1), es werden Anforderungen für Product Life Cycle Analytics definiert (4.2) und existierende Ansätze bewertet (4.3).

Kapitel 5 behandelt im Detail die Architecture for Product Life Cycle Analytics with Unstructured Data INteGration (ApPLAUDING).

In Kapitel 6 liegt der Fokus auf dem ersten Forschungsziel, der Unterstützung manueller Analysearbeiten durch Unstructured Data Analytics, mit einem Anwendungsbeispiel aus dem Szenario mit Qualitätsdaten aus der Automobilbranche, das als Durchstich durch ApPLAUDING implementiert wurde.

Kapitel 7 befasst sich ausgehend von diesem Anwendungsszenario mit der Wiederverwendbarkeit und Wartung semantischer Ressourcen, wie sie für die Analyse unstrukturierter Daten gerade in spezifischen Industriekontexten wichtig sind.

In Kapitel 8 wird aufbauend auf den Analysemethodiken aus Kapitel 6 und den Anforderungen aus Kapitel 4 ein branchenspezifisches Anwendungskonzept für Product Life Cycle Analytics (PLCA) im Bereich Automotive erarbeitet und es werden Machbarkeitsstudien für verschiedene PLCA-Strategien durchgeführt.

Kapitel 9 behandelt das Konzept und einen Prototypen der Sozialen Fabrik, in der strukturierte und unstrukturierte Daten integriert und analysiert werden, um ein Arbeitsumfeld in der Smarten Fabrik zu schaffen, das den Menschen optimal mit einbezieht.

Kapitel 10 fasst die Forschungsergebnisse der vorliegenden Arbeit zusammen und gibt einen Ausblick auf weiterführende Forschung.

Kapitel 2

Hintergrund und verwandte Arbeiten

In diesem Kapitel geht es um den wissenschaftlichen und industriellen Hintergrund dieser Arbeit und um die Abgrenzung zu verwandten Forschungsarbeiten. Das Ziel ist es, dem Leser eine allgemeine Orientierung zu ermöglichen. Wo eine tiefergehende Erläuterung von Hintergrundforschung zum Verständnis der vorgestellten Forschungsergebnisse nötig ist, erfolgt sie direkt im entsprechenden Kapitel.

In diesem Kapitel wird zunächst der Themenkomplex um Industrie 4.0 und Smart Manufacturing vorgestellt und die vorliegende Arbeit in den größeren Forschungskontext zu diesen Themen an der Graduate School advanced Manufacturing Engineering eingebettet (Abschnitt 2.1). Danach wird der Schwerpunkt Business Intelligence und Data Mining besprochen (Abschnitt 2.2) und schließlich folgt eine Einführung in Methoden und Konzepte der Text Analytics (Abschnitt 2.3). In jedem dieser Teilkapitel erfolgt auch eine Einbettung in den Forschungskontext bzw. eine Abgrenzung zu verwandten Arbeiten.

2.1 Smart Manufacturing, Industrie 4.0 und datengetriebene Produktion

Nach einer allgemeinen Einführung zum Thema Produktion und Produktlebenszyklus (Abschnitt 2.1.1) beleuchtet dieser Abschnitt die aktuellen zukunftsweisenden Entwicklungen im Bereich der Fertigungstechnologie und fertigungsbezogenen Informationstechnik (IT) und erläutert dazu die Begriffe Industrie 4.0 und Smart Manufacturing (Abschnitt 2.1.2). In Abschnitt 2.1.3 folgt eine Diskussion verwandter Arbeiten über das Konzept der „datengetriebenen Fabrik“, die eine IT für Industrie 4.0 bereitstellt (Gröger u. a., 2016), und die darauf bezogene Stuttgart IT Architecture for Manufacturing (SITAM) (Kassner u. a., 2017a), die aus mehreren Forschungsprojekten im Rahmen der GSaME hervorgegangen ist und an deren Konstruktion auch die Autorin dieser Dissertation maßgeblich beteiligt war.

2.1.1 Produktion und Produktlebenszyklus

Die industrielle Herstellung komplexer Produkte gliedert sich in verschiedene Phasen, die zeitlich aufeinander folgen und in Abbildung 2.1 schematisch dargestellt werden. Diese Einteilung des *Produktlebenszyklus* orientiert sich an Saaksvuori u. Immonen (2002) und Stark (2011) und wird ähnlich in Silcher u. a. (2010) verwendet. In jeder dieser Phasen entstehen große Mengen an sehr unterschiedlichen Daten. Zuerst entsteht in der *Konzept- und Produktplanungsphase* die Produktidee und wird in Skizzen oder auch Textbeschreibungen festgehalten. Darauf folgt die Phase der *Produktentwicklung*, in der Modelle und Prototypen des Produktes erstellt und getestet werden. Hier entstehen zum Beispiel Daten des Computer-Aided Design (CAD-Daten), welche Bauteile und Zusammenbaustrukturen des Produktes als dreidimensionale Modelle abbilden, erste Stücklisten sowie Testberichte über die Prototypen. In der Phase der *Produktionsplanung* wird die Serienfertigung des Produktes geplant. Dabei entstehen Stücklisten, Produktionspläne und gegebenenfalls Fabrikpläne. In der nächsten Phase, der *Produktion*, wird das Produkt gefertigt, wobei zwischen der verfahrenstechnischen Herstellung der Einzelteile (oft bei mehreren Zulieferern) und dem Zusammenbau zum komplexen Endprodukt unterschieden wird. Dabei entstehen unter anderem strukturierte Maschinendaten, Kennzahlen wie Durchlaufzeiten oder Ausschussmenge und unstrukturierte Fehlerberichte aus der Produktion. In der darauffolgenden Phase, der *Nutzung und Wartung*, geht das Produkt in den Besitz des Kunden über und wird von diesem genutzt. Hier finden sich Verkaufszahlen, Kundenberichte aus Customer Relationship Management-Systemen oder den Sozialen Medien sowie Qualitätsberichte aus der Produktwartung. In der letzten Phase wird das Produkt *entsorgt* oder *wiederverwertet*. Einerseits können Materialien, andererseits Erkenntnisse aus den vorigen Phasen des Produktlebenszyklus Eingang in den Zyklus des Nachfolgemodells für dasselbe Produkt finden, sodass sich der Kreis schließt.

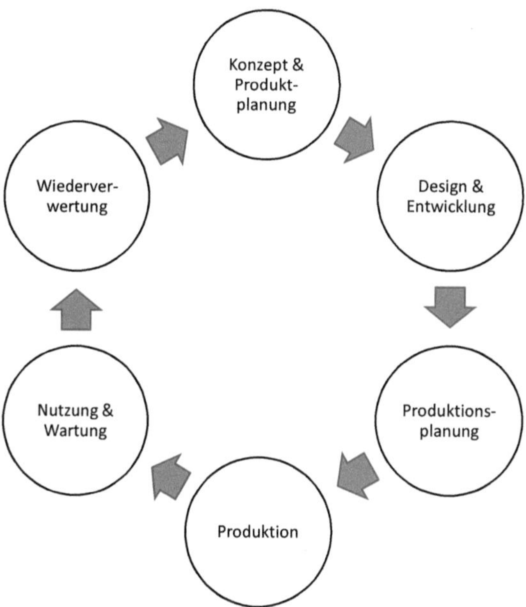

Abbildung 2.1: Phasen des Produktlebenszyklus in Anlehnung an Kassner u. Mitschang (2016)

Product Lifecycle Management (PLM) (Saaksvuori u. Immonen, 2002, Stark, 2011) ist die umfassende Verwaltung und Strukturierung des gesamten Lebenszyklus eines industriell gefertigten Produkts. PLM zielt darauf ab, die Produktion effizienter zu machen und die Produktqualität zu erhöhen, indem die einzelnen Phasen des Produktlebenszyklus aufeinander abgestimmt werden und Wissen aus jeder Phase des Produktlebenszyklus in den jeweils anderen Phasen des Produktlebenszyklus verfügbar gemacht wird. Dazu werden Produktdaten wie Stücklisten, Teilemodelle aus CAD-Systemen oder Produktbeschreibungstexte einheitlich verwaltet und an verschiedenen Stellen im Produktlebenszyklus zur Verfügung gestellt. PLM wird allerdings heute oft mit starkem Fokus auf das Management, mit hohem menschlichem Analyse- und Integrationsaufwand und ohne Datenbereitstellung in Echtzeit umgesetzt. Um eine moderne IT für zukunftsweisende Fertigung zu befähigen, muss PLM stärker analytics-getrieben und echtzeitfähig werden. Ein gewisser Trend in diese Richtung ist aktuell bereits zu erkennen (z.B. der Einbau von Analytics-Funktionalitäten in Data Warehouses für PLM – siehe auch Böhm u. a. (2017)); die vorliegende Arbeit ist auch im Rahmen dieses Trends zu betrachten.

2.1.2 Industrie 4.0

Seit Beginn der Industrialisierung hat es drei Entwicklungsstufen oder „Revolutionen" gegeben: Die erste Industrielle Revolution im 18. Jahrhundert hat maschinelle Produktion durch Dampf- und Wasserantrieb überhaupt erst ermöglicht. Die zweite Industrielle Revolution Anfang des 20. Jahrhunderts ereignete sich durch die Einführung von Arbeitsteilung und Fließbandarbeit, die eine noch höhere Produktivität bei geringeren Produktionskosten ermöglichte. Die dritte Industrielle Revolution erfolgte in den 1970er Jahren mit der Einführung von programmierbarer Maschinensteuerung und der noch stärkeren Hinwendung zur Automatisierung, welche damit einherging.

Am Beginn des 21. Jahrhunderts befindet sich die produzierende Industrie in der Frühphase einer vierten Industriellen Revolution, die geprägt sein wird von intelligenter, vernetzter Technologie und einer starken Flexibilisierung der Produktion. Dafür ist im deutschsprachigen Raum der Begriff *Industrie 4.0* gebräuchlich (Spath u. a., 2013), während teilweise vergleichbare Konzepte und technologische Entwicklungen beispielsweise im angloamerikanischen Raum als „industrial internet" bekannt sind (Bruner, 2013).

Ein wesentliches Charakteristikum von Industrie 4.0 ist *Smart Manufacturing* bzw. intelligente Produktion. Darunter versteht man cyber-physische Produktionssysteme, also mit intelligenter Technologie ausgestattete produzierende Maschinen, die miteinander und mit einem größeren Datenkontext vernetzt sind und in Echtzeit auf sich ändernde Produktionsbedingungen reagieren und autonom Produktionsplanung aushandeln können. Fällt zum Beispiel aufgrund eines Fehlers eine Produktionslinie für die Herstellung eines Produktes aus, kann eine weitere, die aktuell ein anderes Produkt fertigt, dabei aber nicht voll ausgelastet ist, automatisch rekonfiguriert und dann für die Produktion des ersten Produkts zugeschaltet werden.

Bereits in den 1990er Jahren gab es eine Vision zur Vollautomatisierung der Produktion, das sogenannte *Computer-Integrated Manufacturing (CIM)* (Waldner, 1992). Im Gegensatz zu den Fertigungsanlagen für Industrie 4.0, die flexibel rekonfigurierbar sind und sich autonom anpassen, waren die automatischen Fertigungsanlagen von CIM sehr starr angelegt und dadurch nicht rentabel. Auch in der Rolle, die dem Menschen innerhalb der Produktion zukommt, unterscheiden sich CIM und Industrie 4.0 maßgeblich: Während der Mensch in CIM völlig aus der Produktion herausgehalten werden sollte, sieht Industrie 4.0 vor, ihn weiterhin in die Produktion mit einzubinden und dabei auch die menschliche Fähigkeit zum flexiblen Agieren und Entscheiden besser zu nutzen, als dies bisher in der Produktion der Fall ist (Kagermann u. a., 2013). Durch Automatisierung werden zwar einerseits viele repetitive Aufgaben wegfallen, die heute noch von Menschen erledigt werden. Andererseits werden aber durch das komplexere Geschehen auf dem Shop Floor viel mehr Entscheidungen fällig, die nicht immer von den cyber-physischen Produktionssystemen alleine getroffen werden können. Insgesamt kommen dem Menschen in der intelligenten Fabrik vermehrt überwachende und lenkende Funktionen zu anstelle der ausführenden Tätigkeiten, die er heute ausübt.

Industrie 4.0 erfolgt als Reaktion auf globale Megatrends wie Globalisierung, Urbanisierung, demographischen Wandel und Massenindividualisierung, aber auch im Kontext von rezenten Hardware- und Software-Entwicklungen, die Industrie 4.0 erst ermöglichen. Dazu zählen vor allem günstige Sensor- und Aktor-Hardware (*Internet of Things*, Vermesan u. Friess (2013)), die das Sammeln von großen Datenmengen (*Big Data*) aus bisher nicht immer zugänglichen

Kontexten ermöglichen. Die technologischen Voraussetzungen zur Speicherung und Analyse dieser großen Datenmengen sind ebenfalls erst seit der jüngeren Vergangenheit gegeben, und zwar durch die günstige Verfügbarkeit großer Mengen an Speicherplatz auf kleinem physischem Raum.

Für eine erfolgreiche Umsetzung der Vision Industrie 4.0 müssen diese *Big Industrial Data* jedoch auch tatsächlich so verwaltet und analysiert werden, dass wertschöpfende Erkenntnisse entstehen und die richtigen Informationen zur richtigen Zeit und am richtigen Ort zur Verfügung stehen. Der Umgang mit Big Industrial Data ist laut Gölzer u. a. (2015) eine der großen Herausforderungen für eine IT, die für Industrie 4.0 geeignet ist.

2.1.3 Verwandte Arbeiten: Datengetriebene Produktion

Um Big Industrial Data optimal für die Entwicklung Richtung Industrie 4.0 nutzen zu können, ist eine Abkehr von der bisher klassischen IT-Architektur für die Fertigungsindustrie notwendig: Die sogenannte *Automatisierungspyramide* ermöglicht keine umfassende Nutzung der Gesamtheit an fertigungsrelevanten Daten. Eine vereinfachte Form der Automatisierungspyramide ist in Abbildung 2.2 dargestellt. Sie besteht aus drei hierarchisch übereinander liegenden Ebenen. Auf der untersten Ebene, der Fertigungsebene, befinden sich die Maschinen und Systeme der Fertigungshalle; darüber befindet sich die Steuerungsebene, wo hauptsächlich Manufacturing Execution Systeme (MES) zu erwähnen sind. Die oberste Ebene, die Unternehmensebene, stellt über Enterprise Resource Planning-Systeme (ERP) ausgewählte Daten für das Management bereit. Gröger u. a. (2016), eine Publikation aus dem Umkreis dieser Arbeit, an der die Autorin ebenfalls beteiligt ist, stellt drei wesentliche Schwächen der Automatisierungspyramide heraus:

1. Die zentrale Automatisierung und Systemtrennung bewirkt komplexe und proprietäre Punkt-zu-Punkt-Verbindungen zwischen ansonsten isolierten IT-Systemen. Dadurch ist es schwer, neue Maschinen und Systeme zu integrieren.

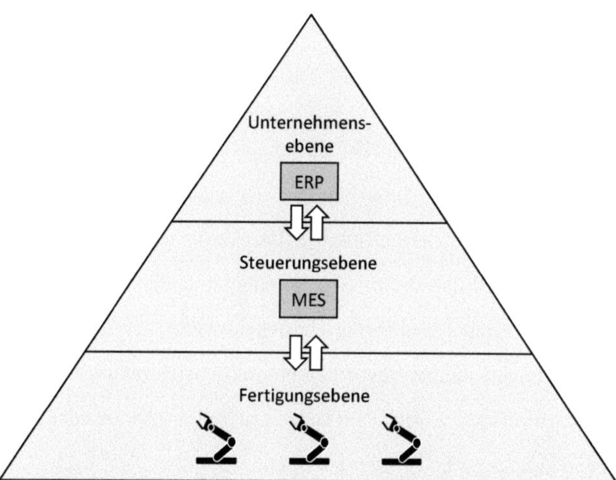

Abbildung 2.2: Vereinfachte Darstellung der Automatisierungspyramide in Anlehnung an Kassner u. a. (2017a). ©Springer International Publishing AG 2017. With permission of Springer. Originalunterschrift: Information pyramid of manufacturing.

2. Getrennte Dateninseln, die einen Rundumblick und die Extraktion von Wissen verhindern, entstehen durch streng hierarchische Informationsaggregation. Daher ist es nicht praktikabel, Erkenntnisse aus der Kombination mehrerer Datenquellen zu ziehen.
3. Isolierte Informationsbereitstellung ergibt sich durch die zentrale Kontrolle und Informationsaggregation, die nur auf der Steuerungs- und der Unternehmensebene stattfindet. Dadurch werden Mitarbeiter auf der Fertigungsebene nicht in die Informationsflüsse eingebunden.

Als Alternative zur Automatisierungspyramide entwickeln Gröger u. a. (2016) das Konzept der *datengetriebenen Fabrik*, die gekennzeichnet ist durch agile, lernfähige und menschenzentrische Fertigung. Agilität wird sichergestellt, indem Analytics auf Big Industrial Data für die proaktive Optimierung und Anpassung von Prozessen genutzt wird. Big Industrial Data stellen auch die Quelle für kontinuierliche Wissensextraktion bereit, welche die datengetriebene Fabrik zu einer lernfähigen Fabrik macht. Menschenzentrisch wird die datengetriebene Fabrik schließlich dadurch, dass Big Industrial Data für kontextabhängige Informationsbereitstellung an allen Stellen im Fertigungsprozess genutzt werden.

Dazu muss die datengetriebene Fabrik laut Gröger u. a. (2016) folgenden technischen Anforderungen genügen:

1. Heterogene IT-Systeme müssen flexibel miteinander integriert werden und neue Datenquellen leicht integrierbar sein. Dies trägt zu einer agilen Fertigung bei.
2. Umfassende Analytics auf einer holistischen Datenbasis mit strukturierten und unstrukturierten Daten ist zur Wissensextraktion für eine lernfähige Fertigung notwendig.
3. Informationen müssen mobil zur Verfügung stehen, damit Arbeiter auf allen Ebenen der Unternehmenshierarchie und an sämtlichen produktionsrelevanten Orten mit dem gerade benötigten Wissen versorgt werden. Nur so können sie integriert werden, und erst dadurch wird eine menschenzentrische Fertigung möglich.

Ein Vergleich mit bereits existierenden Architekturmodellen für Industrie 4.0 in Gröger u. a. (2016) und ausführlicher in Kassner u. a. (2017a) ergibt, dass diese größtenteils auf einer zu hohen konzeptuellen Granularitätsebene angesiedelt sind, um bereits eine konkrete Umsetzung der datengetriebenen Fabrik zu ermöglichen. Wenige konkrete Annäherungen an die Thematik erfüllen lediglich die erste Anforderung der IT-Systemintegration durch Serviceorientiertheit. Daher entwickeln Gröger u. a. (2016) und Kassner u. a. (2017a) mit der *Stuttgart IT Architecture for Manufacturing (SITAM)* eine implementierungsnahe Architektur für die datengetriebene Fabrik, die in Abbildung 2.3 vereinfacht dargestellt ist. Eine detaillierte Darstellung findet sich in Gröger u. a. (2016) bzw. in Kassner u. a. (2017a). Bei dieser Entwicklung waren auch Zwischenergebnisse und architektonische Überlegungen aus der vorliegenden Arbeit wichtige Einflussgrößen: So ist die in Kapitel 5 vorgestellte Architektur für Product Life Cycle Analytics kompatibel mit der SITAM, legt aber den Fokus auf Analytics, während die SITAM ein Gesamtbild bietet.

Die SITAM-Architektur schafft die Integration von Daten und Prozessen und die Bereitstellung von maßgeschneiderten Analytics-Funktionalitäten durch Serviceorientiertheit. Sie fußt auf dem Produktlebenszyklus mit verschiedenen Phasen, in denen Menschen, Maschinen und Prozesse stark heterogene Big Industrial Data produzieren, und baut darüber mehrere wertschöpfen-

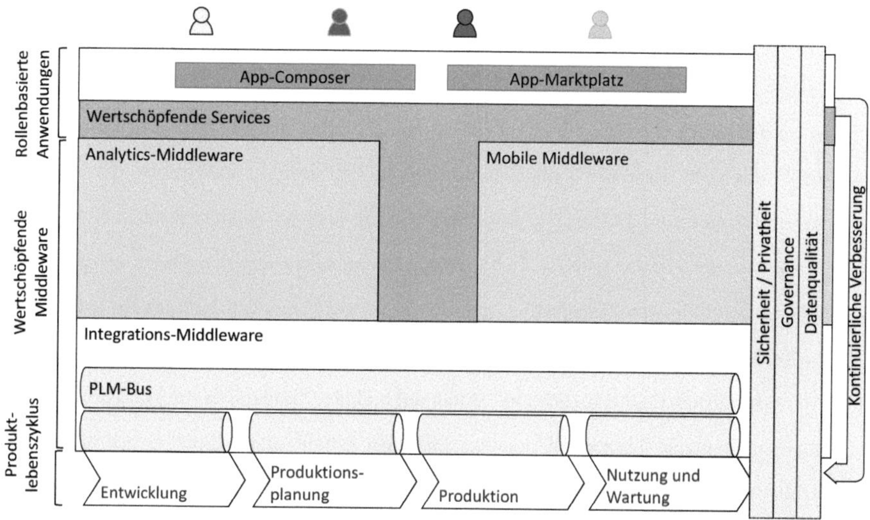

Abbildung 2.3: Vereinfachte Abbildung der Stuttgart IT Architecture for Manufacturing (SITAM) in Anlehnung an Kassner u. a. (2017a). ©Springer International Publishing AG 2017. With permission of Springer. Originalunterschrift: Overview of the Stuttgart IT Architecture for Manufacturing (SITAM).

de Middleware-Schichten, wertschöpfende Services und schließlich rollenbasierte Anwendungen auf.

Durch eine Reihe phasenspezifischer Servicebusse und einen hierarchisch übergeordneten PLM-Bus nach dem Konzept von Silcher u. a. (2013) werden die heterogenen Daten aus dem Produktlebenszyklus innerhalb der ersten Middleware, der Integrations-Middleware, als Services gekapselt und integriert zur Verfügung gestellt. Orchestrierung, Mediation und Governance (Königsberger u. a., 2014) sind weitere wesentliche Aufgaben dieser Schicht.

Bereits diese Kapselung der Daten ist ein wertschöpfender Service. Weitere wertschöpfende Services werden durch die Analytics- und die Mobile Middleware zur Verfügung gestellt. Die Analytics-Middleware stellt die Funktionalität bereit, um sowohl strukturierte als auch unstrukturierte Daten durch deskriptive, prädiktive und präskriptive Analytics aufzubereiten und durch Data Mining beziehungsweise Text Mining Erkenntnisse aus den Daten zu gewinnen. Key Performance Indicator Management gehört ebenso zur Analytics-Middleware wie Visuelle Analytics, bei der Daten für einen menschlichen Analysten aufbereitet werden. Die Mobile Middleware enthält die Funktionalität, um Daten auf mobilen Endgeräten zur Verfügung zu stellen. Dabei sind zentrale Themen die kontextabhängige Datenbereitstellung, Synchronisierung und Caching für Offline-Verfügbarkeit und die Visualisierung auf kleinen und touch-fähigen Bildschirmen (siehe auch Hoos u. a. (2014)).

Die wertschöpfenden Services zu Datenbereitstellung, Analytics und mobiler Verfügbarkeit werden schließlich in der obersten Schicht der SITAM als rollenbasierte Anwendungen in einem App-Marktplatz für die Nutzer bereitgestellt, wobei die Kombination mehrerer Services zu einer Anwendung ad hoc vom Nutzer selbst in einem App-Composer vorgenommen werden kann. Architekturübergreifend müssen Sicherheit und Privatheit, Governance und Datenqualität beachtet werden.

Die SITAM wurde an einem realistischen Anwendungsszenario aus der Industrie evaluiert (Gröger u. a., 2016). Kassner u. a. (2017a) stellen eine Analyse der Technologien zur Umsetzung bereit.

Die vorliegende Arbeit grenzt sich folgendermaßen von der SITAM ab: Die architekturübergreifenden Themen sowie das Thema mobile Verfügbarkeit werden weitestgehend ausgeklammert. Datenintegration wird angesprochen, aber für die Anwendungsfälle vorausgesetzt. Der Fokus liegt stattdessen auf Analytics (in den Kapiteln 4, 5, 6, 7 und 8). Zusätzlich werden Konzepte zur Bereitstellung der Analytics-Ergebnisse in der menschlichen Arbeitswelt entwickelt (siehe Kapitel 9). Da eine umfassende Einbeziehung von Textdaten sowohl im industriellen Kontext als auch in der Forschung zu Analytics für die industrielle Fertigung bisher weitgehend vernachlässigt wurde, stehen innerhalb der Themen Integration und Analytics stehen besonders unstrukturierte Textdaten im Vordergrund. Die Ergebnisse dieser Arbeit bilden Technologien, Machbarkeit und prototypische Implementierungen für einen Teilbereich der SITAM ab. Damit leistet diese Arbeit einen wichtigen Beitrag auf dem Weg zur datengetriebenen Fabrik für Industrie 4.0.

2.2 Datenanalyse in Unternehmen

Dieser Abschnitt gibt einen Überblick über Grundbegriffe und Methoden der Datenanalyse, die in Unternehmen, auch im produzierenden Gewerbe, eingesetzt werden. Dabei wird zunächst der Oberbegriff *Business Intelligence* beleuchtet (Abschnitt 2.2.1), und danach werden die Konzepte *Data Warehousing* (Abschnitt 2.2.2) und *Data Mining* (Abschnitt 2.2.3) erklärt. Schließlich folgt eine Abgrenzung dieser Arbeit zu vorangegangenen Arbeiten zum Thema Datenanalyse für produzierende Unternehmen (Abschnitt 2.2.4).

2.2.1 Business Intelligence

Business Intelligence (BI) ist ein sehr weit gefasster, unscharf definierter Begriff. In den folgenden Erläuterungen bezieht sich diese Arbeit in erster Linie auf Kemper u. a. (2010). Gemeint sein kann damit jegliche Unterstützung des Managements eines Betriebs durch IT mit der Zielsetzung der Wettbewerbssteigerung (Kemper u. a., 2010). In einem engen Begriffsverständnis bezieht sich Business Intelligence auf wenige Kernapplikationen, und zwar Online Analytical Processing (OLAP) und Management Information Systems (MIS). Ein analyseorientiertes Verständnis von BI fügt dem weitere Anwendungen hinzu, auf die ein Nutzer direkt zugreift, beispielsweise Data-Mining-, Text-Mining- und Reporting-Systeme, Balanced Scorecards oder Planungsunterstützungssysteme. Im weiten Sinne bezeichnet BI alle Anwendungen für die Entscheidungsunterstützung, das heißt auch die Anwendungen zur Datenaufbereitung und -speicherung, mit denen der Nutzer nie direkt interagiert. Insgesamt werden in BI-Anwendungen nach allen drei Begriffsdefinitionen zum heutigen Zeitpunkt hauptsächlich strukturierte Daten aufbereitet, unstrukturierte Textdaten dagegen nur im Einzelfall.

Die Inhalte dieser Forschungsarbeit sind sowohl nach der weitgefassten als auch nach der analyseorientierten Definition als zugehörig zum Themengebiet Business Intelligence zu verstehen. Zusätzlich zum Oberthema unstrukturierte Daten, das bisher sowohl in der industriellen Praxis als auch in der wissenschaftlichen Betrachtung wenig berücksichtigt wird, kommen im Zuge von Industrie 4.0 weitere Herausforderungen auf Business Intelligence zu. Vor allem sind hier die Integration extrem heterogener Daten und Echtzeitfähigkeit zu nennen (Gölzer u. a., 2015).

2.2.2 Data Warehousing

Data Warehousing ist eines der Werkzeuge von BI im weiten Definitionssinn. Laut Bauer u. Günzel (2004) ist ein Data Warehouse „eine physische Datenbank, die eine integrierte Sicht auf beliebige Daten zu Analysezwecken ermöglicht“. Die Grundidee von Data Warehousing ist, dass Daten aus verschiedenen isolierten Quellen aufbereitet und integriert werden sollen, sodass sie dann gemeinsam analysiert werden können. Dazu gehört auch die Aufbewahrung historischer Daten über einen längeren Zeitraum, die aus ihren Quellsystemen archiviert werden.

Dabei werden zum Beispiel verschiedene Kundenstämme eines Unternehmens, die je nach Markt in unterschiedlichen Datenbanken vorliegen, in eine Datenbank integriert, wobei die Datenbankschemata an ein gemeinsames Schema angeglichen werden und Datenformate, zum Beispiel von Adressen oder Telefonnummern, ebenfalls standardisiert werden. In der Produktion können Maschinendaten, die in verschiedenen Formaten anfallen, vereinheitlicht und gemeinsam gespeichert werden. Die dafür nötigen Verarbeitungsschritte bezeichnet man als *Extract – Transform – Load (ETL)* (Bauer u. Günzel, 2004).

Für unstrukturierte Daten sind andere ETL-Prozesse nötig als für strukturierte Daten; darauf geht diese Arbeit in Kapitel 5.2 ein. Klassische Ansätze des Data Warehousing beinhalten nur strukturierte Daten. Das relativ neue Konzept des *Data Lake* (Stein u. Morrison, 2014) geht darüber hinaus, indem es vorsieht, dass auch unstrukturierte und semistrukturierte Daten in ihrem Originalformat ohne Informationsverluste abgespeichert werden können. Diese Idee wird im Rahmen dieser Arbeit insbesondere für unstrukturierte Daten aufgegriffen (siehe Kapitel 5.2).

In Kapitel 2.2.4 wird ein Ansatz zu fertigungsspezifischem Data Warehousing aus dem Umfeld dieser Arbeit vorgestellt.

2.2.3 Data Mining

Data Mining ist das automatische Erkennen von Mustern, Häufungen und Korrelationen in Daten. Gemeint sind hierbei in erster Linie strukturierte Daten. Abbildung 2.4 zeigt Data Mining im Kontext des Wissenserwerbs aus Datenbanken (Knowledge Discovery in Databases, KDD) nach Fayyad u. a. (1996). Auswahl, Vorverarbeitung und Transformation der Daten entsprechen in etwa den Schritten Extract, Transform und Load im Data Warehousing. Auf diesen aufbereiteten Daten können dann verschiedene Techniken zur Erkennung von Mustern und Zu-

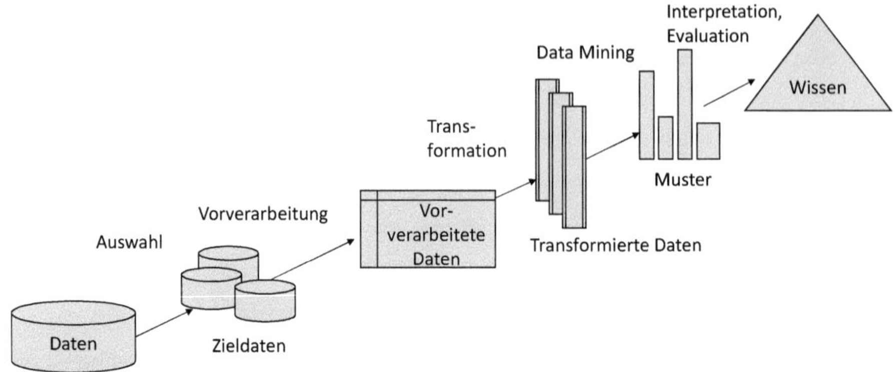

Abbildung 2.4: Knowledge Discovery in Databases (KDD) in Anlehnung an Fayyad u. a. (1996). ©2017, Association for the Advancement of Artificial Intelligence (www.aaai.org).

sammenhängen zum Einsatz kommen, wofür oft Algorithmen aus dem Bereich des *Maschinellen Lernens* verwendet werden. Dabei ist das Grundprinzip, dass aus einem Anteil der Daten, den sogenannten Trainingsdaten, automatisch ein statistisches Modell abgeleitet wird, welches dann auf weiteren gleichartigen Daten angewendet werden kann, um in diesen Daten Muster zu identifizieren. Schließlich müssen die erkannten Muster noch interpretiert werden, dies übernimmt oft ein menschlicher Analyst.

Ansätze des Data Mining lassen sich danach klassifizieren, welche Arten von Problemen sie lösen. Hippner u. Wilde (2001) unterscheiden Beschreibungsprobleme und Prognoseprobleme. Als Beschreibungsprobleme bezeichnen sie einfache Datenbeschreibung, Abweichungsanalysen, Assoziationsanalysen und Gruppenbildung, also Clustering; als Prognoseprobleme bezeichnen sie Klassifikationen und Wirkungsprognosen (also die Vorhersage eines Wertes in Abhängigkeit von anderen Werten). Analog zu diesen zwei Gruppen von Problemen des Data Mining sind auch die Begriffe *deskriptive Analytics* und *prädiktive Analytics* zu verstehen, die etwas weiter gefasst Datenanalysen zu Beschreibungs- oder zu Vorhersageproblemen bezeichnen. *Präskriptive Analytics* gehen darüber hinaus und schlagen auf Basis von Datenanalysen konkrete Problemlösungen vor.

Maschinelles Lernen, das einen Großteil der Methoden für Data Mining ausmacht, lässt sich wiederum unterteilen in überwachtes, unüberwachtes und halbüberwachtes Lernen. Überwachtes Lernen benötigt aufbereitete Trainingsdaten, die bereits Informationen über die Muster enthalten, die in ihnen erkannt werden sollen. Ein Beispiel sind Klassifikationsalgorithmen mit konkreten vorgegebenen Klassen, die anhand von Attributen der Daten automatisch vorhergesagt werden sollen. Der Anwendungsfall in Kapitel 6 verwendet einen Klassifikationsalgorithmus, den k-Nearest-Neighbors-Algorithmus. Dieser ist für Klassifikation in mehr als zwei Klassen geeignet, sogenannte *Multiklassenklassifikation*. Im Gegensatz dazu sind viele andere Klassifikationsalgorithmen *binär*, also nur für die Unterscheidung zwischen zwei Klassen geeignet, zum Beispiel Support Vector Machines.

Das unüberwachte Gegenstück zur Klassifikation sind Clustering-Algorithmen, bei denen die Daten aufgrund von inhärenten Ähnlichkeiten ihrer Attribute in unterschiedliche Gruppen eingeteilt werden, wobei nur die Anzahl der zu bildenden Gruppen vorgegeben wird. Einen detaillierten Überblick über Data Mining geben Han u. Kamber (2006); in Witten u. a. (2011) wird dazu noch die Anwendung mithilfe eines konkreten Toolkits erläutert.

Typischerweise findet Data Mining auf strukturierten Daten statt, also auf Zahlen oder nominalen Werten. *Text Mining* wird allerdings teilweise als Unterkategorie von Data Mining gesehen, da sich die Methoden und Aufgabenstellungen überschneiden: Auch Texte können klassifiziert oder nach Ähnlichkeit gruppiert werden, und aus Texten extrahierte Begriffe können Assoziationsanalysen unterzogen werden. Der wesentliche Unterschied zwischen Data Mining auf bereits strukturierten Daten und Text Mining auf unstrukturierten Daten ist die Notwendigkeit einer ausführlicheren und textdatenspezifischen Vorverarbeitung, um aus dem unstrukturierten Text strukturierte Attribute zu extrahieren. Das können beispielsweise vorkommende Wörter oder Phrasen, Worthäufigkeiten, benannte Entitäten wie z.B. Orte oder Personen oder Relationen sein. Außerdem sind nicht alle Algorithmen gleichermaßen für die Art von Attributen geeignet, die aus Textdaten extrahiert werden können. Deswegen betrachtet diese Arbeit Text Mining als einen klar von (strukturiertem) Data Mining abgegrenzten Aufgabenbereich.

2.2.4 Verwandte Arbeiten: Data Mining und Data Warehousing für die Produktion

Zu den Themen Data Mining und Data Warehousing für die fertigende Industrie existieren Vorarbeiten, auf denen diese Arbeit aufbaut. Gröger u. a. (2014b) und Gröger u. a. (2014c) stellen ein fertigungsspezifisches Wissensrepository vor, in dem strukturierte und unstrukturierte Daten integriert werden. Dabei befinden sich die strukturierten Daten klassisch in einer relationalen Datenbank und die unstrukturierten in einem Content Management System. Zwischen strukturierten und unstrukturierten Daten, die inhaltlich verwandt sind, werden semantische Links gespeichert, die innerhalb eines fertigungsspezifischen Datenmodells für das Wissensrepository definiert werden können. Die Integrationsfrage von strukturierten und unstrukturierten Daten ist damit für den unmittelbaren Forschungskontext bereits bearbeitet worden. In dieser Arbeit bildet sie einen wichtigen Teil der entwickelten Konzepte, wird aber nicht im Detail empirisch erforscht. In der Industrie wird eine umfassende Datenintegration erst allmählich umgesetzt.

Im Zusammenhang mit dem Wissensrepository für die Fertigung wird in Gröger u. a. (2012a) und Gröger u. a. (2014a) auch die Frage nach Analytics bereits angesprochen. Allerdings beschränkt sich das bearbeitete Anwendungsbeispiel auf strukturierte Daten aus einer Datenquelle in einer Phase des Produktlebenszyklus, die zur Generierung von Empfehlungen zur Prozessanpassung während der Fertigung verwendet werden.

Die vorliegende Arbeit baut darauf auf und erweitert den Blickwinkel grundlegend: Datenintegration und Analytics werden für den ganzen Produktlebenszyklus mit vielfältigen Datenquellen betrachtet. Es wird gezeigt, dass auch Analysen auf unstrukturierten Daten, gerade aus verschiedenen Phasen des Produktlebenszyklus, wertschöpfend sein können. Dabei werden verschiedene Anwendungsfälle und Algorithmen untersucht, und es wird insbesondere die Wiederverwendbarkeit von Ressourcen und Analysemodulen betrachtet.

2.3 Text Analytics

Text Analytics als Oberbegriff umfasst Text Mining und Methoden der natürlichen Sprachverarbeitung (*Natural Language Processing, NLP*). Die Grundidee besteht darin, den zunächst unstrukturierten Text maschinell verarbeitbar zu machen und Strukturen, Informationen oder statistische Werte aus dem Text zu extrahieren, mit denen dann weitere analytische Aufgaben erfüllt werden können. Beispiele für allgemeine Anwendungen sind das automatische Übersetzen oder Zusammenfassen von Text oder das Extrahieren von Schlüsselbegriffen oder häufigen Worten aus dem Text.

Im Folgenden werden zunächst die Grundlagen der automatischen Textanalyse vorgestellt (Abschnitt 2.3.1) und es wird mit Apache UIMA ein Beispiel für ein Textanalyse-Framework präsentiert (Abschnitt 2.3.2). Danach geht es um semantische Ressourcen für Text Analytics (Abschnitt 2.3.3), und schließlich werden verwandte Arbeiten zu Text Analytics im Kontext der Automobilindustrie präsentiert (Abschnitt 2.3.4).

2.3.1 Grundlagen der automatischen Textanalyse

Aus Sicht einer datenverarbeitenden Software ist ein unstrukturierter Text zunächst nichts weiter als eine Sequenz von Zeichen. Um Inhalte des Textes zu erschließen und Informationen daraus zu extrahieren, benötigt die Software eine Reihe an Verarbeitungsschritten, die im Folgenden vorgestellt werden.

Es gibt für die automatische Textanalyse zwei konzeptuell verschiedene Herangehensweisen: eine primär linguistisch fundierte und eine primär statistisch fundierte.

In der linguistisch fundierten Herangehensweise versucht man, die Zeichensequenz eines Textes in einer Weise zu strukturieren, die den Prozess des menschlichen Sprachverstehens nachvollzieht, der in der linguistischen Theorie mehr oder weniger explizit gemacht werden kann. Dazu werden in aufeinander aufbauenden Verarbeitungsschritten immer größere Sinneinheiten identifiziert: zuerst Wörter bzw. kleinste bedeutungstragende Elemente, dann Wortarten, Phrasen und schließlich Satzstrukturen. Aus den Satzstrukturen können dann Fakten und Informationen abgeleitet und als strukturierte Information abgespeichert und weiterverwendet werden. Abbildung 2.5 zeigt ein Beispiel für die schrittweise linguistische Analyse eines kurzen Textes. In diesem Beispiel wird der englische Satz „The brake screeches when it rains.“ analysiert (deutsch: „Die Bremse quietscht, wenn es regnet.“), der etwa in einem Kundenbeschwerdebericht über ein Fahrzeug vorkommen könnte.

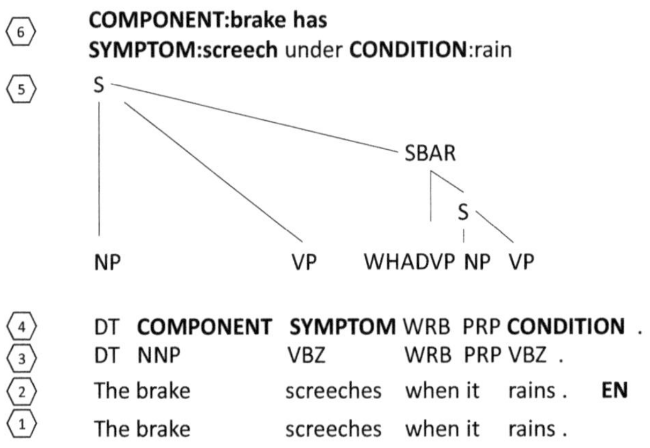

Abbildung 2.5: Beispiel einer linguistisch fundierten automatischen Analyse des Satzes „The brake screeches when it rains.“ (deutsch: „Die Bremse quietscht, wenn es regnet“), verarbeitet mit dem Stanford Core NLP Toolkit (Manning u. a., 2014)

Jeder Schritt wird durch ein eigenes Sprachverarbeitungswerkzeug ausgeführt und benötigt im Normalfall die vom vorigen Schritt bereitgestellten Informationen. Die Verarbeitung im Beispiel erfolgte mit den Werkzeugen des Stanford Core NLP Toolkits (Manning u. a., 2014).

Erst erfolgt das Spalten der Zeichensequenz in die kleinsten bedeutungstragenden Elemente, sogenannte Tokens – entsprechend heißt dieser Schritt *Tokenisierung* (1). Dabei werden in erster Linie Wortgrenzen erkannt, aber je nach verwendetem Werkzeug können feste Mehrworteinheiten mit einer gemeinsamen Bedeutung, wie „in spite of“ (deutsch: „trotz“) oder „at all“ (deutsch: „überhaupt“), als jeweils nur ein Token erkannt werden. Auch Satzzeichen werden vom restlichen Text abgetrennt und als eigene Tokens behandelt, sofern sie nicht in Abkürzungen vorkommen („z.B.“, „C.I.A.“). Dann wird die *Sprache des Textes* identifiziert (2), im Beispiel ist das Englisch („EN“). Daraufhin werden die Wortarten der Wörter oder Tokens im sogenannten *Part-of-Speech-Tagging* bestimmt (3). Die sogenannten Tags sind festgelegte Kürzel, die jeweils einer Wortart entsprechen. Eine Menge von Tags, die alle Wortarten in einer Sprache abdecken soll, nennt man *Tagset.* Je nach Sprache des Textes müssen unterschiedliche Tagsets verwendet werden. Im Beispiel stammen die Tags aus dem Penn Treebank Tagset (Marcus u. a., 1999). Im Beispielsatz sind das DT für „determiner“, also Artikel, NNP für Nomen, VBZ für Verb, WRB für „wh-adverb“[1] und PRP für Personalpronomen. Schritt (4) im Beispiel ist ein Spezialfall der *Named Entity Recognition,* bei der im Text vorkommende besondere Begriffe erkannt werden. Im Allgemeinen sind das zum Beispiel Orte, Personen und Firmen, sogenannte benannte Entitäten (englisch: „named entities“); in diesem Beispiel werden stattdessen domänenspezifische Begriffe aus bestimmten Kategorien erkannt: „brake“ wird als Komponente identifiziert, „screeches“ als Symptom und „rains“ als Bedingung. Durch den Schritt des *Parsing* (5) wird dem Satz eine Baumstruktur zugewiesen. Dabei wird „when it rains“ als Nebensatz erkannt (SBAR), und „the brakes“ wird als Nominalphrase (NP) und Satzsubjekt, „screech“ als Verbphrase (VP) im übergeordneten Hauptsatz (S) identifiziert. Anhand dieser Baumstruktur können nun Relationen zwischen Entitäten erkannt werden (6): Im Beispiel kann herausgelesen werden, dass die Komponente „Bremse“ das Symptom „quietscht“ zeigt, und zwar unter der Bedingung „Regen“. Als Zwischenschritt vor dem Parsing oder auch anstelle des Parsing könnte auch das *Chunking* erfolgen, das statt ganzer Sätze kleinere Phrasenstrukturen erkennt.

Die Verarbeitungswerkzeuge für die einzelnen Schritte können entweder regelbasiert oder statistisch sein. Ein wesentlicher Nachteil der statistischen Tools ist, dass diese auf linguistisch annotierten Daten trainiert werden müssen. Das bedeutet, dass menschliche Experten den einzelnen Worten oder Sätzen einer großen Textsammlung Part-of-Speech-Tags oder syntaktische Strukturen zuweisen müssen. Texte unterscheiden sich jedoch in ihrer Qualität und in ihren sonstigen Charakteristiken stark je nach Texttypus, beispielsweise in der Menge der Recht-

1 wh-adverbs (englisch): eine Gruppe von Frageadverbien, die größtenteils mit „wh“ beginnen: when, where, why, how. Sie werden sowohl in direkten Fragesätzen als auch einleitend für untergeordnete Frage- und Relativsätze verwendet.

schreibfehler, in der Satzlänge, oder in der Wahl von Formulierung und Vokabular. Daher sind aber zum Beispiel Werkzeuge, die auf Zeitungsartikeln mit langen, verschachtelten Sätzen und korrekter hochsprachlicher Rechtschreibung trainiert wurden, für Twitterdaten mit kurzen Sätzen, vielen Abkürzungen und Tippfehlern nur schlecht geeignet. Besonders für Texte aus einer Industriedomäne, die eventuell sehr viele idiosynkratische Formulierungen, Abkürzungen und Fachbegriffe sowie viele elliptische Sätze enthalten, ist die Verfügbarkeit guter Sprachverarbeitungswerkzeuge deswegen oft nicht gegeben. Regelbasierte Ansätze können eine Alternative sein. Sie sind jedoch ebenfalls aufwändig und nur mit Expertenwissen zu erstellen und haben den Nachteil, dass die Regeln nur die Sprachphänomene abdecken, an die der Ersteller auch gedacht hat.

In der zweiten Herangehensweise an die automatische Textanalyse versucht man, den Text in einer Weise zu strukturieren, die weniger am menschlichen Verstehensprozess orientiert ist als vielmehr an den statistischen Eigenschaften der Daten an sich. Die kleinste Sinneinheit bleibt auch hier meist der Token. Allerdings werden auf Basis der Tokens Modelle vom Text erstellt, die nichts mehr mit der linguistischen Struktur der Sprache im Sinne von Phrasen oder Sätzen zu tun haben. Zum Beispiel können solche Modelle auf reinen Token- oder Wortsequenzen basieren – sogenannten *n-Grammen*. Dabei ist n die Anzahl aufeinander folgender Tokens, die als eine Einheit gesehen werden, unabhängig davon, ob diese Einheit eine sinnvolle Bedeutung hat. Eine Zerlegung des Beispielsatzes aus Abbildung 2.5 in mögliche Trigramme, also n-Gramme mit drei Tokens, beinhaltet sowohl die Sequenz „the brake screeches" als auch „brake screeches when", „screeches when it", und „when it rains". Außerdem können Tokens, die für die untersuchten Texteigenschaften irrelevant sind, aus dem Text entfernt werden. Wenn man anhand von Stichworten etwas über den Inhalt von Texten erfahren möchte, sind das bestimmte Funktionswörter, d.h. Präpositionen, Personalpronomen und Artikel, die zusammenfassend *Stopwörter* genannt werden. Im Beispielsatz wären das „the" und „it", je nach Stopwortliste eventuell auch „when".

1) The brake screeches when it rains .
2) The owl screeches at night .

	Brake	Screech	Rain	Night	Owl
Doc 1	1	1	1	0	0
Doc 2	0	1	0	1	1

Abbildung 2.6: Beispiel einer Matrix mit Term- und Dokumentvektoren für einen kleinen Korpus mit zwei englischen Sätzen

In *distributionalen* Ansätzen wird die Häufigkeit von Wörtern, Wortgruppen oder n-Grammen in einem Text und in einer Textsammlung (einem *Korpus*) dazu genutzt, Worte oder Dokumente als Vektoren abzubilden. Dabei ist eine distinkte, mehrfach vorkommende Sinn- oder Struktureinheit ein *Term*. Um Terme effektiver zählen zu können, werden üblicherweise die Wortstämme oder Grundformen des Wortes betrachtet, die man durch *Stemming* erhält. So werden zum Beispiel „screeches“ und „screeching“ beide auf „screech“ zurückgeführt und damit als Formen desselben Terms erkannt. Eine Dimension eines Wortvektors entspricht dabei einem Dokument aus der Dokumentensammlung und wird mit der Häufigkeit des Wortes in diesem Dokument befüllt. Analog sind die Dimensionen eines Dokumentvektors die darin vorkommenden distinkten Wörter mit ihren Häufigkeiten. Alle Wortvektoren mit Bezug auf den gleichen Korpus bilden zusammengenommen eine Term-Dokument-Matrix, alle Dokumentvektoren entsprechend eine Dokument-Term-Matrix. Abbildung 2.6 zeigt eine solche Matrix für einen kleinen Korpus mit zwei englischen Sätzen, wobei Stopwörter bereits entfernt wurden. Durch die Darstellung als Vektoren lassen sich Ähnlichkeiten zwischen Dokumenten oder zwischen Worten leicht berechnen, zum Beispiel durch Kosinusähnlichkeit. Als Häufigkeitsmaße stehen neben der einfachen Häufigkeit (Vorkommen eines Wortes im Dokument geteilt durch Anzahl der Tokens im Dokument) verschiedene komplexere Maße zur Verfügung, beispielsweise die *Term Frequency-Inverse Document Frequency (TF-IDF)*, bei der die Häufigkeit im betrachteten Dokument mit der inversen Häufigkeit im gesamten Korpus multipliziert wird[2].

In der Praxis findet man auch hybride Herangehensweisen, z.B. unüberwachte Ansätze zu Part-of-Speech-Tagging und Parsing, die keine linguistischen Wortklassen oder syntaktischen Strukturen produzieren, sondern diese distributional ableiten (siehe z.B. Hänig (2012)). Ein detaillierterer Überblick über die Methoden zur automatischen Analyse natürlicher Sprache findet sich in Jurafsky u. Martin (2014).

Sowohl die linguistisch fundierte als auch die statistisch fundierte Methode der Textanalyse produziert strukturierte Repräsentationen eines Textes, die dann für weitergehende Analytics-Aufgaben genutzt werden können: Ein Vektormodell eines Textes oder daraus extrahierte Begriffe oder Relationen können gleichermaßen als Attribute für einen Klassifikations- oder Clustering-Algorithmus im Rahmen von Text Mining Verwendung finden.

2.3.2 Apache UIMA: Beispiel für ein NLP-Framework

Ein beispielhaftes Framework für die Analyse unstrukturierter Daten, das heißt hauptsächlich Textdaten, ist das Apache *Unstructured Information Management* Framework *(UIMA)* (Ferrucci u. Lally, 2004).

Dieses Framework ermöglicht es, modulare linguistische Analyse-Pipelines zu bauen, in denen verschiedene Sprachverarbeitungstools, sogenannte *Analysis Engines*, nacheinander geschaltet werden. Sie nutzen ein gemeinsames einheitliches Datenformat, die *Common Analysis Structure (CAS)*, und bringen auf diesem Datenformat linguistische Annotationen auf. Durch die einheitliche Datenrepräsentation kann jede Analysis Engine auf die Ergebnisse der nächsten aufbauen.

---

2 In der R-Implementierung, die in Kapitel 6.5.3 für die Berechnung von TF-IDF verwendet wird (Feinerer u. a., 2008), wird für einen Term t und ein Dokument d die Term Frequency $tf_{t,d}$ als einfache Häufigkeit, d.h. Vorkommen des Terms im Dokument / Anzahl aller Terme im Dokument, berechnet, die Inverse Document Frequency als Korpusgröße m / Anzahl der Dokumente df_t, in denen t vorkommt, und danach noch mit einem log-Faktor normalisiert, um sehr häufige Wörter nicht zu stark zu gewichten, sodass sich im Ganzen die Formel $TF - IDF_{t,d} = tf_{t,d} * log_2(m/df_t)$ ergibt.

In einem CAS der Klassifikations-Pipeline aus Kapitel 6.3.2 sind zum Beispiel Datenbündel mit den Textberichten und strukturierten Daten (Teilecode und Fehlercode oder Fehlercodevorschlag) enthalten, und Tokens, Dokumentsprache und je nach Konfiguration auch die domänenspezifischen Konzepte werden als Annotationen mit Start- und Endindizes aufgebracht.

Die uimaFit-Bibliothek (Ogren u. Bethard, 2009) ermöglicht es, besonders schnell und flexibel Sprachverarbeitungs-Pipelines mit UIMA zu bauen. Innerhalb des UIMA-Frameworks gibt es hochwertige Implementierungen vieler verschiedener Standardwerkzeuge zur Sprachanalyse, z.B. im DKPro-Core-Repository (TUDarmstadt, 2011). Außerdem ist es möglich, selbst Komponenten für UIMA zu implementieren und diese in Kombination mit Standardkomponenten zu nützen. Ein Großteil der Implementierungen im Rahmen dieser Forschungsarbeit wurde innerhalb des UIMA-Frameworks getätigt.

2.3.3 Semantische Ressourcen: Taxonomien und Ontologien

Um allgemeines Weltwissen oder domänenspezifisches Fachwissen in Textdaten zu erkennen, braucht man strukturierte Sammlungen dieses Wissens. Die simpelste Variante sind einfache Wortlisten, die in der Erkennung von benannten Entitäten oder Signalworten verwendet werden können und zum Beispiel Hauptstädte, Vornamen oder positiv und negativ konnotierte Wörter enthalten.

Während in einer Liste eine Menge an Wörtern aus einer oft recht grobgranularen Kategorie abgebildet sind, enthalten andere Typen von Wissensressourcen deutlich mehr strukturierende Information. Beispielhaft werden im Folgenden Taxonomien und Ontologien besprochen. In beiden werden Wörter Konzepten oder Begriffen zugeordnet, das heißt es wird zwischen Wort und Bedeutung differenziert: Ein Wort kann je nach Kontext bzw. „gemeinter" Bedeutung zu mehreren Begriffen gehören – zum Beispiel „Bank" als Sitzgelegenheit oder als Finanzinstitut; dies bezeichnet man als Polysemie. Umgekehrt können auch mehrere Wörter, wiederum in Abhängigkeit vom Kontext, für den gleichen Begriff bzw. das gleiche Konzept stehen – zum

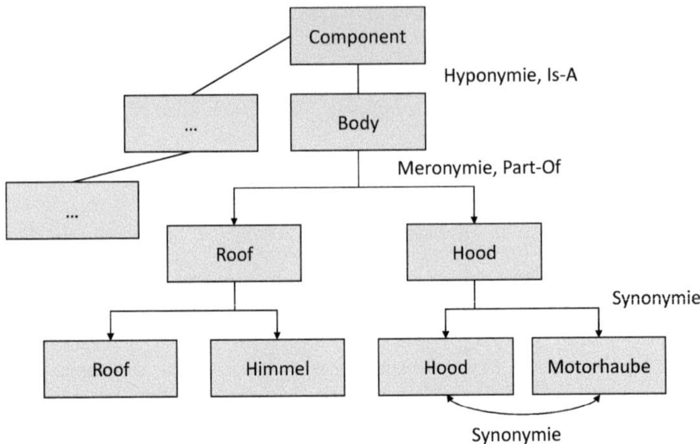

Abbildung 2.7: Ausschnitt aus einer Bauteiltaxonomie in Anlehnung an Schierle u. Trabold (2009). ©Springer-Verlag Berlin Heidelberg 2010. With permission of Springer. Originalunterschrift: Exemplary part of the concept hierarchy for noise modeling in the automotive domain.

Beispiel „Scheinwerfer" und „Leuchte". Durch eine Ressource, die Wörter als Synonyme von Konzepten bündelt, ist es möglich, Bedeutungsähnlichkeiten zwischen Texten zu entdecken, auch wenn sich die Verfasser ganz unterschiedlich ausgedrückt haben.

Eine *Taxonomie* (siehe Abbildung 2.7) enthält zusätzlich zu den Begriffen mit ihren verschiedenen Synonymen auch eine Hierarchie, die verschiedene semantische Relationen zwischen den enthaltenen Konzepten abbildet: so sind Ober- und Unterbegriff durch eine Hyper- bzw. Hyponymierelation, vereinfacht auch Is-A-Relation, verbunden. Im Bild ist die Karosserie („Body") ein Unterbegriff von Bauteil („Component"). Relationen zwischen Teil und Ganzem, sogenannte Meronymien, können ebenfalls in Taxonomien abgebildet sein. So sind Motorhaube und Dachhimmel („Hood" und „Roof") Teile der Karosserie, stehen also in einer Meronymiebeziehung zu derselben. Weiterhin sind im Beispiel mehrsprachige Synonyme, also bedeutungsgleiche Wörter, für die konkrete Begriffsebene der einzelnen Bauteile zu sehen. Die Abbildung 2.7 lehnt sich an die Struktur der Automotive Taxonomy aus Schierle u. Trabold (2009) an.

In einer *Ontologie* sind über die Begriffshierarchie hinaus noch weitere Informationen vorhanden. Das können zusätzliche Attribute der Begriffe sein oder weitere Arten von teils individuell definierten Relationen.

Semantische Ressourcen wie Taxonomien und Ontologien werden in verschiedenen Analytics-Anwendungen eingesetzt, um Informationen aus Texten zu extrahieren und mit Weltwissen oder Domänenwissen anzureichern, automatisch Rückschlüsse aus Fakten zu ziehen oder Daten und Dinge zu verknüpfen. Große Herausforderungen in Bezug auf semantische Ressourcen sind Abdeckung, Korrektheit und Aktualität: Wie viele relevante Konzepte und Relationen aus dem Text werden tatsächlich erfasst? Stimmen die Relationen und Konzeptdefinitionen? Werden Konzeptverschiebungen im Laufe der Zeit in die Ressource übernommen?

Mehrere große, generisches Weltwissen abbildende Ontologien sind aus der Forschung zum Thema entstanden. Beispiele sind das für Forschung und kommerzielle Nutzung verfügbare WordNet (Fellbaum, 1999) für die englische Sprache und verschiedene von seiner Struktur inspirierte, aber nicht immer frei verfügbare Ressourcen in anderen Sprachen (z.B. GermaNet (Hamp u. Feldweg, 1997)), sowie WikiNet (Nastase u. Strube, 2013), das vollautomatisch aus dem Kategorienbaum der Wikipedia abgeleitet wurde, mehrsprachig (Kassner u. a., 2008) und deutlich feingranularer als WordNet ist.

Da es sehr umständlich und zeitaufwändig ist, Taxonomien und Ontologien von Hand zu bauen oder aktuell zu halten, gibt es eine große Menge an Forschung zum Thema automatische oder semiautomatische Generierung von semantischen Ressourcen (zum Beispiel in Buitelaar u. Cimiano (2008), Celjuska u. Vargas-Vera (2004), Kassner u. a. (2008), Nastase u. Strube (2013), Van der Plas u. Tiedemann (2006)). Eine Möglichkeit ist es dabei, Konzepte und Relationen zur Population von Ontologien aus semistrukturierten Daten wie XML- oder HTML-Dokumenten zu gewinnen (Brunzel, 2008). Dies ist vor allem dann erfolgreich, wenn große Mengen an frei verfügbaren Daten vorliegen, in denen Konzept- und Relationsstrukturen erkannt werden können. Ein Beispiel ist WikiNet, das aus den Texten und Metadaten der Wikipedia extrahiert wird (Kassner u. a., 2008, Nastase u. Strube, 2013). Die entstandene Ressource ist mehrsprachig und hat für Themen, die online einen großen Interessentenkreis haben, eine sehr feingranulare und hohe Konzeptabdeckung. Da sie vollständig automatisch generiert wird und die Datenquelle sich ständig weiterentwickelt, kann die WikiNet-Taxonomie leicht aktuell gehalten werden. Dies ist sozusagen der Idealfall, da hohe Abdeckung, Aktualität und Korrektheit gewährleistet sind und die Population und Weiterentwicklung vollständig automatisch erfolgen kann. Allerdings ist WikiNet derzeit nicht verfügbar, weder für die Forschung noch kommerziell.

2.3.4 Verwandte Arbeiten im Anwendungskontext der Automobilindustrie

In der Automobildomäne existieren einige Beispiele für Text-Analytics-Anwendungen, die für den Kontext der vorliegenden Arbeit relevant sind.

Zu nennen sind insbesondere drei Dissertationen aus einem Forschungsprojekt zu Text Analytics auf domänenspezifischen Textdaten, die ebenfalls in Industriekooperationen entstanden sind.

Hänig (2012) untersucht Werkstattberichte aus der Automobilbranche in Bezug auf ihre Eigenschaften mit dem Ziel, Informationsextraktion auf diesen Texten betreiben zu können. In der Arbeit finden sich Hinweise auf die niedrige Qualität von Industriedaten, wie zahlreiche Schreibfehler, Sprachwechsel mitten im Text (englisch: *Code-Switching*) und fachspezifische Begriffe und Abkürzungen. In der vorliegenden Arbeit können diese Herausforderungen an einer weiteren industriellen Datenquelle bestätigt werden. Als Reaktion entwickelt Hänig (2012) einen Algorithmus für unüberwachtes Parsing, das als Vorverarbeitungsschritt für domänenspezifische Relationsextraktion eingesetzt wird.

Schierle (2011) baut eine detaillierte und synonymreiche domänenspezifische Taxonomie mit Automobilbauteilen und Fehlerbeschreibungen auf und verwendet diese als Grundlage für ein Frühwarn- und Ursachenforschungssystem, das aus Werkstattberichten Fehlerbilder und Ursachen extrahiert.

Bank (2013) weitet diese Fehlerbildextraktion auf Social-Media-Quellen aus und entwickelt das „Automotive Internet Mining“ (AIM), ein System zur Frühwarnung und Ursachenforschung auf Social-Media-Daten.

Jede dieser Forschungsarbeiten leistet einen wichtigen Beitrag für den Anwendungsfall Text Analytics auf Werkstatt- und Social-Media-Daten mit den Zielen Frühwarnung und Ursachenforschung. Allerdings bleiben sie damit fallbasiert und arbeiten auf jeweils einer isolierten Datenquelle. Ein größeres Rahmenwerk für die integrierte Analyse von strukturierten und unstrukturierten Daten fehlt. Außerdem dienen die bearbeiteten Anwendungsfälle nicht direkt der Wertschöpfung im Tagesgeschäft, sondern bieten eine zusätzliche Funktionalität an, die im konkreten Industriekontext nur eine Zeitlang genutzt wurde und aktuell nicht mehr in Gebrauch ist.

Die vorliegende Arbeit verwendet die in Schierle (2011) entstandene domänenspezifische Taxonomie zur Informationsextraktion aus Textdaten und zeigt, dass sie auch für weitere Anwendungsfälle im direkten Tagesgeschäft oder darüber hinaus eingesetzt werden kann. Es finden Analysen über verschiedene Datenquellen statt. Weiterhin ist ein Analytics-Rahmenwerk für strukturierte und unstrukturierte Daten ein wesentlicher Beitrag dieser Arbeit.

Kapitel 3

Anwendungsbereiche

Zwei übergeordnete Anwendungsbereiche werden im Rahmen dieser Arbeit betrachtet. Der erste Anwendungsbereich ist ein branchenspezifisches Szenario zum Thema Qualitätsdaten aus der Automobilindustrie in Abschnitt 3.1. Forschung und Implementierungen zu diesem Szenario fanden mit einem Industriepartner aus der Automobilbranche und unter Verwendung von Echtdaten statt, wobei alle in dieser Arbeit gezeigten konkreten Datenbeispiele aus Gründen der Vertraulichkeit fiktiv, wenn auch realitätsnah sind.

Der zweite Anwendungsbereich ist branchenunabhängig, dafür aber auf eine einzelne Phase des Produktlebenszyklus bezogen. Es geht um das Thema Problemeskalation im direkten Produktionskontext, also auf dem Shop Floor. Dabei steht die Entwicklung hin zu einer *Smarten Fabrik* im Fokus (Abschnitt 3.2). Forschung und Implementierungen zum Szenario „Smarte Fabrik" fanden ohne direkte Industriekooperation, jedoch in loser Kooperation mit dem Anwendungszentrum Industrie 4.0 (Landherr u. a., 2016) statt sowie mit weiteren Mitgliedern der Graduate School advanced Manufacturing Engineering und Forschern aus dem SitOPT-Projekt[3].

Im Folgenden wird ein Überblick über beide Anwendungsgebiete mit jeweils einem konkreten motivierenden Anwendungsbeispiel gegeben. Weitere Details zu den bearbeiteten Anwendungsfällen finden sich in den entsprechenden Kapiteln (6, 7, 8 und 9).

---

3 DFG-Grant 610872

3.1 Qualitätsdaten in der Automobilbranche

Qualitätsdaten werden bei dem betrachteten *Automotive Original Equipment Manufacturer (OEM)* in jeder Phase des Produktlebenszyklus gesammelt und betreffen sowohl die Qualität des Produkts an sich als auch die Qualität von Produktionsprozessen und anderen Geschäftsprozessen. Qualitätsthemen sind komplex und wenig vorhersehbar. Ihre Feststellung bedarf an vielen Stellen menschlicher Urteilskraft – zum Beispiel beim Testen entwickelter Fahrzeugprototypen auf Fahrgefühl oder bei der Begutachtung von Schadteilen ohne IT-Komponenten, deren Diagnosedaten Aufschluss über einen aufgetretenen Fehler geben könnten. Daher entstehen bei der Erhebung von Qualitätsdaten häufig unstrukturierte Texte, die in Form von Fragebögen oder Befundberichten zusätzlich zu strukturierten Kennzahlen dokumentiert werden. Diese unstrukturierten Textdaten werden je nach Phase des Produktlebenszyklus und je nach unmittelbarem Zweck der Datenerhebung in unterschiedlichen Datenbanken gesammelt. Die Auswertung, zum Beispiel die Klassifizierung mit einem Fehlercode oder das Durchführen eines Fehlerabstellprozesses, erfolgt heute in der Industrie im Allgemeinen manuell durch menschliche Experten und ist sehr aufwändig. Durch die isolierte Haltung der Daten in den unterschiedlichen Datenbanken ist es aktuell nicht ohne großen Aufwand möglich, ein Gesamtbild der Qualitätsthemen rund um den Produktlebenszyklus oder auch nur in einer einzelnen Phase des Produktlebenszyklus zu erhalten. Ansätze eines integrativen Data Warehousing Systems zu diesem Zweck existieren zwar, fokussieren sich aber im Wesentlichen auf strukturierte Daten und umfassen nicht alle Qualitätsdatenquellen.

Abbildung 3.1 zeigt ein Beispiel, bei dem sich aus den integrierten strukturierten und unstrukturierten Qualitätsdaten zu einem bestimmten Thema mögliche Grundursachen für ein Qualitätsproblem identifizieren lassen. Das (fiktiv ausgewählte) Thema ist hier Lackqualität, ähnlich wie in Gröger u. a. (2016), Kassner u. a. (2015). Die Ausgangssituation ist, dass im Aftersales-Bereich im Customer Relationship Management-System, in der Aftersales-Teilequalitätsbefundung und in Social-Media-Quellen das Problem von leicht abblätterndem Lack bei einer bestimmten Fahrzeugbaureihe immer wieder dokumentiert wird.

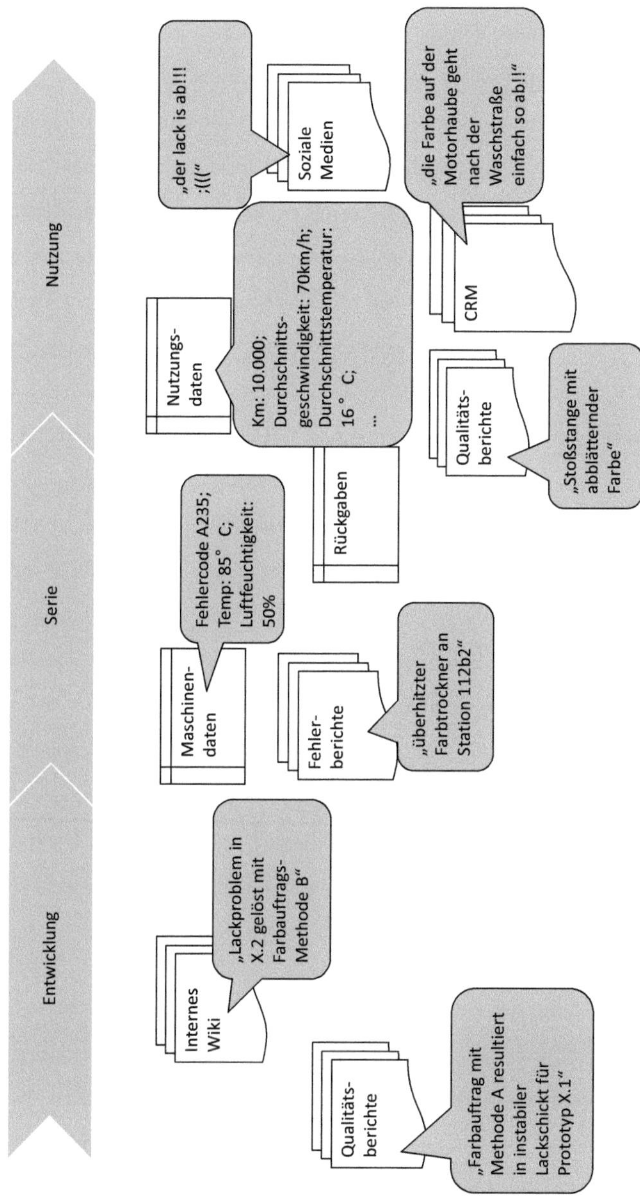

Abbildung 3.1: Qualitätsdaten im Produktlebenszyklus am Beispiel der Automobilindustrie

In einer klassischen IT-Landschaft, wie sie heute in Unternehmen existiert, kann dieses Thema nicht als wiederkehrendes Thema erkannt werden, da es in verschiedenen Datenquellen in unstrukturierten Texten erwähnt wird. Text Analytics und Datenintegration ermöglichen es, ein solches wiederkehrendes Thema zu erkennen und als dringlich zu identifizieren. Eine automatische Textanalyse kann größere Datenmengen in kürzerer Zeit auf Schlagworte und Ähnlichkeiten überprüfen, als dies einem menschlichen Experten möglich ist. Nachdem der wiederkehrende Fehler identifiziert wurde, helfen integrierte Analytics auf Qualitätsdaten auch, mögliche Ursachen für den Fehler zu finden. Dafür fehlt in der klassischen IT-Landschaft ebenfalls die Infrastruktur, sobald die strukturierten Diagnose- und Nutzungsdaten der betroffenen Fahrzeuge keinen direkten Aufschluss über die Fehlerursache geben (zum Beispiel keine extremen Temperaturschwankungen feststellbar sind). Kann man jedoch auf Qualitätsdaten zu derselben Baureihe aus früheren Produktlebenszyklusphasen zugreifen und die unstrukturierten Anteile derselben ebenfalls in großer Menge automatisch erschließen, so erhöht sich die Chance, die Grundursache für das Problem zu finden. In diesem Beispiel ist das zum Einen eine *Farbauftragsmethode B*, die eine bereits als problematisch erkannte *Auftragsmethode A* im Prototypen ersetzte und nun hinterfragt werden muss, wie aus textuellen Qualitätsdaten aus der Prototypenbewertung und aus internen Wikis zu erschließen ist. Zum Anderen findet sich in Fehlerberichten aus der Produktion eine Häufung von Überhitzungen eines Farbtrockners für eine bestimmte Karosseriecharge, die sich mit den betroffenen Fahrzeugidentifikationsnummern (FIN) überschneidet. Die Auffindbarkeit dieser zusammengehörigen Daten ist nur durch eine umfassende Datenintegration und -analyse sowohl strukturierter als auch unstrukturierter Daten möglich.

Die ApPLAUDING-Architektur, die in dieser Arbeit entwickelt wird, stellt das Rahmenwerk für solche Analysen dar. Prototypisch implementiert wird im Industriekontext und unter Verwendung echter, anonymisierter Qualitätsdaten die teilautomatische Klassifikation von Qualitätsdaten aus dem Aftersales-Bereich, welche die Erkennung von Fehlerhäufungen beschleunigen kann (siehe Kapitel 6). Darüber hinaus werden weitere Anwendungsfälle für produktlebenszyklusübergreifende Analysen identifiziert und ihre Machbarkeit mithilfe konkreter Strategien zum Datenvergleich für den Anwendungskontext Automotive gezeigt (siehe Kapitel 8).

3.2 Problemeskalation in der Smarten Fabrik

Der zweite Anwendungsbereich ist nicht branchenspezifisch, sondern fokussiert eine spezielle Lebenszyklusphase, nämlich die der Produktion, an der exemplarisch dargestellt werden kann, wie strukturierte und unstrukturierte Daten aus dem gesamten Produktlebenszyklus zur Lösung von Problemen beitragen können. Die Idee hierzu wurde erstmals in Kassner u. Mitschang (2015) publiziert, dem auch das folgende Beispiel zur Erläuterung sinngemäß entnommen ist. Abbildung 3.2 gibt einen Überblick über das Anwendungsbeispiel.

Man stelle sich einen Hersteller G vor, der Zahnräder fertigt und dazu unter anderem Laserschneidemaschinen und Greifroboter verwendet, die beide von Maschinenhersteller H gefertigt wurden. Der Produktionsprozess für Zahnräder umfasst einen Schneideschritt an der Lasermaschine, einen automatischen Transferschritt mittels des Greifroboters und eine manuelle Qualitätskontrolle durch einen Arbeiter A. An den beiden Maschinen sind ebenfalls Arbeiter B zur Überwachung der Schneidemaschine und Arbeiter C zur Kontrolle des Roboters positioniert. Beim Maschinenhersteller H sind zwei Support-Mitarbeiter E und F für die Schneidemaschine und den Roboter zuständig. Beide Unternehmen besitzen firmeninterne Intranets bzw. soziale Netzwerke, in denen Nutzerprofile und Foren bzw. Wikis zur Dokumentation von internem Wissen und zur Diskussion von auftretenden Fehlern und Lösungsvorschlägen existieren. Im Intranet von Zahnradhersteller G hat Arbeiter C, der aktuell für die Roboterkontrolle zuständig ist, ein Tutorium zur Kalibrierung der Schneidemaschine verfasst, an der er früher beschäftigt war. Ebenso ist Support-Mitarbeiter F beim Maschinenhersteller informell interessiert am Greifroboter, obwohl seine Zuständigkeit aktuell die Schneidemaschine ist, und hat zur Dokumentation eines Troubleshootings in einem internen Forum des Unternehmens beigetragen. Sowohl C als auch F haben also Expertise, die nicht über ihre aktuelle Rolle offensichtlich ist, aber aus unstrukturierten unternehmensinternen Textdaten erschlossen werden kann und im Fall eines zeitkritisch zu lösenden Problems wichtig wäre. Außerdem befinden sich wichtige inhaltliche Informationen zu Problemlösungen ebenfalls in unstrukturierten Textdaten.

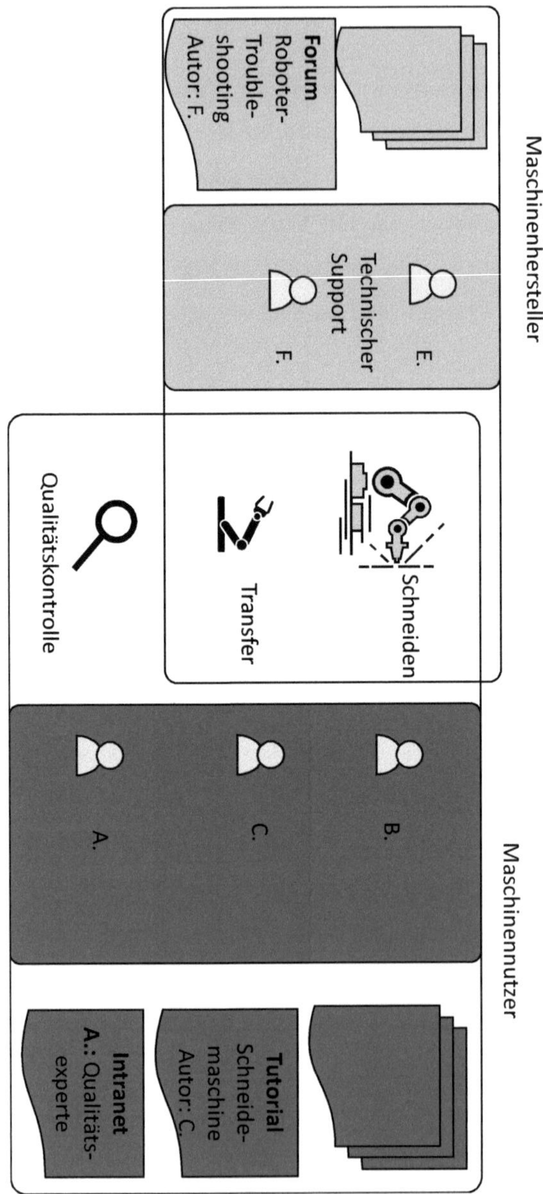

Abbildung 3.2: Anwendungsbeispiel für Problemeskalation in der Smarten Fabrik

Arbeiter A stellt bei der Qualitätskontrolle fest, dass die Werkstücke im aktuell produzierten Los rauere Kanten haben als vorgesehen. Wenn die Quelle dieses Problems nicht schnell erkannt wird, geht das ganze Los verloren. A sendet einen entsprechenden Notruf über das soziale Netzwerk des Unternehmens, wo dieser sowohl von Menschen eingesehen als auch von einem Analyseprozess verarbeitet wird. Der Analyseprozess extrahiert Thema und Dringlichkeit des Problems aus dem Text und durchsucht die unternehmensinternen Datenquellen nach ähnlichen Problemen. Auch Data Mining auf strukturierten Kennzahlen der Schneidemaschine und der Vergleich mit historischen Daten können ausgeführt werden. Hierbei kann bereits eine potenzielle Lösung für das Problem gefunden und an den Arbeiter A zurückgemeldet werden. Durch die Automatisierung der Lösungsfindung wird dann Zeit gespart.

Wird keine solche Lösung gefunden, so kann die Fehlerbearbeitung automatisch eskaliert werden. Der nächste Schritt ist die Suche eines menschlichen Experten. Auch hier hilft Text Analytics weiter: Beispielsweise können informelle Experten für Themen direkt vor Ort gefunden werden. Das ist im betrachteten Beispiel hilfreich, wenn der zuständige technische Support-Mitarbeiter E nur über eine Ferndiagnoseschnittstelle auf die Maschine zugreifen kann und gerade nicht verfügbar ist. Aus der Analyse von Textquellen im Intranet steht die Information zur Verfügung, dass C Expertenwissen zur Schneidemaschine hat. Außerdem ist C vor Ort auf dem Shop Floor und hat gerade Zeit, weil der Roboter nur alle 30 Minuten kontrolliert werden muss und die letzte Kontrolle gerade erfolgt ist. Mit diesen Informationen kann das Fehlereskalationssystem C als besten Kandidaten zur Bearbeitung des Problems identifizieren und benachrichtigen.

Ein Fehlereskalationssystem unter Einbeziehung Sozialer Medien als Kommunikationskanäle und der Analyse unstrukturierter Textdaten wie im Beispiel beschrieben wurde in Kassner u. Mitschang (2015) entworfen, ein Prototyp eines textanalysefähigen sozialen Netzwerks für die Fabrik wird in Kassner u. a. (2017b) vorgestellt. Beide werden in Kapitel 9 ausführlich besprochen.

Kapitel 4

Product Life Cycle Analytics (PLCA) – Konzept und Anforderungen

In diesem Kapitel wird das Konzept Product Life Cycle Analytics vorgestellt, das im Rahmen dieser Forschungsarbeit entwickelt wurde (Abschnitt 4.1). Des Weiteren werden Anforderungen an diese neue Form von Analytics entwickelt (Abschnitt 4.2). Im Anschluss werden existierende Ansätze zur Datenanalyse industrieller Daten in Bezug auf diese Anforderungen ausgewertet (Abschnitt 4.3). Das Konzept und die Anforderungen an PLCA sowie die Analyse bestehender Ansätze wurden in ähnlicher Form bereits in Kassner u. a. (2015) publiziert. Empirische Ergebnisse zu PLCA-Fragestellungen finden sich vor allem in den Kapiteln 6 und 8.

4.1 Das Konzept Product Life Cycle Analytics

Product Life Cycle Analytics (PLCA) ist ein holistischer Ansatz zur Analyse und Integration von strukturierten und unstrukturierten Daten aus dem gesamten Lebenszyklus eines industriellen Produkts, von der Produktentwicklung über die Produktionsplanung und Produktion, Vetrieb und Nutzung bis hin zu Wartung, Reparatur oder Entsorgung des Produkts. Seine Ziele sind identisch mit den Forschungszielen dieser Arbeit: durch Datenintegration und Analyse strukturierter wie auch unstrukturierter Daten sollen aktuelle Aufgaben im Tagesgeschäft unterstützt werden, bei denen Datenanalysen bislang manuell ausgeführt werden, aber auch neue Analyseaufgaben ermöglicht werden, die bislang an der Größe der Datenmenge, der Streuung der Daten oder am Fehlen von Analysewerkzeugen für unstrukturierte Daten scheitern. Außerdem stellt Product Life Cycle Analytics die Grundlage für eine datengetriebene Unterstützung des Menschen in der Smarten Fabrik zur Verfügung. Abbildung 4.1 verdeutlicht die Kernidee von PLCA: strukturierte und unstrukturierte Daten aus dem gesamten Produktlebenszyklus werden durch Integration und Analytics zusammengeführt, sodass neue, bisher unzugängliche Erkenntnisse abgeleitet werden können.

Bestehende Herangehensweisen an industrielle Datenanalyse besitzen drei große Schwächen, die ein umfassendes Verstehen und Verbessern von Geschäftsprozessen und Produkten behindern:

- den Fokus auf einzelne, isolierte Datenquellen (S_1)
- die fehlende Verknüpfung zwischen strukturierten und unstrukturierten Daten (S_2)
- das Fehlen eines generellen Rahmenwerks (S_3).

Der Fokus auf einzelne Datenquellen S_1 kann dazu führen, dass wichtige Informationen nicht in Analysen einbezogen werden und somit die Ergebnisse verfälscht sind. Beispielsweise kann es passieren, dass Daten aus einem Customer Relationship Management System nach häufigen Produktbeschwerden durchsucht werden, aber Äußerungen zu verwandten Themen in den Sozialen Medien nicht aufbereitet werden und auch keine konkrete Ursachensuche auf Fehlerberichten aus der Produktion desselben Produkts stattfindet. Durch die fehlende Verknüpfung strukturierter mit unstrukturierten Daten S_2 werden ebenfalls einseitige Ergebnisse erzeugt, da entweder nur strukturierte Daten oder nur unstrukturierte Daten berücksichtigt werden, jedoch wichtige Erkenntnisse erst aus der Synthese von Informationen aus strukturierten und unstrukturierten Quellen entstehen können. Das Fehlen eines generellen Rahmenwerks (englisch: Frameworks) S_3 schließlich ist verantwortlich für die typischerweise fallbasierten und dadurch kostenintensiven Implementierungen von Datenintegrations- und -analysekomponenten, die nur für eine einzige Analyseaufgabe verwendet werden und danach nicht mehr genutzt werden.

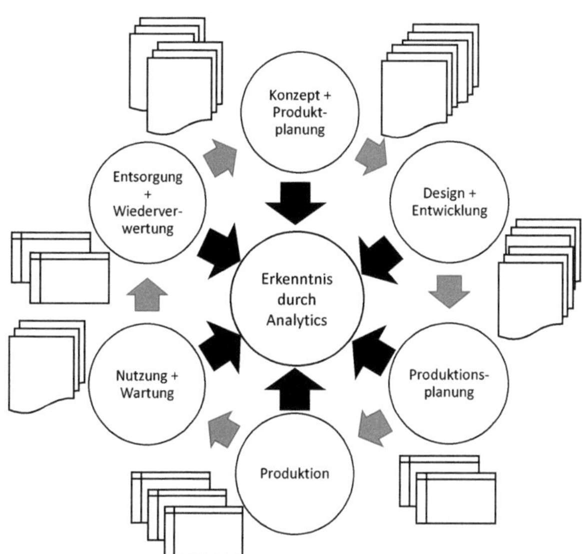

Abbildung 4.1: Datentypen im Produktlebenszyklus in Anlehnung an Kassner u. Mitschang (2016)

Product Life Cycle Analytics bietet einen Gegenentwurf zum Status Quo und behebt dadurch die beschriebenen Schwächen. Dabei wird sowohl der gesamte Produktlebenszyklus abgedeckt als auch umfassende Analytics-Funktionalität zur Verfügung gestellt, was bei keinem anderen bestehenden System oder Rahmenwerk der Fall ist.

4.2 Anforderungen

In diesem Abschnitt werden Anforderungen an PLCA entwickelt und im Detail ausgeführt. Insgesamt wurden in Kassner u. a. (2015) fünf Anforderungen definiert:

- PLCA verwendet Daten aus allen Lebenszyklusphasen (A_1).
- PLCA integriert strukturierte und unstrukturierte Daten (A_2).
- PLCA bietet ein generelles Rahmenwerk für Analytics und Integration (A_3).

- PLCA beinhaltet umfassende Analytics auf strukturierten und unstrukturierten Daten, mit denen man neue, wertschöpfende Einsichten ableiten kann (A_4).
- PLCA ist modular, verwendet Komponenten wieder und kann flexibel um Datenquellen und Analysewerkzeuge erweitert werden (A_5).

Diese Anforderungen werden in den folgenden Abschnitten ausführlicher erläutert.

4.2.1 Daten aus allen Lebenszyklusphasen

Die erste Anforderung bezieht sich auf das definierende Charakteristikum von Product Life Cycle Analytics: Es sollen Daten aus dem gesamten Produktlebenszyklus verwendet werden, zumindest aber aus verschiedenen Phasen desselben oder verschiedenen Quellen innerhalb einer Phase. Wie bereits in Kapitel 1.1 beschrieben, verspricht das Einbeziehen bisher ungenutzer Datenressourcen Erkenntnisse, die in der heutigen fragmentierten Analytics-Landschaft so nicht oder nur schwer gewonnen werden können. Beispielsweise kann man herausfinden, welche Schwächen in der Produktentwicklung oder Produktion besonders starke Auswirkungen auf die Qualität und Langlebigkeit des Endprodukts haben. Ein ähnliches Beispiel wurde auch in Kapitel 3.1 präsentiert.

Jede Phase des Produktlebenszyklus hat Auswirkungen auf die nachfolgenden Phasen und bietet Einsichten über die vorangegangenen Phasen. Daher sollte eine analysegetriebene Optimierung von Prozessen oder Produkteigenschaften, die in einer bestimmten Phase ansetzt, auch Daten aus anderen Lebenszyklusphasen nutzen, um wirklich wertschöpfend sein zu können. Anforderung A_1 betrifft die Problematik der Isoliertheit einzelner Datenquellen, also Schwäche S_1.

4.2.2 Integration strukturierter und unstrukturierter Daten

Die zweite Anforderung befasst sich mit S_2, der fehlenden Verknüpfung zwischen strukturierten und unstrukturierten Daten. Ein Großteil der unternehmensinternen Daten ist unstrukturiert (siehe Kapitel 1.1). Von den Daten, die bisher in Data Warehouses gehalten wurden, sind jedoch unter 25% unstrukturiert oder semistrukturiert gewesen (Russom, 2007). Entsprechend wenig wurden diese auch für Business Intelligence oder Analytics verwendet. Analytics findet auch heute noch im Wesentlichen auf strukturierten Daten statt.

Inhalte aus unstrukturierten Quellen können aber essentiell für das Verständnis von strukturierten Daten sein. Beispielsweise können sinkende Verkaufszahlen eines Produkts durch negative Äußerungen einflussreicher Konsumenten in den Sozialen Medien erklärt werden, oder die Korrelation zwischen Fehlerbildern aus unstrukturierten Textberichten vom Shop Floor einerseits und strukturierten Messwerten aus einem Manufacturing Execution System (MES) andererseits kann zur Frühwarnung genutzt werden. Dazu müssen jedoch Bezüge zwischen strukturierten und unstrukturierten Daten geschaffen werden, die dasselbe Thema betreffen.

4.2.3 Generelles Rahmenwerk

Beim einzelfallbasierten Entwickeln von Analytics-Lösungen, wie es heute üblich ist, werden für verwandte Anwendungen oft Komponenten mit derselben Funktionalität separat und daher mehrfach entwickelt. Nach Beendigung fallbasierter Projekte geschieht es auch oft, dass Kompetenzen oder Wissensressourcen wieder verloren gehen, die im Rahmen dieser fallbasierten Projekte entstanden sind. Oft können Ressourcen bei neuen Projekten aufgrund der stark auf das Fallbeispiel abgestimmten Struktur nicht oder nur mit hohem Anpassungsaufwand wiederverwendet werden. Um hier Abhilfe zu schaffen, ist ein Rahmenwerk notwendig, das eine generelle Struktur für Analytics-Lösungen vorgibt und mit dem alle implementierten Lösungen konform sind. Das generelle Rahmenwerk behebt somit S_3.

4.2.4 Umfassende Analytics

Umfassende Analytics sowohl von strukturierten als auch von unstrukturierten Daten sind nötig, um unstrukturierte Daten und ihre Zusammenhänge mit strukturierten Daten wirklich erschließen zu können (siehe auch A_2). Umfassende Analytics meint hier komplexe Analytics-Prozesse, die neue Erkenntnisse erbringen oder bisher manuelle Analyseaufgaben unterstützen und erleichtern und somit wertschöpfend sind. Das können bereits rein deskriptive Analytics-Anwendungen sein, die aktuell noch nicht in allen dafür geeigneten Kontexten sinnvoll zum Einsatz kommen, sowie insbesondere auch prädiktive und präskriptive Analytics-Anwendungen, die Daten nicht nur beschreiben, sondern datengetriebene Vorhersagen oder Handlungsempfehlungen erlauben. Umfassende Analytics tragen bei zur Behebung von S_2, der fehlenden Integration von strukturierten und unstrukturierten Daten.

4.2.5 Modularität

Die Anforderung Modularität geht Hand in Hand mit der Anforderung eines generellen Rahmenwerks A_3: Analytics-Komponenten können nur effizient wiederverwendet werden, wenn sie von Anfang an als Module geplant und gebaut wurden. Auch die flexible Einbindung neuer Datenquellen und Analysetools muss gewährleistet sein, da die produzierende Industrie schon heute und in Zukunft verstärkt wandlungsfähig sein muss: Sie muss auf Turbulenzen im globalen Markt, auf Produkt- und Prozessänderungen, neue Analysetechnologien und neue Medien schnell reagieren können. Modularität und Flexibilität tragen bei zur Überwindung von S_1 (isolierte Datenquellen) und S_3 (fehlendes Rahmenwerk).

4.3 Bewertung existierender Ansätze

Im Hinblick auf den *holistischen* Anspruch, den PLCA bezüglich der Integration von Datentypen und Datenquellen sowie der Bereitstellung flexibler und umfassender Analytics-Werkzeuge verwirklicht, gibt es keinen direkt mit PLCA vergleichbaren konzeptuellen Ansatz.

Einige existierende Ansätze sind jedoch für PLCA richtungsweisend, da sie teilweise ähnliche Fragen bearbeiten und anteilig Lösungen bereitstellen, die auch durch PLCA gewährleistet werden sollen. Diese werden im Folgenden vorgestellt, und exemplarische Umsetzungen dieser Ansätze werden auf Erfüllung der Anforderungen von PLCA untersucht. Dabei werden drei Gruppen von Herangehensweisen identifiziert (Kassner u. a., 2015): Ansätze zu Product Life Cycle Management, Ansätze zur Integration von strukturierten und unstrukturierten Daten, sowie Ansätze zur Analyse unstrukturierter Daten.

4.3.1 Product Life Cycle Management

Im Bereich Product Life Cycle Management (PLM) ist der Ansatz des *closed-loop PLM* (Jun u. a., 2007) eine der Grundlagen von PLCA (siehe auch Kapitel 2.1). Hierbei geht es um Strategien, welche Produktinformationen rund um den Produktlebenszyklus bereitstellen, und zwar solcherart, dass auch Informationen über das Vorgängerprodukt für das Nachfolgeprodukt genutzt werden (deswegen „closed-loop“). Dabei sollen sie den Bedürfnissen der jeweiligen Lebenszyklusphase Rechnung tragen. Die Integrität von Informationen soll gewährleistet werden, zudem sollen Geschäftsprozesse zur Erstellung und Verteilung der Informationen verwaltet werden. Der Fokus liegt allerdings auf strukturierten Produktdaten. Diese sollen im Rahmen des Internets der Dinge (Kiritsis, 2011) z.B. durch RFID-Chips im Produkt integriert und jederzeit abrufbar sein. Diese Formen der Datenintegration sind ohne Zweifel für die Umsetzung von Industrie 4.0 wichtig. Jedoch fehlen ihnen die Integration von Informationen aus unstrukturierten Quellen und der weiterreichende Analytics-Rahmen. Es geht in erster Linie um die explizite Vorstrukturierung und kontextgerechte Bereitstellung von bereits vorhandenen Informationen und

Daten. Ansätze zur forschungsgestützten Implementierung von closed-loop PLM finden sich in Demoly u. a. (2013) mit einem Datenmodell und einer webbasierten Anwendung für closed-loop PLM sowie in Matsokis u. Kiritsis (2010) mit einer detaillierten Ontologie für Produkt- und Produktionsdaten.

Neuere Data-Warehouse-Lösungen, die in der Industrie unter anderem für PLM genutzt werden, stellen bereits Funktionalitäten für die Extraktion von Information aus unstrukturierten und semistrukturierten Daten und damit für rudimentäre Analytics auf unstrukturierten Daten zur Verfügung. Beispielsweise besitzt SAP HANA eine dedizierte Text-Engine unter anderem für Volltextsuche, Entitätenerkennung und Textklassifikation (Böhm u. a., 2017). PLCA kann insofern auch als eine Weiterentwicklung gegenwärtiger PLM-Trends verstanden werden.

4.3.2 Integration strukturierter und unstrukturierter Daten

Zur Integration strukturierter und unstrukturierter Daten werden zwei Schwerpunkte betrachtet: die Integration von Daten zu Produktionsprozessen in der Advanced Manufacturing Analytics Plattform (AdMA) (Gröger u. a., 2012b) und die Integration von strukturierten und unstrukturierten Produktdaten im Aletheia-Projekt (Wauer u. a., 2010, 2009).

Das Aletheia-Projekt verwendet föderierte Repositories, um strukturierte und unstrukturierte Daten aus vielen verschiedenen Quellen miteinander zu integrieren. Dabei werden unstrukturierte Dokumente sowie aus diesen extrahierte Fakten in einem speziellen „uncertain repository“ gespeichert. Im Wesentlichen stellt Aletheia Such- und Explorationsfunktionalitäten zur Verfügung, das heißt grundlegende Analytics-Funktionen wie Indexing, Informationsextraktion und Ontologieintegration für Durchsuchbarkeit sind vorhanden. Darüber hinaus ist Analytics aber nicht explizit Teil der Architektur; Anwendungsszenarien jenseits der Suche werden nicht betrachtet.

Die AdMA-Plattform hat vor allem Daten aus der und für die Produktionsphase des Produktlebenszyklus im Blick. Diese werden in einem produktionsspezifischen Wissensrepository gespeichert, wobei ein produktionsspezifisches Datenmodell und eine flexible Linkarchitektur es ermöglichen, strukturierte und unstrukturierte Daten zu verwandten Themen miteinander zu verknüpfen. Auch Analytics-Funktionalitäten werden bereitgestellt, allerdings nur für die strukturierten Daten. Analytics für unstrukturierte Daten oder zur automatischen Herstellung der Verlinkung zwischen Daten stehen nicht zur Verfügung.

4.3.3 Analytics für unstrukturierte Daten

Analytics-Anwendungen für unstrukturierte Daten existieren vor allem als fallbasierte Einzelszenarien. Besonders zu erwähnen sind Lang u. a. (2009), die Stichworte aus Verkehrsunfallberichten extrahieren und sie für Ursachenanalyse und Frühwarnung verwenden, sowie Schierle (2011) und Bank (2013), die Social-Media-Quellen beziehungsweise Werkstattberichte aus der Automobilbranche für Frühwarnung und zur Erkennung zeitlicher Problemhäufungen verwenden. Allen gemeinsam ist, dass sie maßgeschneiderte, tiefgehende Analytics verwenden, aber dabei nur einzelne oder sehr homogene Quellen aus einer Produktlebenszyklusphase nutzen, ohne diese in ein größeres Rahmenwerk einzubetten.

Ein konzeptueller Ansatz zu Analytics auf unstrukturierten Daten wurde von Baars u. Kemper (2008) vorgestellt. Hier geht es allerdings schwerpunktmäßig um die Unterstützung des Managements durch Erkenntnisse aus strukturierten und unstrukturierten Daten, nicht um die Bereitstellung von passgenauen Analytics an allen Stellen im Produktlebenszyklus. Außerdem werden strukturierte und unstrukturierte Daten hier getrennt gehalten, nur die Metadaten der unstrukturierten Daten werden im Data Warehouse integriert und dort für Analytics genutzt.

Insgesamt ist es problematisch, aus unstrukturierten Textdaten nur Metadaten oder Stichworte zu extrahieren, ohne damit assoziiert die Rohdaten ebenfalls in einem Wissensrepository zu speichern. Denn zu dem Zeitpunkt, an dem diese ETL-Operationen geschehen, kann man noch nicht absehen, welche Informationen aus den unstrukturierten Daten für spätere Analyseanwendungen relevant sein werden. Deswegen empfiehlt es sich, die Rohdaten in Verknüpfung mit den extrahierten Daten vorzuhalten, damit man später auf sie zugreifen kann.

4.3.4 Vergleichende Bewertung

Tabelle 4.1 zeigt die Bewertung repräsentativer Implementierungen aus den drei besprochenen Bereichen Product Lifecycle Management, Integration strukturierter und unstrukturierter Daten und Analyse unstrukturierter Daten in Bezug auf die fünf entwickelten Anforderungen.

Closed-loop PLM (Kiritsis, 2011) aggregiert produktbezogene Daten aus allen Phasen des Produktlebenszyklus und stellt diese auch in allen Phasen bereit (A_1), allerdings bezieht sich dies nur auf strukturierte Daten (A_2). Ein generelles Rahmenwerk existiert (A_3), Analytics-Funktionalitäten sind aber nicht Teil dieses Rahmenwerks (A_4). Modularität und flexibles Anbinden neuer Datenquellen sind teilweise gewährleistet (A_5).

Die Datenintegrations- und Analyseplattform AdMA (Gröger u. a., 2012b, 2014b) beschränkt sich fast vollständig auf Daten aus der Produktionsphase, bezieht aber gegebenenfalls auch andere Quellen ein (A_1). Strukturierte und unstrukturierte Daten werden miteinander integriert (A_2), allerdings steht nur Analysefunktionalität für die strukturierten Daten bereit (A_4). AdMA verfügt über ein generelles Rahmenwerk, in dem Komponenten flexibel ausgetauscht werden können (A_3, A_5). Das Aletheia-Projekt (Wauer u. a., 2010) kommt der Idee von Product Life Cycle Analytics in puncto Datenintegration und Lebenszyklusabdeckung sehr nahe und bietet auch ein generelles Rahmenwerk (A_1, A_2, A_3), aber es fehlen Analyticsfunktionalitäten, die über das Durchsuchen der Daten hinausgehen (A_4), und das Rahmenwerk ist zwar umfassend, aber relativ starr (A_5).

Die Einzelfallimplementierungen zu unstrukturierter Textanalyse bieten tiefere Analysefunktionalitäten für unstrukturierte Daten sowie für die strukturierten extrahierten oder teilweise bereits mit diesen assoziierten Daten (A_4). Jedoch nutzt keine von ihnen mehrere Datenquellen

Ansatz	A_1	A_2	A_3	A_4	A_5
Closed-Loop PLM (Kiritsis, 2011)	●	◐	●	○	◐
AdMA (Gröger u. a., 2014b)	◐	●	●	○	●
Aletheia (Wauer u. a., 2010)	●	●	●	○	◐
Unfallberichtanalyse (Lang u. a., 2009)	○	◐	◐	●	○
Werkstattberichtanalyse (Schierle, 2011)	○	○	○	●	○
Social Media Analyse (Bank, 2013)	○	○	○	●	○

Tabelle 4.1: Bewertung unterschiedlicher PLCA-verwandter Ansätze anhand der Kriterien A_1 Lebenszyklus, A_2 Strukturiert / unstrukturiert, A_3 Rahmenwerk, A_4 Analytics, A_5 Modular. ● vollständig erfüllt; ◐ teilweise erfüllt; ○ nicht erfüllt. In Anlehnung an Kassner u. a. (2015).

(A_1), und nur Lang u. a. (2009) haben Ansätze zur Integration mit strukturierten Daten (A_2) und zu einem generellen Business-Intelligence-Rahmenwerk (A_3).

Insgesamt fallen die betrachteten Ansätze also in Bezug auf ihre Erfüllung der PLCA-Anforderungen in zwei Kategorien: Einzelfallimplementierungen, die sich mit unstrukturierten Daten befassen und tiefergehende Analytics-Funktionalitäten bereitstellen, aber dabei eben auf eine Datenquelle und einen Anwendungsfall beschränkt bleiben, und größer aufgestellte Rahmenwerke, bei denen sowohl die Integration als auch die Analyse unstrukturierter Daten zu kurz kommen.

Kapitel 5

ApPLAUDING – eine Architektur für Product Life Cycle Analytics

Dieses Kapitel stellt *ApPLAUDING* vor, eine Referenzarchitektur für Product Life Cycle Analytics, die in dieser Forschungsarbeit anhand der Anforderungen aus Kapitel 4 entwickelt wird. ApPLAUDING steht für *Architecture for Product Life Cycle Analytics with Unstructured Data INteGration*. Nach einem kurzen Überblick in Abschnitt 5.1 werden die einzelnen Architekturschichten und ihre Komponenten im Detail besprochen. In Abschnitt 5.2 wird die Schicht zur Datenintegration präsentiert, in Abschnitt 5.3 die Analyseschicht, und in Abschnitt 5.4 die Präsentationsschicht. Abschnitt 5.5 stellt ausgewählte Technologien für die Umsetzung der ApPLAUDING-Architektur vor.

5.1 Überblick

Das Akronym ApPLAUDING bedeutet Architecture for Product Life Cycle Analytics with Unstructured Data INteGration. Es handelt sich um eine klassische Drei-Schichten-Architektur mit einer Integrationsschicht, einer Analyseschicht und einer Präsentationsschicht. Abbildung 5.1 zeigt einen Überblick über die gesamte Architektur.

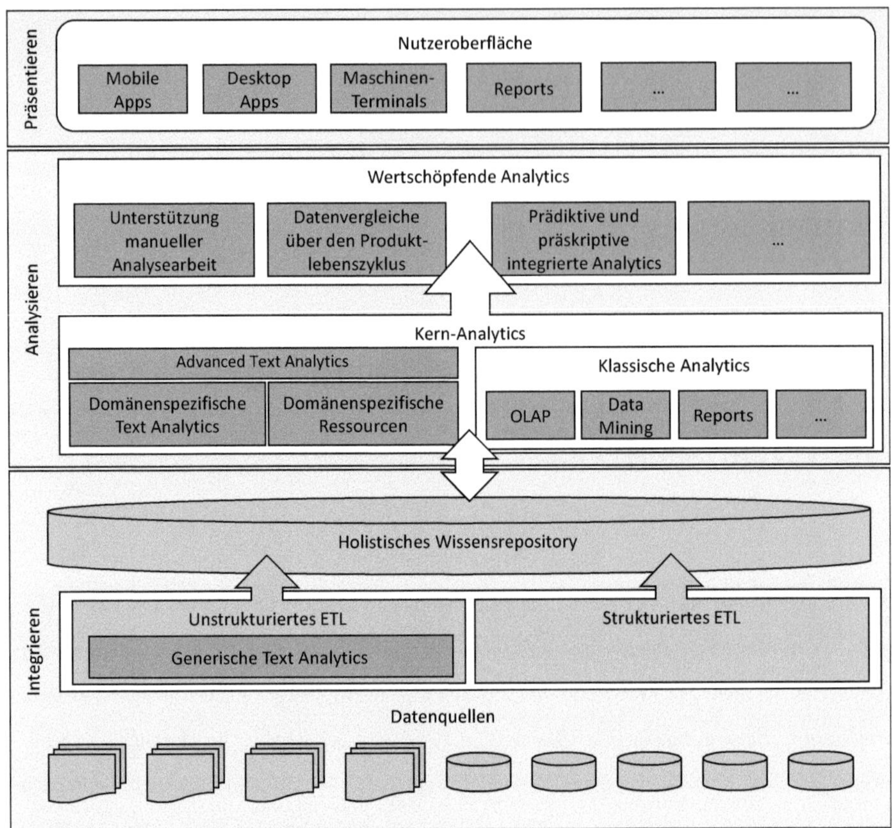

Abbildung 5.1: Architecture for Product Life cycle Analytics with Unstructured Data INte-Gration in Anlehnung an Kassner u. a. (2015)

In der Integrationsschicht werden strukturierte und unstrukturierte Daten aus Quellen rund um den Produktlebenszyklus in jeweils dem Datentyp angemessener Weise in ein holistisches Wissensrepository integriert. Vor der Integration werden die strukturierten Daten bereinigt und die unstrukturierten Daten bereits mit strukturierenden Informationen angereichert. In der Analyseschicht stehen als Kern-Analytics mehrere Toolboxen mit Analysekomponenten für strukturierte und unstrukturierte Daten zur Verfügung, die zu komplexen, wertschöpfenden Analyseanwendungen kombiniert werden. In der Präsentationsschicht werden Analyseergebnisse dem menschlichen Nutzer über verschiedene Schnittstellen zugänglich gemacht. ApPLAUDING wurde bereits publiziert in Kassner u. a. (2015).

5.2 Integrationsschicht

Die Integrationsschicht der ApPLAUDING-Referenzarchitektur umfasst Datenquellen, Extract-Transform-Load-Mechanismen (ETL) und ein Wissensrepository, das sich in seiner Struktur an Gröger u. a. (2014c) orientiert. Das Wissensrepository ist im Wesentlichen ein Data Warehouse, bezieht aber auch bereits Ideen des Konzepts Data Lake mit ein, indem es strukturierte und unstrukturierte Daten sowie deren Originalrohdaten integriert. Die Datenquellen stammen aus dem gesamten Produktlebenszyklus. Sie sind stark verschiedenartig hinsichtlich ihrer Inhalte sowie auch ihrer Form. Beispielsweise können Materiallisten, Sensorwerte, Emails mit Lob oder Beschwerden von Kunden, Posts und Tweets aus den Sozialen Medien, Wartungsberichte für Produkte wie auch für Maschinen integriert werden. Ursprungsdatenquellen sind unter anderem relationale Datenbanken, NoSQL- und Graphdatenbanken, Dokumentenspeicher, Textarchive oder Datenströme.

Aus den Datenquellen werden die Daten mittels ETL-Mechanismen in das Wissensrepository überführt. Dies kann einen tatsächlichen Datentransfer bedeuten, aber auch föderierte Lösungen sind denkbar. Strukturierte Daten werden dabei mittels der bewährten ETL-Techniken für strukturierte, d.h. meist relational repräsentierte Daten behandelt (siehe Erläuterungen im Hintergrundkapitel 2.2).

Für unstrukturierte Textdaten sind in ApPLAUDING gesonderte ETL-Mechanismen vorgesehen. Dabei sollen die Daten durch *generische Text Analytics* bereits mit sprachbezogener Struktur angereichert werden, wobei die Rohdaten mit erhalten werden. Generische Text Analytics umfassen einfache linguistischen Vorverarbeitungsschritte (siehe auch Kapitel 2.3), die unabhängig von Domäne und Anwendungsfall ausgeführt werden können und deren Ergebnisse Grundlagen für weitere Analysen in der Analytics-Schicht bilden. Dazu gehören zum Beispiel

Tokenisierung und Satzerkennung, Sprachidentifikation, und Entitätenerkennung (Orte, Organisationen, Personen ohne Berücksichtigung domänenspezifischen Wissens). Auch Part-of-Speech-Tagging, Chunking und Parsing sind generische Text Analytics. Ebenso können statistische Maße wie Worthäufigkeiten bereits berechnet werden, ohne dass feststeht, welche Fragen man mithilfe der gewonnenen Information beantworten möchte. Diese Vorverarbeitungsschritte in den ETL-Prozess auszulagern ist sinnvoll, da sie zum Teil zeitraubend und rechenintensiv sind und es deshalb im Falle von zeitkritischen komplexeren Analytics-Anwendungen hilfreich ist, die Strukturen schon vorliegen zu haben. Im Wissensrepository werden somit zusätzlich zu den Originaldaten auch linguistische Annotationen gespeichert.

Das holistische Wissensrepository kann ähnlich aufgebaut werden wie jenes in Gröger u. a. (2014c). Ein klassisches Data Warehouse für strukturierte Daten wird dabei kombiniert und durch semantische Links verknüpft mit Datenspeichern für semi- und unstrukturierte Daten, welche die Form von Content Management Systemen oder indizierten Dateisystemen annehmen können. Die konkrete Umsetzung kann sowohl föderiert als auch integriert erfolgen.

Im Wissensrepository werden sowohl die aufbereiteten Ursprungsdaten als auch Metadaten und die Ergebnisse von Analysen gespeichert, zum Beispiel Fakten, die aus Texten extrahiert und mit Konfidenzwerten versehen werden. Darin ähnelt es dem „uncertain repository“ von Schuster u. Wauer (2010). Auch statistische Modelle und domänenspezifische Ressourcen, die in der Analyseschicht für wertschöpfende Analytics genutzt werden und teilweise aus den Daten abgeleitet wurden, speichert das Wissensrepository. Ein Beispiel hierfür sind aus historischen Produktionsdaten abgeleitete Entscheidungsbäume zur Erkennung von Verzögerungen im Produktionsprozess (Gröger u. a., 2014a).

Die Integrationsschicht ist somit relevant für A_1 und A_2: Es werden Datenquellen aus dem gesamten Produktlebenszyklus eingepflegt, und sowohl die ETL-Mechanismen als auch die Struktur des Wissensrepositorys sind für strukturierte wie auch für unstrukturierte Daten geeignet. Die Mechanismen für unstrukturiertes ETL, die gezielt Information erhalten und anreichern, statt wie in fallbasierten Analyseszenarien Information zu extrahieren, tragen außerdem zur Erfüllung von A_5 bei, indem sie die Grundlage für maximal flexible Analysen schaffen.

5.3 Analyseschicht

Die Analyseschicht besteht auf zwei aufeinander aufbauenden Komponenten: Den Kern-Analytics, in denen grundlegende Werkzeuge und Ressourcen für die Analyse strukturierter und unstrukturierter Daten zusammengefasst sind, sowie den wertschöpfenden Analytics, welche diese Werkzeuge zu komplexen, konkreten und wertschöpfenden Anwendungen kombinieren.

5.3.1 Kern-Analytics

Die Kern-Analytics-Komponente ist wiederum unterteilt in Werkzeugkategorien für strukturierte und unstrukturierte Daten: Für strukturierte Daten gibt es klassische Analytics-Werkzeuge unterschiedlicher Granularität wie OLAP, Data Mining, oder Reporting. Diese können auch auf Information angewendet werden, welche mithilfe von Text Analytics aus unstrukturiertem Text extrahiert wurde. Für unstrukturierte Textdaten gibt es einerseits *domänenspezifische Analytics*, die mit *domänenspezifischen Ressourcen* gekoppelt ist, und andererseits *Advanced Text Analytics*. Unter domänenspezifische Analytics fallen alle Analytics-Werkzeuge, die auf eine spezielle Fachdomäne zugeschnitten sind. Das kann beispielsweise ein Named-Entity-Annotator sein, der in einem Text mithilfe eines spezifischen Wörterbuchs Autobauteile erkennt, ein Reasoner, der mithilfe einer domänenspezifischen Begriffshierarchie Rückschlüsse über Fakten zieht, die domänenspezifische Konzepte enthalten, oder eine Komponente zur themengebundenen Sentiment-Analyse, welche die Meinung eines Kunden- oder Social-Media-Nutzerkreises über konkrete Produkteigenschaften extrahiert. Advanced Text Analytics bedienen sich sowohl domänenspezifischer Ressourcen und Analyseschritte als auch aus den Methoden der klassischen (strukturierten) Analytics. Dazu gehören zum Beispiel Themenerkennung auf Satz-, Paragraphen- oder Textebene, wofür domänenspezifische Ressourcen genützt werden können, aber nicht müssen,

Relationsextraktion, deren Voraussetzung die Erkennung domänenspezifischer oder genereller Entitäten ist, oder Faktenextraktion, die ebenfalls auf Entitäten- und Relationserkennung aufbaut. Auch die Klassifikation oder das Clustering von Textdaten anhand von linguistischen Attributen kann unter Advanced Text Analytics verortet werden, obgleich sich Klassifikations- und Clustering-Algorithmen natürlich auch unter Data Mining in den klassischen Analytics für strukturierte Daten finden. Allerdings sind nur wenige Klassifikations- und Clustering-Algorithmen gut für Textdaten und daraus extrahierte Attribute geeignet.

Somit trägt die Kern-Analytics-Komponente wie folgt zur Erfüllung der Anforderungen an PLCA bei: Sie beinhaltet umfassende komplexe Analysefunktionalitäten sowohl für strukturierte als auch für unstrukturierte Daten (A_2, A_4), und sie stellt diese Funktionalitäten flexibel und modular zur Verfügung (A_5).

5.3.2 Wertschöpfende Analytics

Die Komponente für wertschöpfende Analytics verwendet Analytics-Werkzeuge aus der Kern-Analytics-Komponente, um maßgeschneiderte Analytics-Services zusammenzustellen. Solche Services sind in der bisherigen Analytics-Landschaft kaum oder nur als fallbasierte Implementierungen vorhanden (siehe Kapitel 4.3.4). Auch die Analytics-Services der wertschöpfenden Analytics können fallbasiert für konkrete Einzelanwendungen entstehen. Durch ihre modulare Zusammensetzung im Rahmen der ApPLAUDING-Architektur sind sie aber leicht wiederverwendbar und auf neue Anwendungsszenarien anzupassen. Genauso ist es denkbar, dass einzelne wertschöpfende Analytics-Services als möglichst generische Verarbeitungs-Pipelines kreiert werden, die dann je nach Datenquelle und Zielformat mit unterschiedlichen Input- und Output-Schnittstellen versehen werden. Beispiele dafür finden sich in dieser Arbeit in den implementierten Anwendungsfällen der Kapitel 6, 7 und 8, die verschiedene Variationen einer Pipeline mit unterschiedlichen Vorverarbeitungsschritten und domänenspezifischer Konzepterkennung verwenden.

Wertschöpfende Analytics-Services können unterschiedlichen Zwecken dienen: Zum einen kann durch Automatisierung von Analysen auf großen Datenmengen menschliche Analysearbeit unterstützt werden. Mit der Empfehlung von Fehlercodeklassen durch automatische Textklassifikation auf Aftersales-Fehlerberichten zu ausgebauten Autoteilen ist im Rahmen dieser Arbeit ein Beispiel für wertschöpfende Analytics zu diesem Zweck implementiert worden (siehe Kapitel 6). Im größeren Kontext des Konzepts Soziale Fabrik (siehe Kapitel 9) dient Analytics ebenfalls zur direkten Unterstützung menschlicher Tätigkeiten.

Zum anderen können mithilfe von wertschöpfenden Analytics-Services Datenvergleiche rund um den Produktlebenszyklus erfolgen, die heutzutage in dieser Form nicht gemacht werden, da der Aufwand für manuelle menschliche Analysearbeit zu hoch ist. Eine Machbarkeitsstudie für die Wirksamkeit und mehrere konkrete Anwendungsfälle für solche Datenvergleiche, zum Beispiel datengetriebene Ursachenforschung in der Fahrzeugentwicklung, werden in Kapitel 8 präsentiert.

Darüber hinaus können deskriptive, prädiktive und präskriptive Analytics auf strukturierten und unstrukturierten Daten in einer Vielzahl von Anwendungsfällen zum Einsatz kommen, z.B. zur Verbesserung von Produktionsprozessen, wie in Gröger u. a. (2014a) beschrieben.

Wertschöpfende Analytics stellen umfassende Analytics-Funktionalitäten für eine breite Menge an Anwendungskontexten bereit und erfüllen damit A_4. Ihre Zusammensetzung aus vielen modularen Komponenten trägt zur Wiederverwendbarkeit in unterschiedlichen Anwendungsfällen bei und erfüllt damit A_5 sowie A_2.

5.4 Präsentationsschicht

Die Präsentationsschicht der ApPLAUDING-Architektur bindet eine Vielzahl an möglichen Nutzerschnittstellen ein. Analytics-Ergebnisse können sowohl klassisch in Reporting-Dashboards angezeigt werden als auch integriert ins Produktionsgeschehen auf Maschinenterminals in einer Smarten Fabrik. Traditionelle Desktop-Applikationen zum Erstellen von Analysen und Betrachten der Ergebnisse bleiben für die Managementebene wichtig. Gleichzeitig wird die kontextabhängige und rollengebunde Informationsbereitstellung über Apps auf mobilen Endgeräten gerade im Produktionskontext vor dem Hintergrund von Industrie 4.0 immer wichtiger (Hoos u. a., 2014). Zum Beispiel können zeitkritische Analyseergebnisse aus Produktionsdaten den verantwortlichen Arbeitern über Push-Nachrichten auf ihre Smartphones zugestellt werden. Ein Beispiel für eine mobile Anwendung im Kontext der Fertigungsindustrie aus verwandter Forschung ist Gröger u. a. (2013). Auch im Rahmen der prototypischen Implementierungen zu ApPLAUDING wurden eine App zur Unterstützung von Textanalyseprozessen im Aftersales-Qualitätsmanagement (siehe Kapitel 6.4) und eine App zur Verwaltung semantischer Ressourcen (siehe Kapitel 7.3) implementiert. Die Soziale Fabrik (siehe Kapitel 9) verfügt ebenfalls über eine Nutzeroberfläche, welche für mobile Geräte geeignet ist.

5.5 Technologien zur Umsetzung

Als Referenzarchitektur ist ApPLAUDING nicht an konkrete Technologien gebunden. Im Folgenden werden dennoch einige Technologien beispielhaft vorgestellt, die bei der prototypischen Umsetzung von ApPLAUDING-konformen Anwendungsszenarien zum Einsatz kommen.

5.5.1 Integrationsschicht

Strukturierte Daten werden meist in relationalen Datenbanken gespeichert. Im Anwendungsfall *Qualitätsdaten in der Automobilbranche* (siehe Kapitel 3.1) sind auch die unstrukturierten Textdaten in relationalen Datenbanken gespeichert, und zwar als Textfelder in einem Datenbankschema, das ansonsten auch strukturierte Daten enthält. Das bedeutet, dass die Datenintegration hier schon vorgenommen wurde, wenn auch teils durch manuellen Dateneintrag. In den prototypischen Implementierungen kommen PostgreSQL-Datenbanken (PostgreSQL, 2014) für die Speicherung und Bereitstellung der Originaldaten zum Einsatz. Auch das Wissensrepository wird nach dem Vorbild von Gröger u. a. (2014c) teilweise als relationale Datenbank umgesetzt. Im Anwendungsszenario *Qualitätsdaten in der Automobilbranche* kommt hier eine MySQL-Datenbank (MySQL, 2014) zum Einsatz, in der abstrahierte Datenrepräsentationen als Wissensbasis bzw. Modell für einen kNN-artigen Klassifikator gespeichert werden (siehe Kapitel 6.4.2). Im Anwendungsszenario *Problemeskalation in der Smarten Fabrik* wird das Wissensrepository als Kombination aus einer MySQL-Datenbank mit teilstrukturiertem Inhalt und einem Dateisystem zur Speicherung von PDF-Dateien mit unstrukturiertem Text implementiert, über das ein Suchindex auf Basis von Apache Solr (The Apache Software Foundation, 2015a) und Tika (The Apache Software Foundation, 2015b) gelegt ist. Unstrukturiertes ETL wird als Apache UIMA-Pipeline (Ferrucci u. Lally, 2004) mithilfe von Komponenten aus dem DKPro-Core-Toolkit (TUDarmstadt, 2011) umgesetzt.

5.5.2 Analyseschicht

Zur Analyse der unstrukturierten Daten kommen in beiden Anwendungsszenarien ebenfalls Apache UIMA-Pipelines zum Einsatz. Apache UIMA wurde ausgewählt aufgrund der hohen Modularität, der Vielzahl an bereits verfügbaren generischen Komponenten und der Möglichkeit, einfach neue Komponenten zu implementieren. Auch Data-Mining-Komponenten aus WEKA (Hall u. a., 2009) und die Statistiksprache R (R-Project, 2016) werden im Rahmen einer betreuten Masterarbeit zur Datenexploration und -analyse für den Anwendungsfall aus der Automobilbranche verwendet (Villanueva, 2016). Beim Machbarkeitsnachweis zu Product Life Cycle Analytics in Kapitel 8.3 kommen ebenfalls R (R-Project, 2016) und UIMA-Komponenten zum Einsatz.

Für den Anwendungsfall zu Qualitätsdaten aus der Automobilbranche wurde eine domänenspezifische Ressource aus Legacy-Quellen rekonstruiert, nämlich eine Taxonomie mit Synonymen für Bauteile und Fehlersymptome (Schierle u. Trabold, 2008), die in einem proprietären XML-Format gespeichert ist und mittels einer einfachen, in Java implementierten Applikation editiert werden kann (siehe 7.2). Im Rahmen der Untersuchungen zur Wiederverwendung und automatischen Erweiterung semantischer Ressourcen wurde die Taxonomie aus dem XML-Format in ein relationales Datenbankschema in MySQL (MySQL, 2014) überführt; auch die umgekehrte Richtung des Formattransfers ist implementiert (Schnabel, 2015).

5.5.3 Präsentationsschicht

Für das Anwendungsszenario Qualitätsdaten ist eine Webapp implementiert, die auf einem WSO2-Server läuft (WSO2, 2015) und deren Nutzeroberfläche mithilfe von PrimeFaces (PrimeFaces, 2015) gestaltet wurde. Auch die App zur Verwaltung der Taxonomie ist eine Webapp mit GlassFish-Server als Backend (Oracle, 2015a) und einer Nutzeroberfläche, die mittels AngularJS (AngularJS, 2015) und Bootstrap (Bootstrap, 2015) realisiert wurde. Für das Anwendungsszenario Fehlereskalation in der Smart Factory wurde auf Basis von elgg (elgg, 2016) ein soziales Netzwerk mit Responsive Design für die Nutzung sowohl auf einem Desktop-Computer als auch per mobilem Zugriff implementiert. Analysen im Rahmen von Machbarkeitsstudien erfolgten unter anderem mit R (R-Project, 2016).

Kapitel 6

PLCA: Unterstützung manueller Analysearbeit durch Text Analytics

Das folgende Kapitel stellt die prototypische Implementierung und Validierung eines Anwendungsfalls im Rahmen der Referenzarchitektur ApPLAUDING aus dem Kontext *Qualitätsdaten in der Automobilbranche* vor, der gemeinsam mit einem großen Automobil-OEM als Industriepartner bearbeitet wurde. Manuelle Analysearbeit, konkret die manuelle Klassifizierung von Schadteilen im Aftersales-Bereich, kann durch den Beitrag dieses Kapitels analytisch unterstützt werden: Dabei werden wahrscheinliche Fehlercodes automatisch auf Basis von Text Analytics auf den zugehörigen Fehlerberichten vorgeschlagen. Die Textanalysewerkzeuge, die dabei zum Einsatz kommen, werden teilweise wiederverwendet für lebenszyklusübergreifende Datenvergleiche (siehe auch Kapitel 8).

Dieser Anwendungsfall, die verwendeten Algorithmen und die Implementierung wurden bereits publiziert in Kassner u. Mitschang (2016). Ein Teil der Implementierungsarbeit erfolgte im Rahmen des Studienprojekts „Mobile User-driven inFrastructure for Factory IT iNtegration (MUFFIN)“ von April 2014 – April 2015, das von der Autorin mitbetreut wurde. In diesem Projekt wurden ein Governance-Repository für die Verwaltung von IT-Services in der Fabrik sowie IT-Services für den beschriebenen Anwendungsfall implementiert. Außerdem wurden eine ausführliche Datenexploration zur Verbesserung der für die Analyse ausgewählten Textattribute sowie das Testen weiterer Algorithmen als Masterarbeit konzipiert und vergeben (Villanueva, 2016).

In Abschnitt 6.1 und Abschnitt 6.2 werden der Anwendungsfall und die Datengrundlage im Detail beschrieben. Abschnitt 6.3 erklärt den Algorithmus und die einzelnen Schritte der Verarbeitungs-Pipeline; in Abschnitt 6.4 werden Konzept und Implementierung des Quality Analytics Toolkits (QATK) für die konkrete Umsetzung sowie einer App namens Quality Engineering Support Tool (QUEST) vorgestellt. Die Validierung des Ansatzes mittels verschiedener Experimente wird in Abschnitt 6.5 präsentiert. Abschließend werden die erreichten Forschungsziele und der Bezug zu ApPLAUDING in Abschnitt 6.6 zusammengefasst, und in Abschnitt 6.7 wird ein Ausblick auf weiterführende Forschung gegeben.

6.1 Der Anwendungsfall im Detail

Ein Automobilhersteller begutachtet im Aftersales-Qualitätsbereich ausgebaute Schadteile von Kundenfahrzeugen. Diese werden auf Garantieansprüche und Kulanzmöglichkeiten sowie auf die Schadensursache hin ausgewertet und dazu mit einem komplexen, extrem feingranularen Fehlercode versehen. Der Befundungsprozess ist mehrschrittig und beinhaltet sehr viel manuelle Analysearbeit, da die Schadensanalyse an verschiedenen Stellen im Prozess durch Textbefunde dokumentiert wird. Er wird durch eine Qualitätsbefundungssoftware unterstützt, die in erster Linie zur Aufnahme und manuellen Bearbeitung der Daten dient.

Abbildung 6.1 gibt einen Überblick über den Prozess der Analyse und der Ansammlung von Daten im Anwendungsfall. Die erste Station des Qualitätsbefundungsprozesses ist die Vertragswerkstatt, in der das Schadteil ausgebaut und ersetzt wird. Der verantwortliche *Mechaniker* verfasst einen kurzen Bericht zum Text, der über eine Dokumentationssoftware mit der zugewiesenen Referenznummer des Schadteils assoziiert wird. Im nächsten Schritt wird das Schadteil zum OEM versandt, wo es in die Qualitätsbefundungssoftware eingepflegt und mit einer Sachnummer sowie einer Teilenummer versehen wird. Der Bericht des Mechanikers wird ebenfalls aus der Dokumentationssoftware in die Qualitätsbefundungssoftware geladen. Optional wird von einem *Befunder des OEM* ein Vorbefundungstext erstellt und in die Qualitätsbefundungssoftware eingepflegt. Schließlich wird das Schadteil an den ursprünglichen *Hersteller* versandt, wo es in den meisten Fällen auch verbleibt und entsorgt wird. Der Hersteller wird im System wie auch im folgenden Text als *Lieferant* bezeichnet, um ihn vom OEM klar zu unterscheiden. Der Lieferant übernimmt entweder die Verantwortlichkeit für den Schaden oder weist sie dem Kunden oder dem OEM zu. Außerdem verfasst der Lieferant einen weiteren Textbericht zum Schadensfall. Auf Basis der gesamten Textberichte weist schließlich der *Befunder beim OEM* einen Fehlercode zu – dieser Schritt wird auch als Vercodung bezeichnet – und verfasst einen kurzen Text als Endbefund.

Ein Ausschnitt der Daten, welche über die Qualitätsbefundungssoftware gesammelt werden, wird im Folgenden für Entwicklung und Testung der Analytics-Unterstützung bei der Vercodung genutzt.

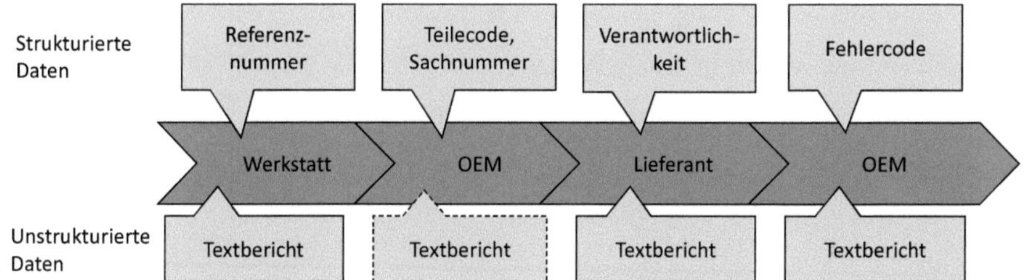

Abbildung 6.1: Prozess der Ansammlung von Qualitätsdaten in der Aftersales-Schadteilbefundung, in Anlehnung an Kassner u. Mitschang (2016)

Der Fehlercode ist sehr komplex und feingranular. Für einen Bauteiltyp existieren teilweise über 100 mögliche Fehlercodes, für die meisten Bauteile in der Regel mehr als 10. Da die Daten, auf deren Basis der Fehlercode zugewiesen wird, größtenteils unstrukturierte Textdaten sind, wendet ein Qualitätsbefunder einen großen Teil seiner Arbeitszeit tatsächlich für die reine Vercodungsarbeit auf. Dadurch ist es zeitlich nicht immer möglich, bei einzelnen gehäuft auftretenden Fehlern, vor allem bei Fehlerbildern ohne direkt am Teil feststellbare Ursache, tiefergehende Nachforschungen anzustellen.

Um Zeit und Expertise für diese wichtigen Tätigkeiten freizumachen, soll der Befunder bei der manuellen Analysearbeit der Vercodung durch eine Analytics-Anwendung unterstützt werden. Dazu sollen ihm automatisch generierte Empfehlungen für Fehlercodes auf Basis der vorhandenen Textbefunde angezeigt werden, sortiert nach absteigender Wahrscheinlichkeit, dass dieser Fehlercode der zutreffende ist. Dafür sollen die Daten mithilfe eines statistischen Modells, das aus bereits vercodeten Datensätzen gelernt wurde, klassifiziert werden. Wegen der hohen Anzahl möglicher Klassen und der Datengrundlage aus unstrukturierten Textdaten unterschiedlicher Herkunft ist dies ein atypisches, besonders herausforderndes Klassifikationsproblem.

6.2 Eigenschaften der Daten

Zur Entwicklung des Prototypen wurde ein zufällig ausgewählter und anonymisierter Ausschnitt der echten Daten aus der Qualitätsbefundungsanwendung genutzt, die bereits mit einem Fehlercode versehen wurden. Die Daten umfassen verschiedenste Fahrzeugtypen und -baureihen über einen Zeitraum von etwa 15 Jahren. In den Datensätzen für 7500 Schadteile finden sich folgende Anteile an strukturierten und unstrukturierten Daten (siehe auch die Datenexploration in Villanueva (2016)):

Strukturierte Daten:

- Referenznummer – Zahlensequenz; identifiziert das Schadteil eindeutig und wird am Anfang des Befundungsprozesses zugewiesen.
- Fehlercode – Zahlen- und Buchstabensequenz; identifiziert den Fehlertyp eindeutig und wird am Ende des Befundungsprozesses zugewiesen.
- Teilecode – Zahlen- und Buchstabensequenz; identifiziert den Komponententyp
- Sachnummer – Zahlen- und Buchstabensequenz; identifiziert den genauen Bauteiltyp
- Gefahrene Kilometer
- Produktionsdatum
- Zulassungsdatum

- Reparaturdatum.

Unstrukturierte Daten:

- Monteurbefund – kurzer Text, verfasst in der Werkstatt, die das Schadteil ausgebaut hat.
- Lieferantenbefund – ausführlicherer Text mit Aussagen zu Analyse, Ursache und Maßnahme, verfasst vom Lieferanten, der das Teil produziert hat.
- OEM-Vorbefund – optionaler kurzer Text, verfasst vom OEM-Befunder, bevor das Teil zum Lieferanten gesendet wurde.
- OEM-Endbefund – kurzer Text, verfasst vom OEM-Befunder bei der Zuweisung des finalen Fehlercodes.

Jedes Schadteil wird durch eine Referenznummer eindeutig identifiziert und besitzt außerdem noch eine Sachnummer und einen Teilecode. Sachnummer und Teilecode unterscheiden sich stark in der Granularität: auf 831 Sachnummern kommen 31 Teilecodes, wobei die Zuordnung jedoch eindeutig ist. Ebenso hat der Fehlercode zwei verschiedene Granularitätsebenen, nämlich einen Teil, der die Fehlerart beschreibt und einen, der die Fehlerunterart beschreibt. Da die Fehlerart sich eindeutig aus der Fehlerunterart ableiten lässt, wird im Folgenden nur die Fehlerunterart betrachtet und ist entsprechend gemeint, wann immer vom Fehlercode die Rede ist.

Im ausgewerteten Datenbeispiel kommen 1271 unterschiedliche Fehlercodes vor, jedoch 718 davon nur einmal. Da statistische Klassifikatoren aus diesen einmalig vorkommenden Klassen nichts lernen können, wurden diese Datensätze entfernt, sodass noch 6782 Datensätze übrig bleiben. In diesen Datensätzen kommen nun immer noch 553 mögliche Klassen vor.

Da Fehlercode und Teilecode gemeinsam eine eindeutige Strukturierung der Daten für weitere Analysen ermöglichen, ist es sinnvoll, die Verteilung von Fehlercodes auf Teilecodes zu betrachten und den Teilecode als einschränkendes Kriterium für die Klassifikation zu verwenden. Auch mit dieser Einschränkung bleibt es bei einer großen Anzahl an Klassen: der Teilecode mit der größten Anzahl an möglichen Fehlercodezuordnungen hat ihrer 146, und 25 der 31 vorhande-

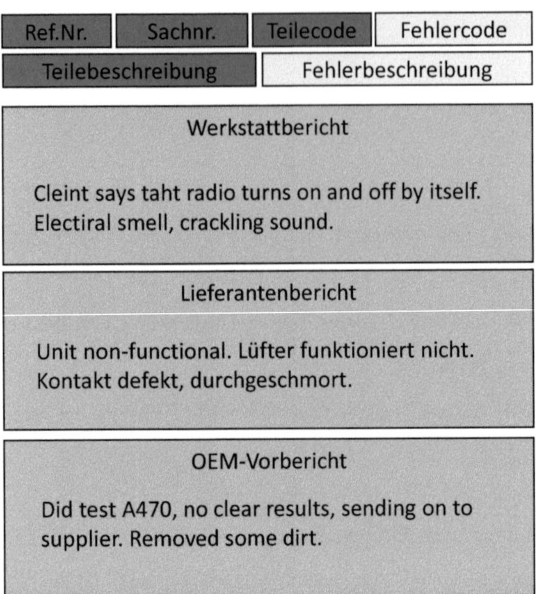

Abbildung 6.2: Fiktives Beispiel für ein Datenbündel aus Qualitätsberichten in Anlehnung an Kassner u. Mitschang (2016)

nen Teilecodes haben mehr als 10 zugeordnete Fehlercodes. Insgesamt sind die Teilenummern und Fehlercodes sehr ungleichmäßig verteilt (für eine detaillierte Analyse siehe auch Villanueva (2016)).

Die Textdaten, auf deren Grundlage die Klassifikation bzw. das Vorschlagen von Fehlercodes erfolgen soll, gliedern sich in drei bis vier verschiedene Berichte aus unterschiedlichen Quellen: den Monteurbefund des Mechanikers, den optionalen Vorbefund des OEM, den Herstellerbefund und den Endbefund des OEM. Außerdem stehen als Textdaten für den *Trainingsprozess* eines Klassifikators die Textbeschreibungen von Teilecode und Fehlercode zur Verfügung. In der *Anwendung* des Klassifikators werden nur der Monteurbefund, der Vorbefund, der Herstellerbefund und die Beschreibung des Teilecodes als Datengrundlage genutzt, da dies unter realistischen Bedingungen die Daten sind, welche *vor der Zuweisung des Fehlercodes* überhaupt vorhanden sind. Die Texte sind relativ kurz – alle Texte eines Datenbündels zusammengenom-

Tabelle 6.1: Werkstatt- und Lieferantenbefunde im Vergleich in Anlehnung an Villanueva (2016)

	Werkstatt	Lieferant
Vokabulargröße	8989	8219
Längster Bericht	39	95
Mittlere Berichtlänge (median)	23	33
Relative Vokabulargröße	9,91 %	4,27 %
Vokabularkonzentration	32,27 %	21,34 %
Vokabulardispersion	92,08 %	82,15 %

men kommen im Schnitt auf 70 Wörter, allerdings mit deutlichen Unterschieden je nach Quelle des Textberichts (siehe auch die folgende Diskussion zu Tabelle 6.1).

Eine weitere Herausforderung neben der hohen Anzahl von Klassen ist die Qualität der Textdaten, die man als *messy data* oder *noisy data* bezeichnen muss: Häufig enthalten die Texte Rechtschreibfehler, Abkürzungen, elliptische Sätze oder unternehmensinterne Fachbegriffe. Ein fiktives, aber repräsentatives Datenbeispiel illustriert dies in Abbildung 6.2. Auch Code-Switching, also der abrupte Wechsel zwischen mehreren Sprachen in einem Text, kommt vor, wenn beispielsweise englische Fachbegriffe innerhalb von deutschen Sätzen verwendet werden. Die häufigsten Sprachen im Beispieldatensatz sind Deutsch und Englisch.

Im Rahmen der Masterarbeit Villanueva (2016) wurden die Monteurbefunde und die Lieferantenbefunde, die ja die hauptsächlichen Quellen für Textdaten zur automatischen Klassifikation bilden, einer genaueren Analyse mithilfe einiger statistischer Textmaße aus der Überblickspublikation Bank u. a. (2012) unterzogen. Dabei stellte sich heraus, dass sie sich sowohl hinsichtlich der Inhalte, wie sie durch die Vokabulargröße und durch die 20 häufigsten Begriffe abgebildet werden, als auch hinsichtlich der Textlänge wesentlich unterscheiden. Tabelle 6.1 gibt einen Überblick über verschiedene Maße. Die Messung erfolgte mit R und nach Entfernung deutscher und englischer Stopwörter.

Die Monteurbefunde sind im Schnitt deutlich kürzer als die Lieferantenberichte, haben dabei aber ein größeres absolutes Vokabular. Das deutet darauf hin, dass relativ viele unterschiedliche Wörter bzw. Tokens mit relativ geringer Häufigkeit vorkommen. Dies findet sich bestätigt in der Vokabulardispersion[4], die genau dies misst und für beide Berichttypen recht hoch ist, für die Monteurbefunde aber noch einmal höher. Eine hohe Vokabulardispersion deutet auch auf einen hohen Anteil an orthographischen Fehlern hin (Bank u. a., 2012), was zum Bild der „messy data“ passt. Die Vokabularkonzentration[5] dagegen misst den absoluten Anteil der 10 häufigsten Tokens am Text. Sie liegt für die Monteurbefunde um fast 10% höher als für die Lieferantenberichte, was darauf hinweist, dass trotz des größeren Vokabulars in den Monteurbefunden der Detailreichtum der Beschreibungen in den Lieferantenbefunden höher ist.

Aufgrund dieser Besonderheiten ist es wenig erfolgversprechend, diese Daten mit Standard-NLP-Tools zu analysieren, da die statistischen Modelle für diese Standard-Tools in der Regel auf Zeitungstexten mit einer völlig anderen Datenqualität und -charakteristik trainiert wurden. Es kommen also für die Analyse dieser Daten nur einfache Werkzeuge in Frage, die möglichst unabhängig von der Datenqualität sein sollten.

6.3 Algorithmus und Verarbeitungs-Pipeline

Für die Klassifizierung wird in der prototypischen Implementierung ein *k-Nearest-Neighbors-Klassifikator* (kNN-Klassifikator) verwendet. Drei Gründe sprechen für die Auswahl dieses Algorithmus:

1. Er kommt im Gegensatz zu den meisten anderen Klassifikationsalgorithmen mit der Klassifikation in mehr als zwei mögliche Klassen zurecht.
2. Er kann als instanzbasierter Algorithmus auch bei spärlicher Datenlage mit wenigen Datenbeispielen pro Klasse zuverlässige Ergebnisse liefern.

4 $D_{Voc} = \frac{|V_{low}|}{|V|}$ mit $|V_{low}|$ der Anzahl der Tokens, die seltener als zehnmal vorkommen und $|V|$ der Größe des Vokabulars insgesamt (Bank u. a., 2012)

5 $C_{Voc} = \frac{N_{top}}{N}$ mit N_{top} der Gesamtanzahl der 10 häufigsten Tokens und N der Gesamtanzahl der Tokens (Bank u. a., 2012)

3. Die Wahl der Attribute für die Klassifikation und der Ähnlichkeitsmaße zum Vergleich zwischen Datenpunkten kann frei und flexibel getroffen werden, sodass verschiedene Varianten leicht miteinander verglichen werden können.

In den Experimenten zur Validierung des Ansatzes werden *domänenspezifische Attribute* und *domänenignorante Attribute* getestet. Als domänenspezifische Attribute werden alle Erwähnungen von *Bauteilen* und *Problemsymptomen* im Text extrahiert, die mithilfe einer domänenspezifischen Taxonomie annotiert werden können. Die Taxonomie stammt aus einer verwandten Arbeit beim selben Automobil-OEM (Schierle u. Trabold, 2009), wurde bereits in Kapitel 2.3.4 kurz vorgestellt und wird in Kapitel 7 detaillierter beschrieben, wo auch Forschungsansätze zu ihrer Pflege und Erweiterung erörtert werden.

Vereinfachend werden die domänenspezifischen Attribute als *Bag-of-Concepts (BoC)* bezeichnet, nach den domänenspezifischen Konzepten in der Taxonomie. Für die domänenignoranten Attribute wird analog dazu eine einfache *Bag-of-Words*-Repräsentation *(BoW)* der Texte erstellt, das heißt eine Sammlung aller Wörter im Text als Attribute für den Klassifikator, ohne Berücksichtigung ihrer Reihenfolge oder linguistischen Struktur. Im Schnitt hat ein Datenbündel 26 Bag-of-Concept-Attribute und 70 Bag-of-Words-Attribute.

Um einige Schwächen auszugleichen und zur Anpassung an die besonderen Anforderungen des Anwendungskontextes wurde der Standardalgorithmus leicht modifiziert (Abschnitt 6.3.1). Der Klassifikator ist in eine Analyse-Pipeline mit linguistischen Vorverarbeitungsschritten eingebettet (Abschnitt 6.3.2).

6.3.1 k-Nearest-Neighbors und seine Anpassung

Der klassische kNN-Klassifikationsalgorithmus (siehe Abbildung 6.3) unterscheidet nicht zwischen Trainings- und Testphase, sondern lädt einen Teil der Daten als Wissensgrundlage oder einfaches Modell in den Arbeitsspeicher und versucht den anderen Teil der Daten auf Basis dieser Grundlage mit den im ersten Teil vorhandenen Klassen zu klassifizieren. Dazu werden für jeden der zu klassifizierenden Datenpunkt die Distanzen zu allen „Trainings"-Datenpunkten bestimmt, wobei das Distanzmaß unterschiedlich gewählt werden kann. Dann werden die k nächstgelegenen „Trainings"-Datenpunkte betrachtet, und der zu klassifizierende Datenpunkt bekommt diejenige Klasse zugewiesen, die in dieser Menge von k Datenpunkten am häufigsten vorkommt.

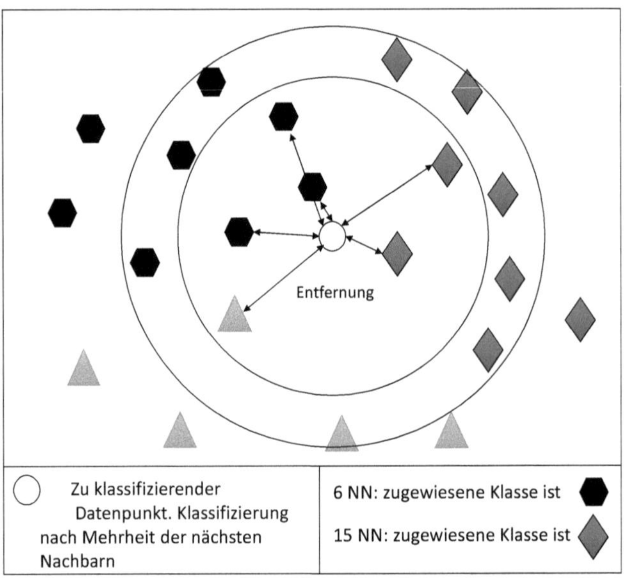

Abbildung 6.3: Klassische k-Nearest-Neighbors-Klassifikation in Anlehnung an Kassner u. Mitschang (2016)

Der Standardalgorithmus für kNN lautet somit:

Eingabe: Objektmenge S mit bekannten Klassen K, Objekt o mit unbekannter Klasse
für o_i in S: **berechne** Distanz(o_i, o)
sortiere S und K nach aufsteigendem Distanzwert
bilde Untermengen S_k und K_k mit den ersten k Einträgen entsprechend der Sortierung
Ausgabe: k_h, die häufigste Klasse aus K_k, als Klassenzuweisung für o

Standardalgorithmus k-Nearest-Neighbors

Dabei können verschiedene Distanz- bzw. analog dazu auch Ähnlichkeitsmaße verwendet werden. Der letzte Schritt, die Zuweisung der Klasse, erfolgt typischerweise auf Basis einer Mehrheitsentscheidung, es wird also die Klasse aus K_k zugewiesen, die darin am häufigsten vorkommt. Dadurch ist der klassische kNN anfällig für lokale Optima, wie in Abbildung 6.3 nachvollzogen werden kann: je nach Größe von k (6 oder 15, eingegrenzt durch die beiden Kreise im Bild) wird dem aktuell betrachteten Datenpunkt eine andere Klasse zugewiesen.

Diese Schwäche kann im vorliegenden Anwendungskontext umgangen werden, da statt einer definitiven Klassenzuweisung eine absteigend sortierte Liste mit den Klassen der k nächstgelegenen Trainingsinstanzen ausgegeben wird, die den Befundungsexperten bei der Klassenzuweisung unterstützt. Entsprechend abgewandelt lautet der Algorithmus:

Eingabe: Objektmenge S mit bekannten Klassen K, Objekt o mit unbekannter Klasse
für o_i in S: **berechne** Distanz(o_i, o)
sortiere S und K nach aufsteigendem Distanzwert
bilde Untermengen S_k und K_k mit den ersten k Einträgen entsprechend der Sortierung
Ausgabe: K_k

Angepasster k-Nearest-Neighbors-Algorithmus

Abbildung 6.4 illustriert diese Anpassung. Auch eine weitere Schwäche wird in der vorliegenden Anpassung des kNN-Algorithmus umgangen: Im klassischen kNN-Ansatz fehlt die Trennung zwischen Training und Test bzw. Anwendung, daher werden alle Daten im Arbeitsspeicher gehalten. Im Anwendungsfall in diesem Kapitel wird stattdessen ein bestimmter Anteil der Daten von einer Trainings-Pipeline zu abstrahierten Repräsentationen der Klassifikationsattribute (Bag-of-Words oder Bag-of-Concepts) verarbeitet und als sogenannte Wissensbündel in einer Wissensbasis gespeichert, die somit ein wiederverwendbares Klassifikatormodell bildet (siehe Abbildung 6.7). In den betrachteten Experimenten werden konkret stratifizierte 4/5 der Daten zum Training bzw. zum Bau der Wissensbasis verwendet.

Durch diese Abstraktion ist es vor allem bei den domänenspezifischen Attributen möglich, die Wissensbasis zu verkleinern, da Konfigurationen mit derselben Kombination aus Teilecode, Fehlercode und Konzepterwähnungen nur einmal gespeichert werden. Wird beispielsweise in einem

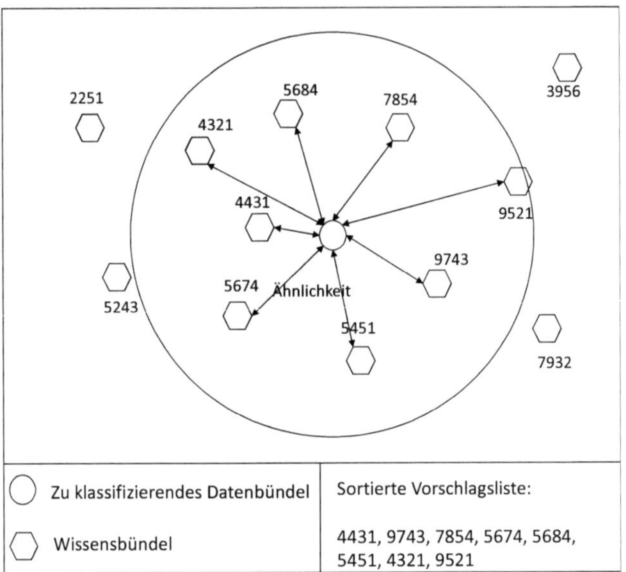

Abbildung 6.4: Erweiterte k-Nearest-Neighbors-Klassifikation in Anlehnung an Kassner u. Mitschang (2016)

Textbündel das Bauteil „Kotflügel“ erwähnt, in einem anderen Textbündel aber der englische Begriff „fender“ oder „mud guard“, so werden alle diese Erwähnungen auf dieselbe Konzept-ID aus der Taxonomie abgebildet. Schematisch dargestellt ist die Struktur der Wissensbündel in Abbildung 6.5 für den domänenspezifischen Ansatz. Hier werden die Konzept-IDs von Komponentenkonzepten und Symptomkonzepten gespeichert. Im Beispiel sind zwei Wissensbündel mit einer gewissen Menge an gemeinsamen Konzept-IDs, also gemeinsamen Attributen, zu sehen, die hier durch Unterstreichung markiert sind: Die Komponenten mit den IDs 32516 und 12765 sowie die Symptome mit den IDs 52306 und 43295 werden in den Textgrundlagen zu den beiden Wissensbündeln erwähnt, wohingegen beispielsweise die Komponente mit der ID 70906 nur in einer der Textgrundlagen vorkommt.

Im Bag-of-Words-Ansatz werden statt Konzept-IDs die einzelnen Wörter ausschließlich Satzzeichen in Wissensbündeln gespeichert.

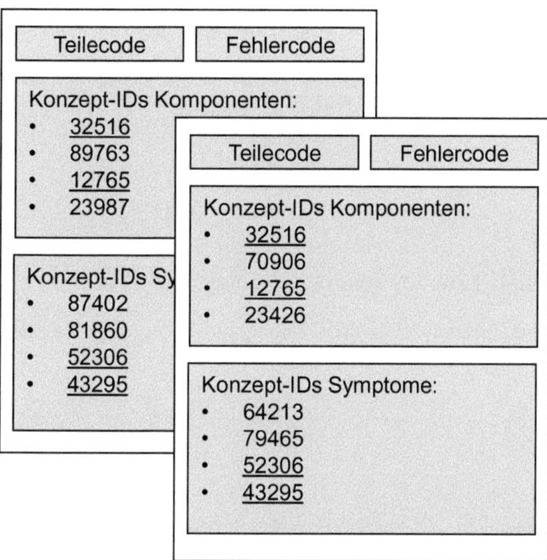

Abbildung 6.5: Wissensbündel – strukturierte Abstraktionen von den unstrukturierten Datenbündeln im Klassifikatormodell in Anlehnung an Kassner u. Mitschang (2016). Gemeinsame Attribute der beiden Wissensbündel sind unterstrichen.

Die Vorschläge für Fehlercodes werden nun auf Grundlage der Wissensbasis erstellt, indem die paarweise Ähnlichkeit zwischen Wissensbündel und zu klassifizierendem Datenbündel berechnet wird und die in den Wissensbündeln gespeicherten Fehlercodes dann nach absteigender Ähnlichkeit sortiert werden. Dafür werden die gemeinsamen Attribute von Wissensbündel und Datenbündel als Ausgangspunkt für die Ähnlichkeitsberechnung genommen, also beim domänenspezifischen Ansatz die in Abbildung 6.5 als unterstrichen dargestellten IDs und ansonsten die in beiden Bündeln vorkommenden Wörter. In den durchgeführten Experimenten wurden dafür zwei Ähnlichkeitsmaße verwendet, die auch bei variabler Attributanzahl funktionieren: der *Jaccard-Index* und der verwandte *Szymkiewicz-Simpson-* oder *Overlap-Koeffizient*.

Jaccard-Ähnlichkeitskoeffizient: Die Ähnlichkeit von zwei Datenpunkten (Wissensbündel und Datenbündel) mit Eigenschaftsmengen A und B wird repräsentiert durch:

$$\frac{|A \cap B|}{|A \cup B|}$$

Szymkiewicz-Simpson- bzw. Overlap-Koeffizient: Die Ähnlichkeit von zwei Datenpunkten (Wissensbündel und Datenbündel) mit Eigenschaftsmengen A und B wird repräsentiert durch:

$$\frac{|A \cap B|}{min(|A|, |B|)}$$

Um die Anzahl der Vergleiche zwischen Wissensbasis und zu klassifizierendem Datenbündel zu minimieren, wird zunächst eine passende Kandidatenmenge aus der Wissensbasis ausgewählt (siehe Abbildung 6.6).

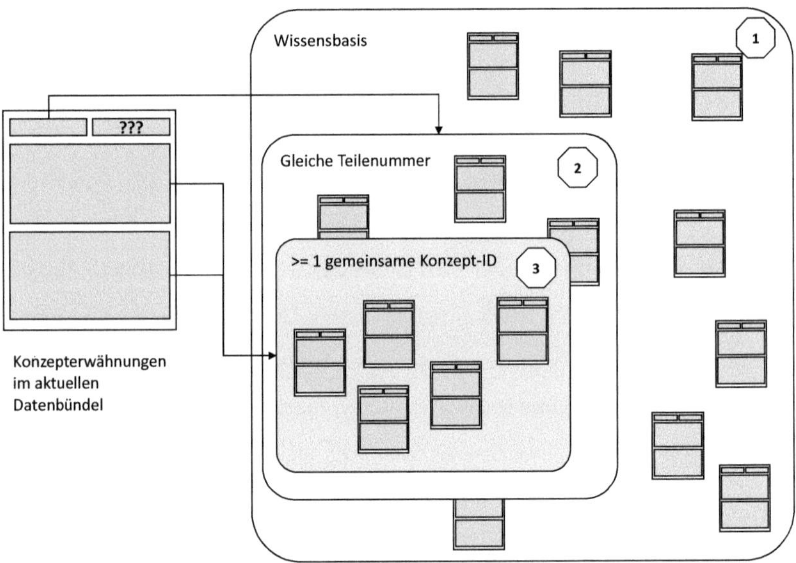

Abbildung 6.6: Auswahl der Kandidaten für die Klassifikation aus der Wissensbasis in Anlehnung an Kassner u. Mitschang (2016)

In einem ersten Schritt werden nur die Wissensbündel ausgewählt, welche den gleichen Teilecode besitzen wie das zu klassifizierende Datenbündel. Falls sich keine Wissensbündel mit dem gleichen Teilecode finden lassen, wird die gesamte Wissensbasis ausgewählt. Im zweiten Schritt werden von diesen Wissensbündeln alle aussortiert, welche nicht mindestens ein Attribut mit dem Datenbündel gemeinsam haben. Für die verbleibende Untermenge von Wissensbündeln werden nun die Ähnlichkeiten zum Datenbündel berechnet.

6.3.2 Die Analyse-Pipelines

Das *Training* und die *Anwendung* des Klassifikators finden innerhalb zweier Analyse-Pipelines statt, die gemeinsame Vorverarbeitungsschritte sowie eine domänenspezifische und eine domänenignorante Variante haben. Abbildung 6.7 zeigt die Trainings-Pipeline, Abbildung 6.8 zeigt die Klassifikations-Pipeline für Testen und Anwendung. Im Folgenden werden die einzelnen Verarbeitungsschritte in den domänenspezifischen Varianten der Pipelines, die etwas komplexer sind, aufgelistet und anschließend genauer erklärt. In den Grafiken 6.7 und 6.8 sind die Schritte entsprechend der folgenden Auflistungen nummeriert:

Trainings-Pipeline:

1. Datenbündel erstellen: die Textdaten und assoziierten strukturierten Daten werden aus der Datenbank eingelesen, die Daten zu einem Schadteil werden in ein Datenbündel zusammengefasst.
2. Analytics auf unstrukturierten Daten:
   a) Linguistische Vorverarbeitung: Tokenisierung und Sprachidentifikation
   b) Konzeptannotation: domänenspezifische Begriffe werden im Text erkannt (Bezeichnungen von Bauteilen und Fehlersymptomen)
3. Analytics auf strukturierten Daten:
   a) Erstellen der Wissensbündel: für jedes Datenbündel werden extrahiert...
      - der Fehlercode

  - der Teilecode
  - die Konzept-IDs der erkannten domänenspezifischen Begriffe

b) Speichern der Wissensbasis als Klassifikatormodell: Wissensbündel in einer Datenbank abspeichern.

Anwendungs-Pipeline:

1. Datenbündel erstellen: die Textdaten und assoziierten strukturierten Daten werden aus der Datenbank eingelesen, die Daten zu einem Schadteil werden in ein Datenbündel zusammengefasst.
2. Analytics auf unstrukturierten Daten:
   a) Linguistische Vorverarbeitung: Tokenisierung und Sprachidentifikation
   b) Konzeptannotation: domänenspezifische Begriffe werden im Text erkannt (Bezeichnungen von Bauteilen und Fehlersymptomen)
3. Analytics auf strukturierten Daten:
   a) Kandidatenmenge auswählen: die Wissensbündel aus der Wissensbasis auswählen, die mit dem Datenbündel den Teilecode und mindestens ein Attribut gemeinsam haben
   b) Klassifikation des Datenbündels nach dem abgewandelten kNN-Algorithmus
   c) Speichern der Ergebnisse: Fehlercodes und Ähnlichkeits-Scores in einer Datenbank abspeichern.

Im Trainings- wie auch im Anwendungsprozess werden also zuerst die verschiedenen Textberichte und assoziierten strukturierten Daten, die ein einzelnes Bauteil betreffen, zu einem Datenbündel zusammengefasst, auf dem die gesamten weiteren Analyseschritte ausgeführt werden (Verarbeitungsphase 1). Darauf folgen mehrere Schritte der unstrukturierten Datenanalyse (Verarbeitungsphase 2), die ebenfalls für Training und Analyse identisch sind. Zunächst sind das generische Textverarbeitungsschritte:

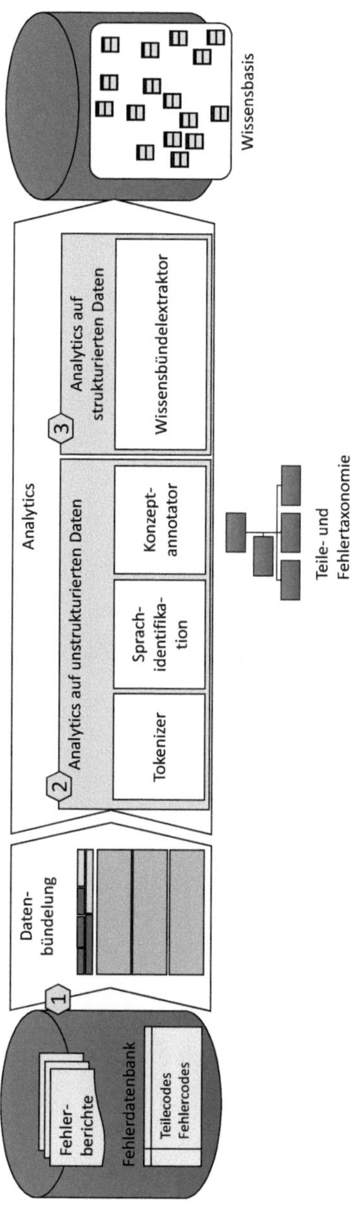

Abbildung 6.7: Pipeline für den Trainingsprozess des erweiterten kNN-Klassifikators

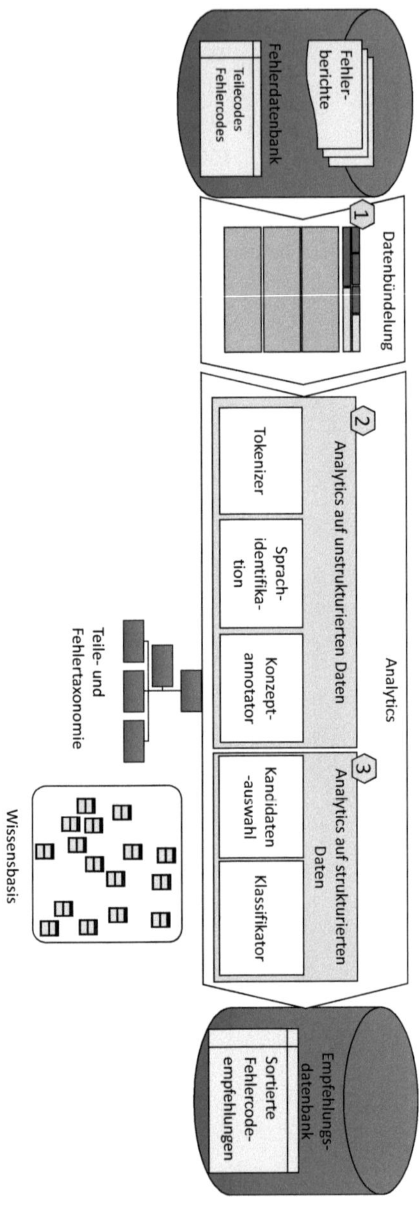

Abbildung 6.8: Analyse-Pipeline zur Klassifikation von Qualitätsdaten in Anlehnung an Kassner u. Mitschang (2016)

Im domänenspezifischen Ansatz sind das Tokenisierung – also das Splitten des Textes in Wörter und Satzzeichen – und Sprachidentifikation, welche als Vorverarbeitungsschritt für die Annotation mit domänenspezifischen Konzepten benötigt wird. In die ApPLAUDING-Referenzarchitektur sind diese Vorverarbeitungsschritte als unstrukturiertes ETL einzuordnen.

Im domänenspezifischen Ansatz folgt als nächster Schritt die Annotation der Texte mit domänenspezifischen Konzepten durch das Erkennen von Bezeichnungen von Bauteilen und Fehlersymptomen. Dieser Analyseschritt ist domänenspezifisch und auf die Gewinnung von Klassifikationsattributen für den konkreten Anwendungsfall ausgerichtet. Er gehört somit in der Referenzarchitektur in die Kern-Analytics-Schicht.

Ab diesem Punkt wird auf strukturierten Daten weitergearbeitet, und die Pipelines für Training und Anwendung unterscheiden sich hier (Verarbeitungsphase 3): Innerhalb der *Trainingsphase* wird als nächstes die Wissensbasis befüllt. Dafür wird pro Trainingsdatensatz eines der bereits erwähnten strukturierten Wissensbündel mit dem Fehlercode, dem Teilecode und den aus dem Text extrahierten Attributen erstellt. Für den domänenspezifischen Ansatz sind das die IDs der vorkommenden Konzepte, also von Bauteil- und Symptombezeichnungen (siehe Abbildung 6.5), im domänenignoranten Ansatz alle vorkommenden Wörter, das heißt alle Tokens, die nicht Satzzeichen sind. Die Wissensbasis wird dann für weitere Verwendung abgespeichert, womit die Trainingsphase beendet ist (siehe Abbildung 6.7).

In der *Anwendung* wird nun in Verarbeitungsphase 3 der Klassifikator mit der im Training generierten Wissensbasis angewandt: Als erstes wird, wie in Abschnitt 6.3.1 beschrieben, eine passende Kandidatenmenge aus der Wissensbasis ausgewählt. Dann wird auf Basis dieser Kandidatenmenge eine nach absteigender Ähnlichkeit sortierte Liste von Fehlercodes erstellt und abgespeichert. Die Ähnlichkeit wird dabei entweder als Jaccard-Ähnlichkeit oder als Szymkiewicz-Simpson- bzw. Overlap-Ähnlichkeit berechnet.

Die Pipelines sind in ihrem Aufbau modular. Sowohl die Analyseschritte zur Auswahl der Attribute als auch der Klassifikationsschritt können leicht durch andere Algorithmen ersetzt werden. Für den Prototypen wird der modifizierte kNN-Ansatz aus Abschnitt 6.3.1 verwendet.

6.4 Die QUEST-App und das QA-Toolkit

Die Analyse-Pipeline mit Klassifikator ist Teil eines breiter angelegten *Quality Analytics Toolkit (QATK)*. Dieses bildet das Analytics-Backend zum *Quality Engineering Support Tool (QUEST)*, einer App, in der die Fehlercodevorschläge für den Befunder präsentiert werden und die finale Vercodung vorgenommen werden kann. Einige Funktionen wurden aus der aktuellen Qualitätsbefundungssoftware übernommen, andere auch über die automatischen Fehlercodevorschläge hinaus hinzugefügt. Im Folgenden wird zunächst das Konzept der App erläutert (Abschnitt 6.4.1), danach werden Implementierungsdetails präsentiert (Abschnitt 6.4.2).

6.4.1 App-Konzept und Architektur

Die manuelle Befundung und Vercodung der Schadteile erfolgt aktuell über eine Webapplikation, die von stationären Desktop-PCs aus an den Arbeitsplätzen der Befunder aufgerufen wird. Eine touch-basierte Nutzung über mobile Endgeräte ist heute nicht vorgesehen und wäre nur eingeschränkt möglich, da die Nutzeroberfläche kein *Responsive Design* besitzt. Verschiedene Masken dienen den unterschiedlichen Teilnehmern am Befundungsprozess zur Eingabe der von ihnen geforderten Daten: Im Wareneingang wird der Monteurbefund übernommen, der Befunder kann Vorbefund, Endbefund und Fehlercodes einpflegen, der Lieferant seine Stellungnahme. Neue Fehlercodes können ebenfalls in dieser Anwendung definiert werden; dies erledigen Qualitätsingenieure. Eine automatische Analyse der Textdaten wird heute nicht vorgenommen.

Mit der QUEST-App werden diese Funktionalitäten und die assoziierten Rollen in eine Web app mit einer touch-basierten Oberfläche im Responsive Design übertragen, d.h. eine App, welche auf einem Server gehostet wird und unter einer URL erreichbar ist, statt direkt auf dem Nutzergerät installiert zu sein. Damit entspricht sie der Originalsoftware, die ebenfalls als Webapplikation zur Verfügung steht, ist jedoch komfortabler von mobilen Geräten aus zugänglich. Auf eine Entwicklung als native oder hybride App zur Installation auf den Geräten wurde bewusst verzichtet, da dies keine weiteren Vorteile gebracht hätte – die QUEST-App nutzt keine Sensor- oder Umgebungsdaten, welche nur über das mobile Gerät zugänglich wären. Neu hinzugefügt werden die Funktionalität für die automatischen Fehlercodezuweisungen sowie eine weitere Datenanalysefunktion, nämlich der textanalytische Vergleich zwischen verschiedenen Datenquellen. Dazu wird eine externe Quelle mit derselben Klassifikations-Pipeline und derselben Wissensbasis klassifiziert wie die Qualitätsbefunde. Der erste vorgeschlagene Fehlercode wird als der zutreffende angenommen, wodurch sich eine Verteilung von Fehlercodes in der externen Datenquelle ergibt, die mit der Verteilung in den internen Berichten verglichen werden kann. Genauer erläutert wird dieser Anwendungsfall in Kapitel 8.

Mit den beschriebenen Entwicklungen wird eine Verbesserung des Ist-Zustandes in mehreren Punkten angestrebt: Zum Einen soll die im Anwendungsfall beschriebene aufwändige manuelle Vercodung erleichtert werden. Zum Anderen soll durch den erleichterten Zugriff auf mobilen Geräten der Arbeitsablauf der Befundung flexibilisiert werden. Außerdem soll direkt im Befundungskontext ein Blick über den Tellerrand hin zu den Fehlerverteilungen anderer Datenquellen ermöglicht werden, der Aufschluss über mögliche Fehlerursachen und mögliche Wettbewerbshindernisse geben kann.

Die Architektur des Gesamtsystems ist klassisch dreischichtig aufgebaut. Einen Überblick bietet Abbildung 6.9.

In der untersten, der Datenschicht, finden sich alle Daten, die für die automatische Berechnung von Fehlercodevorschlägen benötigt werden bzw. im Laufe derselben entstehen: Erstens die Qualitätsbefunde und assoziierte strukturierte Daten, die in Abschnitt 6.2 detailliert beschrieben wurden. Zweitens die Wissensbasis für den Klassifikator. Drittens die automatischen Fehlercodevorschläge als Ergebnisse der QATK-Pipeline. Außerdem werden Nutzerdaten für die QUEST-

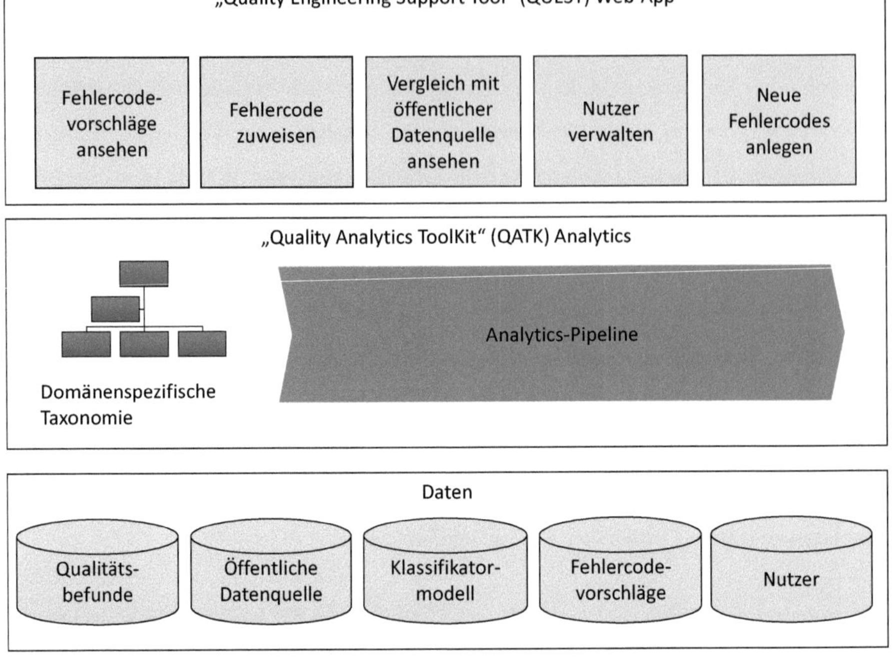

Abbildung 6.9: Architekturüberblick für Quality Engineering Support Tool (QUEST) und Quality Analytics Toolkit (QATK) in Anlehnung an Kassner u. Mitschang (2016)

App gespeichert. Auch dic cxterne Datenquelle, mit der ein Vergleich stattfindet, ist hier vertreten. In der prototypischen Implementierung wurde dafür ein Abzug der US-amerikanischen NHTSA-Daten verwendet (NHTSA, 2014); das sind Unfall- und Beschwerdeberichte der National Highway Traffic Security Administration über Automobile aller Marken und Typen im US-amerikanischen Markt (für eine genauere Beschreibung siehe Kapitel 8.2.1).

Die Analytics-Schicht besteht aus dem Quality Analytics Toolkit, das Trainings- und Anwendungs-Pipelines bereitstellt und als domänenspezfisiche Ressource die Automotive Taxonomy verwendet. Durch seinen modularen Aufbau erlaubt das QATK die Konfiguration unterschiedlichster Verarbeitungs-Pipelines mit verschiedenen Datenquellen, Vorverarbeitungsschritten und Klassifikationsalgorithmen.

Die Präsentationsschicht bildet die QUEST-Webapp. Hier können die Qualitätsdaten eingepflegt und verwaltet werden, die Fehlercodevorschläge angesehen werden und die Fehlercodes für den Endbefund zugewiesen werden. Außerdem kann eine Visualisierung der unterschiedlichen Fehlercodeverteilungen für den beschriebenen zusätzlichen Anwendungsfall, den Vergleich zwischen unterschiedlichen Datenquellen, betrachtet werden. QUEST besitzt darüber hinaus eine eigene Nutzerverwaltung sowie die Funktionalität zum Anlegen neuer Fehlercodes.

6.4.2 Implementierungsdetails

Im Folgenden wird die prototypische Implementierung der QUEST-App und des QATK beschrieben.

6.4.2.1 Datenschicht

Für die Datenschicht kamen relationale Datenbanken zum Einsatz; sowohl MySQL (MySQL, 2014) als auch PostgreSQL (PostgreSQL, 2014) wurden verwendet. Der anonymisierte Industriedatensatz besteht aus mehreren verknüpften Datenbanktabellen, deren Schema weitestgehend wie im Original beibehalten und nur um sensitive Felder (Nutzerdaten, Kontaktdaten) bereinigt wurde. Die Wissensbasis, also das Klassifikatormodell, wird in einer einzelnen Datenbanktabelle gespeichert. Als Analyseergebnisse werden die Datenbündel mit Fehlercodes und Ähnlichkeits-Score in einer weiteren Tabelle gespeichert. Schließlich werden die NHTSA-Daten nebst automatisch zugewiesenen Fehlercodes ebenfalls in einer relationalen Datenbank gespeichert.

6.4.2.2 Analytics-Schicht

Für die Implementierung des Quality Analytics Toolkit wurde die Javaimplementierung des Apache Unstructured Information Management (UIMA)-Frameworks verwendet (Ferrucci u.

Lally, 2004). Die Entscheidung für das UIMA-Framework wurde aufgrund seiner Bewährtheit und weiten Verbreitung in der Forschung einerseits und seiner Open-Source-Verfügbarkeit mit industriefreundlicher Apache-Lizenz andererseits getroffen. Für das schnelle Erstellen von Pipelines wurde die uimaFIT-Bibliothek verwendet (Ogren u. Bethard, 2009).

Die in Abschnitt 6.3.2 beschriebenen Pipelines verwenden folgende Komponenten: Der *Reader* zum Erstellen der Datenbündel aus der Datenbank ist eine Eigenentwicklung, die genau auf die Datenstruktur der jeweiligen Quelle angepasst ist und bereits beim Einlesen erste strukturierende Annotationen für die unterschiedlichen Berichtsorten sowie den Teilecode und die Teilebeschreibung hinzufügt. Auch für die NTHSA-Datenquelle gibt es einen analog entwickelten Reader, der die Datenstruktur dieser Quelle berücksichtigt. Der *Tokenizer* ist ein einfacher selbstentwickelter Whitespace- und Satzzeichen-Tokenizer. Für die *Sprachidentifikation* wird der Language Detector von TextCat verwendet (Cavnar u. Trenkle, 1994). Der *Konzeptannotator* für den domänenspezifischen Ansatz ist ebenfalls eine Eigenentwicklung unter Verwendung von Legacy-Bibliotheken zum Zugriff auf die Taxonomie aus den in Kapitel 2.3.4 beschriebenen Projekten. Auch die Analysis Engines zum *Erstellen von und Zugreifen auf die Wissensbasis* sowie der *Klassifikator*, der die Annotationen für Fehlercode und Ähnlichkeits-Score hinzufügt, sind Eigenentwicklungen im Rahmen des UIMA-Frameworks.

Die domänenspezifische Automotive Taxonomy (Schierle u. Trabold, 2009) stammt aus einer Legacy-Entwicklung und wurde ursprünglich für die Extraktion von Relationen zwischen Bauteilen und Problemsymptomen aus Social-Media-Daten eingesetzt. Sie ist mehrsprachig und deckt vor allem Deutsch und Englisch sehr gut ab, mit ca. 2000 Konzepten in jeder der beiden Sprachen. In Bezug auf die PLCA-Anforderung A_5 Modularität und Flexibilität wird im Rahmen dieser Arbeit untersucht, inwieweit diese Ressource für andere Anwendungsfälle wiederverwendet und weiterentwickelt werden kann – ausführlich wird dies in Kapitel 7 beleuchtet. Um die Schnittstelle zur Taxonomie anzupassen und das Annotieren mit der Taxonomie performanter zu machen, wurden einige Änderungen und Neuentwicklungen vorgenommen, unter anderem wurde die Taxonomie als zeichenbasierter Präfixbaum repräsentiert (siehe Kassner u. Kiefer (2015) bzw. Kapitel 7).

6.4.2.3 Präsentationsschicht

Die QUEST-App ist ebenfalls in Java implementiert. Die Oberfläche nutzt PrimeFaces-Komponenten (PrimeFaces, 2015) und läuft auf einem WSO2-Server (WSO2, 2015). Im Prototypen werden als Funktionalitäten für die Qualitätsdatenbefundung die Darstellung der automatisch ermittelten Fehlercodevorschläge, die Endvercodung und das Anlegen von neuen Fehlercodes implementiert. Verschiedene Rollen haben unterschiedliche Rechte: Befunder können Fehlercodevorschläge sehen und zuweisen. Das Anlegen neuer Fehlercodes steht nur Nutzern mit der Rolle *Qualitätsingenieur* zur Verfügung. Zusätzlich wird eine Rolle *Manager* eingeführt, die nur den Datenvergleich zwischen den zwei Datenquellen sehen und Nutzerverwaltung betreiben kann.

6.5 Validierung

Um die Machbarkeit der automatisch gestützten Fehlercodezuweisung zu prüfen, wurden mehrere Experimente durchgeführt. Im Folgenden werden zwei Experimente beschrieben, mit denen unterschiedliche Anwendungsmöglichkeiten für den Klassifikator ausgelotet werden. In Experiment 1 (Abschnitt 6.5.1) wird geprüft, ob eine teilautomatische Zuweisung der Fehlercodes auf Basis der Textdaten überhaupt möglich ist. In Experiment 2 (Abschnitt 6.5.2) wird im Anschluss daran untersucht, ab welchem Punkt im Datensammelprozess der Klassifikator aussagekräftige Ergebnisse liefert. Experiment 2 wird außerdem mit einem anderen Algorithmus und anderer Attributauswahl wiederholt, um den Einfluss dieser beiden Faktoren genauer zu untersuchen (Abschnitt 6.5.3).

Beide Experimente werden in den Abschnitten 6.5.1 und 6.5.2 mit stratifizierter fünffacher Kreuzvalidierung auf den 6782 Datenbündeln mit mehrfach vorkommenden Fehlercodes ausgeführt, d.h. 4/5 aller Daten mit einem bestimmten Fehlercode werden jeweils fürs Training und 1/5 fürs Testen verwendet, sodass ein Testdatensatz im Schnitt 1250 Datenbündel enthält. Als

Maß für die Genauigkeit des Klassifikators wird *Accuracy@k* verwendet. Accuracy@k ist wie folgt definiert:

Accuracy@k:

Für D_k die Menge an Datenbündeln, bei denen der korrekte Fehlercode innerhalb der ersten k Vorschläge auf der Liste gefunden wird – was den k nächsten Nachbarn entspricht – und T die Menge der Testdaten, ist

$$A@k = \frac{|D_k|}{|T|}$$

Accuracies werden gemessen für k = 5, 10, 15, 20 und 25. Als Ähnlichkeitsmaße werden, wie bereits erwähnt, der Jaccard- und der Overlap-Koeffizient verwendet (siehe Abschnitt 6.3.1).

Zum Vergleich werden zwei *Baselines* definiert, die nicht oder kaum auf dem Text basieren: Erstens die Fehlercodehäufigkeit – alle Fehlercodes für den aktuellen Teilecode werden absteigend nach ihrer Häufigkeit in der Datenbank sortiert und die ersten k zurückgegeben. Zweitens die unsortierte Kandidatenmenge – hier werden aus der Untermenge der Wissensbasis, welche denselben Teilcode wie das zu klassifizierende Datenbündel und mindestens ein gemeinsames Attribut enthält, in zufälliger Reihenfolge k Einträge ausgewählt. Dabei sind die Accuracies der Fehlercodehäufigkeits-Baseline durchweg sehr viel besser als die der jeweiligen Baselines aus den Kandidatenmengen. Auffällig ist, dass die Fehlercodehäufigkeits-Baseline bei k = 25 eine perfekte Accuracy von 1 liefert; dies ist jedoch ein Artefakt der zufälligen Datenauswahl, wie klar werden muss, wenn man bedenkt, dass es teilweise deutlich mehr als 25 mögliche Fehlercodes für einen Teilecode gibt.

6.5.1 Experiment 1 – Fehlercodezuweisung

In diesem Experiment wird geprüft, ob die Textbefunde verwendet werden können, um durch Analytics sinnvolle Fehlercodevorschläge zu machen. Dazu wird ein kNN-basierter Klassifikator (siehe Abschnitt 6.3.1) in zwei Varianten auf allen verfügbaren Textberichten der Trainingsdaten trainiert: jeweils mit domänenspezifischen und domänenignoranten Attributen, d.h. Bag-of-Concepts und Bag-of-Words. In der Validierung werden dann vier Varianten verglichen, da für jeden der zwei Klassifikatoren zwei Ähnlichkeitsmaße, Jaccard und Overlap, zum Einsatz kommen.

6.5.1.1 Ergebnisse

Tabelle 6.2 gibt einen Überblick über die Ergebnisse des ersten Experiments, die zur Anschaulichkeit nochmals in Abbildung 6.10 dargestellt werden. Sowohl die Bag-of-Words- als auch die Bag-of-Concepts-Variante des Klassifikators liefert in Kombination mit dem Jaccard-Ähnlichkeitsindex bessere Ergebnisse als die Baselines für k < 25. Dabei unterscheiden sich die Klassifikatorvarianten jedoch deutlich in ihrer Genauigkeit.

Tabelle 6.2: Accuracies@k für Experiment 1, Fehlercodezuweisung

Klassifikatoransatz	A@1	A@5	A@10	A@15	A@20	A@25
Bag-of-Words & Jaccard	**0,81**	**0,94**	**0,97**	**0,98**	**0,98**	**0,99**
Bag-of-Words & Overlap	0,76	0,93	0,96	0,97	0,98	0,99
Bag-of-Concepts & Jaccard	**0,56**	**0,85**	**0,92**	**0,95**	**0,97**	**0,98**
Bag-of-Concepts & Overlap	0,34	0,79	0,89	0,94	0,96	0,97
Baseline: Fehlercodehäufigkeit	0,35	0,76	0,88	0,93	0,95	1,00
Baseline: Kandidatenmenge (BoC)	0,07	0,27	0,48	0,60	0,76	0,83
Baseline: Kandidatenmenge (BoW)	0,07	0,25	0,48	0,60	0,77	0,83

Insgesamt sind die Ergebnisse mit dem Overlap-Ähnlichkeitsmaß schlechter als mit dem Jaccard-Maß, vor allem für kleine k. Der Bag-of-Concepts-Klassifikator mit Overlap-Ähnlichkeitsmaß liefert in etwa gleich gute Ergebnisse wie die Sortierung nach Fehlercodehäufigkeit in einer der Baselines. Der Bag-of-Words-Klassifikator ist in beiden Varianten deutlich besser als der Bag-of-Concepts-Klassifikator.

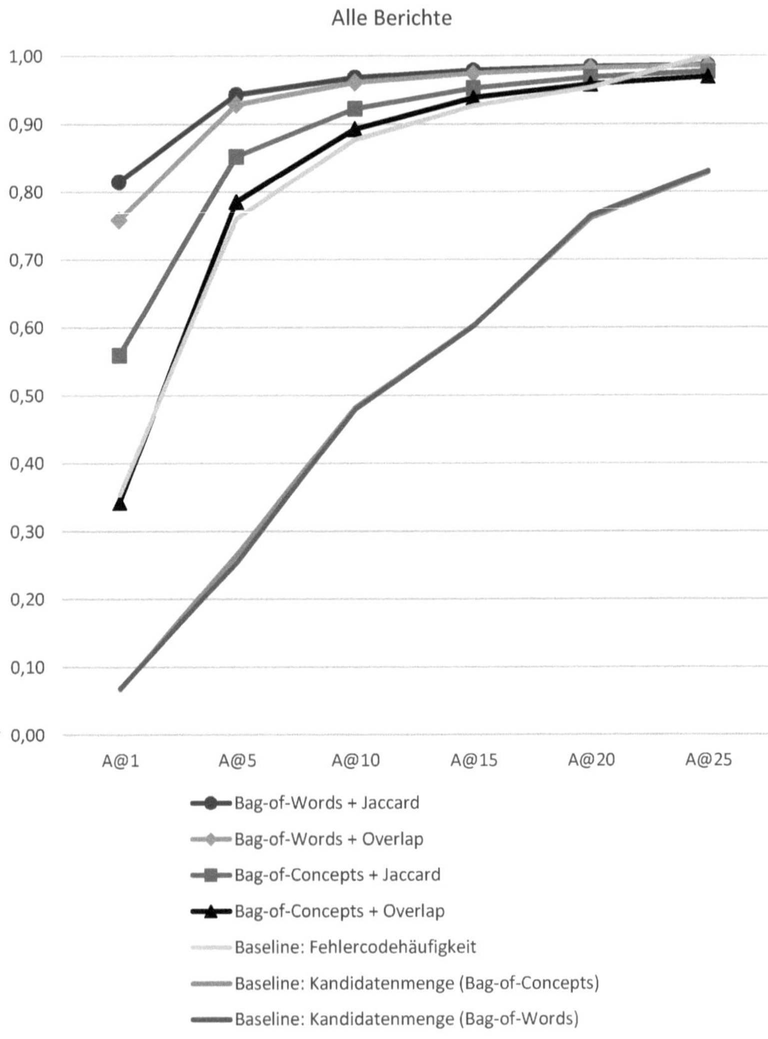

Abbildung 6.10: Grafische Darstellung der Accuracies@k für Experiment 1 in Anlehnung an Kassner u. Mitschang (2016)

6.5.1.2 Diskussion

Es zeigt sich, dass drei der vier textbasierten Klassifikatoren eindeutig bessere Accuracies als die Baselines liefern. Diese drei Klassifikatorvarianten kann man allesamt im Anwendungsszenario für hilfreiche Fehlercodevorschläge nutzen.

Die Bag-of-Concepts-Klassifikatoren erreichen schlechtere Accuracies als die Bag-of-Words-Klassifikatoren, vor allem bei kleinen k. Ab k >= 5 befinden sich die drei gut abschneidenden Klassifikatoren alle über 80% Accuracy. Die Sortierung der Fehlercodes nach den Ähnlichkeiten, die über Bag-of-Words-Vergleiche berechnet wurden, ist also näher an den tatsächlichen Fehlercodewahrscheinlichkeiten. Daraus kann man schließen, dass die Konzepte, welche aktuell mithilfe der Automotive Taxonomy erkannt werden, nicht alle wichtigen Attribute für die Klassifikation umfassen.

Dies ist ein zu erwartendes Ergebnis: Zum Einen wurde die Taxonomie ursprünglich für einen anderen Zweck, nämlich eine Aufgabe der reinen Informationsextraktion, gebaut, der auf anders gearteten Textquellen ausgeführt wurde (siehe Kapitel 7.2). Zum Anderen wird die Taxonomie bereits seit einigen Jahren nicht mehr an den sich wandelnden Sprachgebrauch im Unternehmen angepasst. Die Wichtigkeit domänenspezifischer Ressourcen für Text Analytics ist dennoch unbestritten. Eine Anpassung der Taxonomie an die neue Aufgabe und die neuen Textquellen ist daher ein möglicher nächster Schritt, der in Kapitel 7 genauer beleuchtet wird.

Die Bag-of-Words-Varianten des Klassifikators sind darüber hinaus für eine Umsetzung im Industriekontext auf großen Datenmengen nicht optimal geeignet: Die Anzahl der Attribute und damit die Anzahl der paarweisen Vergleiche bei der Berechnung der Ähnlichkeit zwischen Wissensbündel und zu klassifizierendem Datenbündel ist sehr viel höher als bei den domänenspezifischen Attributen. Auf dem relativ kleinen Beispieldatensatz, der zur Entwicklung des Prototypen verwendet wurde, braucht ein Bag-of-Words-Klassifikator ca. 11 Minuten für eine Iteration der fünffachen Kreuzvalidierung, d.h. in etwa 0,5 Sekunden pro Datenbündel, während ein Bag-of-Concepts-Klassifikator etwa 3 Minuten für eine Iteration und damit 0,14 Sekunden pro Datenbündel braucht. Durch Entfernung von deutschen und englischen Stopwörtern, d.h. Artikelwörtern und Personalpronomen, die allerdings keine Auswirkungen auf die Accuracies des Klassifikators hat, lässt sich die Laufzeit des Bag-of-Words-Klassifikators auf den Testdaten auf etwa 7 Minuten, also 0,3 Sekunden pro Datenbündel, verkürzen. Das ist aber immer noch mehr als doppelt so lange wie die durchschnittliche Klassifikationszeit für den Bag-of-Concepts-Klassifikator. Für eine größere Datenmenge und eine entsprechend größere Wissensbasis ist es wichtig, die Anzahl der paarweisen Attributvergleiche klein zu halten.

Auch für Erweiterungen dieses Anwendungsfalls, bei denen z.B. Texte mit einem anderen Format und in einer anderen Sprache nach demselben Modell klassifiziert werden sollen, ist ein einfaches Bag-of-Words-Modell nicht geeignet. Sobald sich die Textstruktur oder sogar die Textsprache unterscheidet, muss von den Wörtern auf Bedeutungen abstrahiert werden, um Vergleichbarkeit herzustellen, was eben durch das Verwenden domänenspezifischer Ressourcen geschieht. Daher ist es wichtig, in die Weiterentwicklung domänenspezifischer Ressourcen zu investieren. In Kassner u. Kiefer (2015) wie auch im Kapitel 7 dieser Dissertation werden Konzepte entwickelt und Wege erforscht, um Taxonomien und andere domänenspezifische Ressourcen IT-gestützt aktuell zu halten und weiterzuentwickeln.

Die zwei wichtigsten Erkenntnisse aus Experiment 1 sind die folgenden:

1. In der Befundung der Teilequalität im Aftersales-Bereich kann Text Analytics genutzt werden, um die Zuweisung von Fehlercodes zu Automobilschadteilen durch sinnvoll geordnete Vorschläge zu unterstützen.
2. Um diese Unterstützung manueller Analysearbeit in industriell skalierbarer Weise umzusetzen, ist eine Verbesserung der Erkennung domänenspezifischer Attribute und somit eine Verbesserung domänenspezifischer Ressourcen lohnend.

6.5.2 Experiment 2 – Zeitpunkt der Fehlercodezuweisung

In einem zweiten Experiment wird überprüft, wie die Datengrundlage die Qualität der Fehlercodevorschläge beeinflusst, d.h. ab welchem Zeitpunkt im Datensammelprozess eine zuverlässige Berechnung von Vorschlägen möglich ist. Dafür werden die bereits trainierten zwei Klassifikatorvarianten mit Wissensbasen auf Grundlage der gesamten verfügbaren Daten nur auf einen Teil der Berichttypen angewandt: Es werden zwei Testdatensätze gebildet, in denen im einen Fall nur die Monteurbefunde, im anderen Fall nur die Lieferantenbefunde als Grundlage für die Extraktion von textbasierten Attributen berücksichtigt wurden.

6.5.2.1 Ergebnisse

In den Tabellen 6.3 sowie 6.4 sind die Ergebnisse des zweiten Experiments zusammengefasst. Alle Klassifikatorvarianten liefern sehr schlechte Accuracies, wenn nur der Monteurbefund als Datengrundlage verwendet wird – die Baseline-Sortierung nach Fehlercodehäufigkeit ist in diesem Fall besser als die Klassifikation auf Basis der Texte. Es setzt sich allerdings der Trend fort, dass die Bag-of-Words-Varianten etwas besser abschneiden als die Bag-of-Concepts-Varianten. Wenn man dagegen nur den Lieferantenbefund als Grundlage für den Klassifikator nimmt, erhält man für alle Klassifikatorvarianten Accuracies, die denen aus Experiment 1 stark ähneln.

Tabelle 6.3: Accuracy@k für Experiment 2 –
Vorhersage der Fehlercodes anhand der Monteurbefunde

Klassifikatoransatz	A@1	A@5	A@10	A@15	A@20	A@25
Baseline: Fehlercodehäufigkeit	**0,35**	**0,76**	**0,88**	**0,93**	**0,95**	**1,00**
Bag-of-Words & Overlap	0,29	0,69	0,85	0,91	0,94	0,96
Bag-of-Words & Jaccard	0,18	0,64	0,84	0,91	0,94	0,95
Bag-of-Concept & Jaccard	0,16	0,56	0,78	0,87	0,90	0,92
Bag-of-Concept & Overlap	0,17	0,54	0,73	0,83	0,88	0,92
Baseline: Kandidatenmenge (BoW)	0,09	0,31	0,51	0,65	0,77	0,84
Baseline: Kandidatenmenge (BoC)	0,07	0,28	0,48	0,61	0,74	0,82

Tabelle 6.4: Accuracy@k für Experiment 2 –
Vorhersage der Fehlercodes anhand der Lieferantenbefunde

Klassifikatoransatz	A@1	A@5	A@10	A@15	A@20	A@25
Bag-of-Words & Jaccard	**0,78**	**0,94**	**0,96**	**0,98**	**0,98**	**0,98**
Bag-of-Words & Overlap	0,76	0,91	0,94	0,95	0,96	0,97
Bag-of-Concepts & Jaccard	**0,53**	**0,81**	**0,92**	**0,94**	**0,96**	**0,97**
Bag-of-Concepts & Overlap	0,39	0,74	0,84	0,89	0,93	0,94
Baseline: Fehlercodehäufigkeit	0,35	0,76	0,88	0,93	0,95	1,00
Baseline: Kandidatenmenge (BoW)	0,08	0,27	0,51	0,64	0,77	0,83
Baseline: Kandidatenmenge (BoC)	0,07	0,28	0,51	0,63	0,77	0,83

6.5.2.2 Diskussion

Die Monteurbefunde allein reichen nicht aus, um brauchbare Fehlercodevorschläge zu liefern, und zwar unabhängig davon, ob domänenspezifische oder domänenignorante Attribute verwendet werden. Die Lieferantenbefunde allein führen jedoch zu fast so guten Voraussagen wie die Verwendung aller verfügbaren Daten (Monteur-, Vor- und Lieferantenbefund). Diese Ergebnisse decken sich mit Beobachtungen bezüglich der Datenqualität und Charakteristika der unterschiedlichen Befunde (siehe Abschnitt 6.2) sowie Erfahrungsberichten der Qualitätsbefunder über den Informationsgehalt derselben. Monteurbefunde sind oft sehr kurz, enthalten wenige Details und geben keine genaue Auskunft über die Fehlerursache. Auch die Befunder können anhand der Monteurbefunde allein in den meisten Fällen noch keine zuverlässige Vorhersage über den tatsächlichen Fehlercode treffen. Die Lieferantenbefunde sind dagegen deutlich detaillierter und befassen sich explizit mit der Frage nach der Fehlerursache. Entsprechend lassen sich zwei Schlüsse aus Experiment 2 ziehen:

1. Zuverlässige Vorschläge für den Fehlercode können tatsächlich erst berechnet werden, nachdem der Lieferantenbericht vorliegt, sodass sich hier keine wesentliche Zeitersparnis verwirklichen lässt.
2. Die Unterschiede in Datenqualität und Informationsgehalt je nach Quelle, mit denen menschliche Befunder zu kämpfen haben, werden von der Performance des Klassifikators genau so widergespiegelt. Das heißt, selbst ein relativ einfacher Analyseansatz mit wenigen

linguistischen Vorverarbeitungsschritten ähnelt in seinen Ergebnissen den Erfolgen, die menschliche Experten mit der Klassifikation der Daten haben.

6.5.3 Die Rolle des Algorithmus und der verwendeten Attribute

Die Masterarbeit Villanueva (2016), die im Rahmen dieser Forschungsarbeit konzipiert und betreut wurde, untersucht den Einfluss verschiedener Faktoren auf die Güte der Klassifikation und die Laufzeit des Klassifikators: Es werden Variationen in der Auswahl der Attribute für die Klassifikation, in der Vorverarbeitungspipeline und im Klassifikationsalgorithmus betrachtet. Dazu wird Experiment 2 mit einem Naive-Bayes-Klassifikator nachvollzogen. Die Implementierung erfolgte in R unter Verwendung von TextCat- (Hornik u. a., 2013) und WEKA-Bibliotheken (Hall u. a., 2009).

Für einen Naive-Bayes-Klassifikator wird der Text eines Dokuments als Bag-of-Words-Vektor repräsentiert (siehe Kapitel 2.3.1). Die Klassifikation basiert auf dem Bayes'schen Theorem, das die Wahrscheinlichkeit eines Ereignisses A gegeben das Auftreten eines Ereignisses B wie folgt berechnet:

$$P(A|B) = \frac{P(B|A) * P(A)}{P(B)}$$

Entsprechend wird die Wahrscheinlichkeit, dass ein Dokument B einer bestimmten Klasse A zugehört, als das Produkt aus der Wahrscheinlichkeit der Klasse A an sich und der Wahrscheinlichkeit des Vektors für Dokument B innerhalb dieser Klasse, geteilt durch die Wahrscheinlichkeit für B an sich berechnet. Die Wahrscheinlichkeit von Klasse A lässt sich aus Trainingsdaten lernen, die Wahrscheinlichkeit von Dokument B wird als (z.B. mittels Worthäufigkeiten gewichtetes) Produkt der Wahrscheinlichkeiten einzelner Worte in B berechnet, die jeweils wiederum aus Trainingsdaten gelernt wurden. Dabei wird angenommen, dass die Wahrscheinlichkeiten der Worte innerhalb von B voneinander unabhängig sind, daher der Zusatz „naive".

Durch die Berechnung der Klassenzugehörigkeit als Wahrscheinlichkeit ist die Klassifikation in mehr als zwei Klassen möglich und ebenso die Ausgabe einer sortierten Liste aus Klassenvorschlägen.

Da das Training des Naive-Bayes-Klassifikators eine Dokument-Term-Matrix benötigt, werden die Texte für diesen Ansatz stärker vorverarbeitet als für kNN. In allen Konfigurationen des Klassifikators werden die Texte nacheinander tokenisiert, in Kleinbuchstaben gebracht (englisch: Lowercasing), einer TextCat-Spracherkennung (Hornik u. a., 2013) unterzogen und auf den Wortstamm zurückgeführt (englisch: Stemming). Danach werden Stopwörter entfernt, und zwar bei sprachabhängiger Vorverarbeitung jeweils die der erkannten Sprache, bei sprachunabhängiger Vorverarbeitung deutsche und englische. Die Variation nach Sprachabhängigkeit und -unabhängigkeit ist auch die erste Variation, deren Wirkung auf die Güte des Klassifikators überprüft wird.

Außerdem wird die Auswahl der Klassifikationsattribute variiert: In einer Konfigurationsvariante wurden alle Wörter des Textes als Bag-of-Words verwendet, in der anderen tausend Wörter, die entsprechend ihrer Häufigkeit nach einer leicht abgewandelten 80/20-Heuristik ausgewählt wurden: Die häufigsten 20% der Wörter wurden ignoriert, die darauf in der Häufigkeit folgenden 1000 distinkten Wörter als Attribute ausgewählt. Diese Wörter bilden in Abhängigkeit von der Datenquelle und der Sprachorientierung zwischen 63 und 70 % der Tokens, also Wortvorkommnisse, in den Textdaten. Damit ist eine gute Abdeckung gewährleistet. Auch das Häufigkeitsmaß, nach dem die Wörter für die Auswahl sortiert werden, variiert zwischen einfacher Termhäufigkeit und Term Frequency-Inverse Document Frequency (TF-IDF) (siehe Kapitel 2.3.1). Darüber hinaus wird untersucht, ob zusätzliche strukturierte Attribute eine Rolle für die Güte der Klassifikation spielen. Verwendet werden das Zulassungsdatum und die Zeitspanne zwischen Zulassung und Reparatur.

6.5.3.1 Ergebnisse

Tabelle 6.5 gibt einen Überblick über die Accuracies des Naive-Bayes-Klassifikators auf Basis der Lieferantenbefunde, Tabelle 6.6 bildet die entsprechenden Ergebnisse für die Monteurbefunde ab. Insgesamt liefert der Naive-Bayes-Ansatz keine besseren Ergebnisse als die beste Konfiguration im kNN-Ansatz; auch die Verarbeitungszeiten pro Datensatz sind nicht besser: Mit 0,14 – 0,16 Sekunden Verarbeitungszeit pro Datensatz für die 1000-Wörter-Attributauswahl ist er zwar vergleichbar schnell wie die Bag-of-Concepts-Variante des kNN-Ansatzes, aber über 2 min. Verarbeitungszeit pro Datensatz für die Bag-of-Words-Attribute sind deutlich langsamer als die kNN-Implementierung. Der bereits beobachtete Trend, dass die Klassifikation auf Basis der Lieferantenberichte deutlich besser abschneidet als die auf Basis der Monteurbefunde, setzt sich hier jedoch fort.

Interessant ist der Einfluss, den die unterschiedlichen Konfigurationen auf die Klassifikationsgüte ausüben: Sprachabhängige Vorverarbeitung hat einen negativen Einfluss. Bloße Termhäufigkeit als Sortierkriterium bei der Auswahl der 1000 Wortattribute führt zu besseren Ergebnissen als TF-IDF. Bei den Lieferantenbefunden hat die zusätzliche Verwendung strukturierter Attribute einen negativen Einfluss, bei den Monteurbefunden dagegen einen leichten positiven Einfluss. Die Bag-of-Words-Modelle mit dem gesamten Vokabular schneiden etwas besser ab als die Modelle mit den 1000 ausgewählten Wörtern.

6.5.3.2 Diskussion

Der Vergleich zwischen einer größeren Auswahl an Attribut- und Vorverarbeitungskonfigurationen gibt ein noch aufschlussreicheres Bild der Analysemöglichkeiten für industrielle Textdaten von relativ niedriger Datenqualität. Dass die sprachabhängige Vorverarbeitung in allen betrachteten Konfigurationen einen negativen Einfluss auf das Klassifikationsergebnis hat, erklärt sich dadurch, dass die automatische Sprachidentifikation, auf deren Grundlage die Entscheidung über die Vorverarbeitungsschritte getroffen wird, durch die „Messiness“ der Daten stark beeinträchtigt wird.

Tabelle 6.5: Ergebnisse des abgewandelten Experiments 2 für Lieferantenbefunde mit Naive Bayes und unterschiedlichen Attributen in Anlehnung an Villanueva (2016)

Attribute	Gewichtung	Vorverarbeitung	+Strukt.	A@1	A@5	A@15	A@25
1000 Wörter	Termhäufigkeit	sprachunabhängig	ja	0,67	0,81	0,86	0,87
			nein	**0,68**	**0,84**	**0,89**	**0,91**
		sprachabhängig	ja	0,52	0,75	0,8	0,82
			nein	0,53	0,74	0,8	0,82
	TF-IDF	sprachunabhängig	ja	0,62	0,79	0,84	0,86
			nein	**0,62**	**0,82**	**0,88**	**0,91**
		sprachabhängig	ja	0,53	0,74	0,79	0,81
			nein	0,52	0,73	0,78	0,8
Alle Wörter	Termhäufigkeit	sprachunabhängig	ja	0,68	0,8	0,86	0,87
			nein	**0,69**	**0,84**	**0,88**	**0,9**
		sprachabhängig	ja	0,55	0,75	0,79	0,8
			nein	0,55	0,77	0,82	0,83
	TF-IDF	sprachunabhängig	ja	0,7	0,83	0,87	0,89
			nein	**0,71**	**0,85**	**0,89**	**0,9**
		sprachabhängig	ja	0,55	0,76	0,81	0,82
			nein	0,55	0,76	0,81	0,82

Tabelle 6.6: Ergebnisse des abgewandelten Experiments 2 für Monteurbefunde mit Naive Bayes und unterschiedlichen Attributen in Anlehnung an Villanueva (2016)

Attribute	Gewichtung	Vorverarbeitung	+Strukt.	A@1	A@5	A@15	A@25
1000 Wörter	Termhäufigkeit	sprachunabhängig	ja	**0,38**	**0,62**	**0,76**	**0,8**
			nein	0,31	0,59	0,76	0,8
		sprachabhängig	ja	0,21	0,42	0,56	0,62
			nein	0,12	0,31	0,48	0,54
	TF-IDF	sprachunabhängig	ja	**0,34**	**0,53**	**0,67**	**0,72**
			nein	0,28	0,48	0,63	0,69
		sprachabhängig	ja	0,21	0,41	0,56	0,63
			nein	0,13	0,31	0,45	0,55
Alle Wörter	Termhäufigkeit	sprachunabhängig	ja	**0,39**	**0,62**	**0,76**	**0,8**
			nein	0,33	0,62	0,78	0,83
		sprachabhängig	ja	0,21	0,44	0,57	0,64
			nein	0,15	0,33	0,48	0,55
	TF-IDF	sprachunabhängig	ja	**0,39**	**0,62**	**0,75**	**0,79**
			nein	0,34	0,6	0,76	0,82
		sprachabhängig	ja	0,21	0,41	0,55	0,61
			nein	0,15	0,33	0,48	0,53

Der bereits beobachtete Trend, dass eine kleinere Auswahl an Attributen aus dem Text schlechtere Ergebnisse liefert als der gesamte Bag-of-Words, wird auch hier bestätigt. Allerdings ergibt der Naive-Bayes-Klassifikator mit den 1000 Wortattributen bessere Klassifikationsergebnisse als der kNN-Klassifikator mit Bag-of-Concept-Attributen und ist dabei vergleichbar schnell, stellt also im Anwendungskontext eine echte Alternative dar.

Die zusätzliche Verwendung strukturierter Attribute ergibt kein einheitliches Bild: Bei den ohnehin relativ guten Klassifikationsergebnissen auf den Lieferantendaten wirkt sie negativ, die schlechteren Ergebnisse auf den Monteurbefunden korrigiert sie leicht nach oben.

6.6 Erreichte Forschungsziele und Verortung in ApPLAUDING

Im Folgenden wird der Beitrag des vorangegangenen Kapitels zur Erfüllung der Forschungsziele zusammengefasst, und der Anwendungsfall wird anhand der Struktur der prototypischen Implementierung in ApPLAUDING eingeordnet.

6.6.1 Erreichte Forschungsziele

analy Der Anwendungsfall einer Analytics-Unterstützung für die manuelle Fehlervercodung von ausgebauten Schadteilen im Aftersales-Bereich der Automobilindustrie erbringt den Machbarkeitsnachweis, der mit Forschungsziel 1 (FZ_1) gefordert wurde: Eine menschliche Datenanalyseaufgabe auf Textdaten aus einem realen Kontext in der Produktionsindustrie kann durch automatische Textanalyse bereits vorhandener Textdaten wesentlich unterstützt werden.

Zur Erfüllung von Forschungsziel 2 (FZ_2), der Entwicklung produktlebenszyklusübergreifender Analyseszenarien unter Verwendung unstrukturierter Daten, trägt der implementierte Prototyp indirekt bei: Die Textbefunde, welche analysiert werden, stammen zwar aus einer einzelnen Phase im Produktlebenszyklus, nämlich der Phase der Produktnutzung und -wartung, aber innerhalb dieser Phase aus unterschiedlichen Quellen. Die Datenintegration für das Analyseszenario wird dabei nicht weiter fokussiert, da sie durch die Struktur des Prozesses von selbst erfolgt: Befundberichte zum selben Schadteil, aber aus unterschiedlichen Quellen (von Werkstatt, Lieferant und OEM) werden aktuell bereits in einer Datenhaltung zusammengeführt.

Außerdem bilden die implementierten Analysemodule des Prototypen aufgrund ihrer flexiblen Kombinierbarkeit innerhalb des Apache UIMA-Frameworks Bausteine für lebenszyklusübergreifende Analyseszenarien, wie sie in Kapitel 8 im Detail betrachtet werden.

6.6.2 Verortung in ApPLAUDING

Innerhalb von ApPLAUDING stellt der bearbeitete Anwendungsfall ein wertschöpfendes Analytics-Szenario dar, das Daten aus verschiedenen Quellen integriert, mit unstrukturiertem ETL bearbeitet und mit teilweise domänenspezifischen Analytics weiterverarbeitet.

Die Ursprungsdaten, nämlich die Schadteilbefunde, stammen zwar aus einer Datenbank, aber von unterschiedlichen ursprünglichen Quellen, die Ausgangsdatenbank kann also schon als konzeptueller Teil des Wissensrepositorys begriffen werden. Der unstrukturierte Anteil der Daten wird mehreren generischen Vorverarbeitungsschritten unterzogen – konkret sind das Tokenisierung und Sprachidentifikation. Danach folgen domänenspezifische und komplexere Analytics-Schritte, nämlich die Annotation der im Text vorkommenden Bauteil- und Fehlersymptombezeichnungen und das Training bzw. die Anwendung eines kNN-artigen Klassifikators. Die Ergebnisse der Klassifikation, sortierte Listen von Fehlercodevorschlägen, werden zwischengespeichert. Auch dies ist konzeptuell eine Aufgabe für das Wissensrepository. Im Rahmen der *advanced Analytics* kommt eine domänenspezifische Ressource aus einer Legacy-Quelle zum Einsatz, die Automotive Taxonomy. Schließlich werden die aufbereiteten Daten in einer App für den menschlichen Nutzer zugänglich gemacht. Durch die Fehlercodevorschläge, die mittels Text Analytics berechnet wurden, wird dem menschlichen Befunder die Befundungsarbeit erleichtert. Darüber hinaus beinhaltet die App einen weiteren Anwendungsfall, der in Kapitel 8 ausführlicher diskutiert wird.

6.7 Weiterführende Forschung

Ausgehend von dem beschriebenen Anwendungsfall tun sich einige weiterführende Forschungsrichtungen auf. Für die Umsetzung des kNN-Ansatzes im industriellen Kontext muss untersucht werden, wie man der Wissensbasis eine Größe gibt, bei der alle Klassen abgedeckt werden und dennoch die Anzahl der nötigen Vergleiche minimiert wird. Ansätze zur Effizienzsteigerung von kNN-Klassifikatoren liefern zum Beispiel Alippi u. Roveri (2007), Bhattacharya u. a. (1981), Jiang u. Zhou (2004), Zhang u. Mani (2003).

Auch die Wartung der Wissensbasis im Laufe des Tagesgeschäfts, wenn sich die verwendeten Bauteile und damit auch die auftretenden Fehlerbilder ändern, bedarf einer genauen Planung. So muss für den Anwendungsfall geklärt werden, ob eher eine Konsistenz der automatischen Fehlercodevorschläge über lange Zeit für den leichteren Vergleich mit historischen Daten oder eher eine Anpassung an das sich allmählich wandelnde Vercodungsverhalten der menschlichen Befunder gewünscht ist. In Abhängigkeit davon muss die Wissensbasis bei Verwendung über einen längeren Zeitraum regelmäßig neu trainiert werden.

Es können weitere Klassifikationsalgorithmen für dieselbe Aufgabe ausprobiert werden. Für Textklassifikation sind zum Beispiel Support-Vektor-Maschinen gebräuchlich, deren Nachteil für diesen Anwendungsfall jedoch wäre, dass sie nur zwischen zwei möglichen Klassen unterscheiden können.

Für die Auswahl der Attribute kann eventuell mehr linguistische Vorverarbeitung hilfreich sein, z.B. die Annotation mit Part-of-Speech-Tags. Auch hierbei wäre jedoch zu untersuchen, wie stark die Datenqualität eine zielführende Analyse beeinflusst.

In einer Ausweitung des Anwendungsfalls kann der Klassifikator für verschiedene andere Aufgaben genützt werden: Denkbar ist zum Beispiel, dass durchweg niedrige Ähnlichkeitswerte bei den Vergleichen mit der kNN-Wissensbasis oder aber niedrige Wahrscheinlichkeiten im Naive-Bayes-Ansatz auf ein neuartiges, bisher nicht beobachtetes Fehlerbild hinweisen.

Ein wichtiger weiterführender Themenkomplex, die Erweiterung und Wartung der Taxonomie als semantischer Ressource, wird im folgenden Kapitel 7 ausführlich behandelt.

Kapitel 7

Wartung und Wiederverwendbarkeit semantischer Ressourcen

Dieses Kapitel bildet einen thematischen Exkurs im Rahmen dieser Dissertation. In der Betrachtung des Anwendungsfalls aus Kapitel 6 ist deutlich geworden, dass die Extraktion domänenspezifischer Attribute aus Texten nicht die optimale Konfiguration für die Anwendung eines automatischen Textklassifikators darstellt. Dies kann auch darauf zurückgeführt werden, dass die verwendete domänenspezifische Ressource nicht auf die analysierte Datenquelle angepasst wurde. Daher befasst sich dieses Kapitel mit der Frage nach Wartungs- und Anpassungsprozessen für domänenspezifische semantische Ressourcen.

Zunächst wird in Abschnitt 7.1 eine Analyse der aktuellen Situation bezüglich der Wiederverwendung semantischer Ressourcen in der Industrie vorgestellt. Dann geht es in Abschnitt 7.2 um die semantische Ressource für den konkreten Anwendungsfall, die Automotive Taxonomy. Abschnitt 7.3 beschreibt einen IT-gestützten Wartungsprozess zur Verbesserung der Ressource. Am Ende des Kapitels werden die erreichten Forschungsziele zusammengefasst und der Inhalt in den Kontext der Gesamtarbeit eingebettet (Abschnitt 7.4) sowie ein Ausblick auf weiterführende Forschung gegeben (Abschnitt 7.5).

Die Inhalte dieses Kapitels wurden teilweise bereits veröffentlicht in Kassner u. Kiefer (2015). Experimente und Implementierungsarbeiten zu den Konzepten in Abschnitt 7.3 wurden als Masterarbeiten vergeben (Estel, 2015, Schnabel, 2015).

7.1 Situationsanalyse

In diesem Abschnitt werden der Forschungsstand und die Sachlage in der Industrie in Bezug auf die Generierung und Wiederverwendung semantischer Ressourcen dargestellt. Dabei liegt der Fokus auf Ontologien und Taxonomien. Es wird eine Forschungslücke bezüglich der Pflege und Wiederverwendung domänenspezifischer semantischer Ressourcen identifiziert (7.1.1) und daraus werden Handlungsbedarfe abgeleitet (7.1.2), die in den folgenden Abschnitten dieses Kapitels adressiert werden.

7.1.1 Wartung und Pflege domänenspezifischer semantischer Ressourcen: Situation in Forschung und Industrie

In Kapitel 2.3.3 wurde eine Einführung in semantische Ressourcen für Text Analytics gegeben und es wurden verschiedene generische Ressourcen vorgestellt. Für Analytics-Anwendungsfälle auf Textdaten aus der Industrie sind solche generischen Ressourcen nicht ausreichend, da sie Weltwissen auf einer recht hohen Granularitätsebene abbilden. Stattdessen benötigt man feinergranulare Ressourcen speziell für die betrachtete Domäne.

Für die Automobildomäne gibt es einige frei verfügbare semantische Ressourcen. Diese sind allerdings nicht gut für die Unterstützung von Text-Analytics-Anwendungen geeignet: Im Ontologienportal der Suggested Upper Merged Ontology (SUMO) (Niles u. Pease, 2001) existiert zum Beispiel eine Teilontologie über Autos, die allerdings nur im Knowledge Interchange Format (KIF) verfügbar und damit für verbreitete NLP-Tools nicht nutzbar ist. Die Volkswagen Vehicles Ontology (Hepp, 2010) ist zwar in dem gängigen Datenformat *Web Ontology Langua-*

ge (OWL) innerhalb des *Resource Description Frameworks (RDF)* gespeichert, fokussiert sich aber auf Corporate Language im Marketing und ist nicht zuverlässig online erreichbar oder offline verfügbar zu machen.

In domänenspezifischen Texten aus internen Quellen sind außerdem vielfach unternehmensinterne Fachbegriffe oder Abkürzungen enthalten. Diese Begriffe und ihre Beziehungen untereinander sind auch in domänenspezifischen externen Ressourcen nicht abgebildet. Die Verfügbarkeit von domänenspezifischen Ressourcen, die sich für Industriekontexte eignen, ist also sehr eingeschränkt.

Heute wird dieses Problem meist dadurch gelöst, dass Taxonomien und Ontologien für den firmeninternen Gebrauch manuell von Experten zusammengestellt werden. Solche Ressourcen entstehen üblicherweise für einen speziellen Anwendungsfall. Sollten sie über einen längeren Zeitraum im Einsatz bleiben oder für weitere Anwendungsfälle verwendet werden, so werden sie, wenn überhaupt, ebenfalls manuell angepasst. Typischerweise werden sie jedoch nur für einen Anwendungsfall genutzt und für diesen optimiert. Für andere Anwendungsfälle ist das in der Ressource gebündelte wertvolle unternehmensinterne Wissen dann nicht nutzbar. Ein konkretes Beispiel ist die Automotive Taxonomy, die in Abschnitt 7.2 ausführlich vorgestellt wird: Sie entstand für ein größeres Text-Mining-Forschungsprojekt und wurde nach dessen Abschluss nicht weiter genutzt, bis sie im Rahmen der vorliegenden Dissertation reaktiviert wurde.

Hinzu kommt: Domänenspezifische Sprache ändert sich auch innerhalb einer Domäne und innerhalb eines Unternehmens im Lauf der Zeit. Unterschiedliche Teilbereiche eines Fachgebiets, unterschiedliche Abteilungen eines Unternehmens oder zusammenarbeitende OEMs und Zulieferer verwenden Begriffe zum Teil sehr unterschiedlich. Aus organisatorischen und ökonomischen Gründen ist es nicht realistisch, Experten aus allen betroffenen Bereichen in die heutigen Prozesse der manuellen Ressourcenerstellung einzubeziehen. Dadurch ist auch die Qualität einer rein manuell und anwendungsspezifisch erstellten Ressource nicht immer gewährleistet. Eine echte Mehrsprachigkeit der Ressource ist ebenfalls schwer zu erreichen, obwohl diese für die oft international ausgerichteten Unternehmen wichtig wäre.

Es besteht also ein Mangel sowohl in Bezug auf die Verfügbarkeit industriegeeigneter domänenspezifischer Ressourcen als auch in Bezug auf Konzepte und Vorgehensweisen für die effiziente Erstellung, Wartung und Weiterverwendung derselben.

7.1.2 Handlungsbedarfe

Vor dem geschilderten Hintergrund ergeben sich folgende Handlungsbedarfe:

- Unternehmensinterne domänenspezifische semantische Ressourcen müssen erhalten und weitergenutzt werden, da sie wichtiges unternehmensinternes Wissen enthalten.
- Um weiterhin nutzbar zu sein, müssen diese Ressourcen inhaltlich und strukturell auf neue Anwendungsfälle und für neue Datenquellen angepasst werden.
- Damit dies im Tagesgeschäft möglich ist, muss der Aufwand beim Erstellen und Warten von unternehmensinternen domänenspezifischen semantischen Ressourcen verringert werden.

Um diesen Handlungsbedarfen zu begegnen, wird in Abschnitt 7.3 am Anwendungsbeispiel der Automotive Taxonomy ein Wartungsprozess für die Weiterentwicklung einer semantischen Ressource erstellt und durch eine IT-Infrastruktur inklusive App-Frontend gezielt unterstützt.

7.2 Die Automotive Taxonomy

In diesem Abschnitt wird die Automotive Taxonomy im Detail vorgestellt. In Abschnitt 7.2.1 geht es um den Ursprung und die Erstnutzung der Taxonomie, in Abschnitt 7.2.2 werden die Eigenschaften der Taxonomie beschrieben, und in Abschnitt 7.2.3 werden die Herausforderungen bei der Wiederverwendung der Taxonomie in einem neuen Anwendungsfall geschildert.

7.2.1 Entstehung und ursprüngliche Nutzung der Automotive Taxonomy

Die Automotive Taxonomy wurde im Rahmen mehrerer Forschungsprojekte bei einem OEM aus der Automobilbranche zusammengestellt, die in Kapitel 2.3.4 bereits beschrieben wurden. Eine erste Veröffentlichung über die Taxonomie ist Schierle u. Trabold (2009). In Schierle u. Trabold (2008) wird der Anwendungsfall für die Taxonomie beschrieben. Auf unstrukturierten Texten aus Werkstattberichten, später auch aus Social-Media-Quellen (Bank, 2013, Bank u. Hänig, 2011), wurden Konzepte der Kategorien Bauteil, Fehlersymptom, Bedingung, Sentiment und Negation extrahiert und durch syntaktische Analysen zu Relationen zusammengefügt. Damit wurden Frühwarnung und Ursachenanalyse durchgeführt. Grundlage der Taxonomie waren unternehmensinterne Wortlisten – zum Beispiel für technische Komponenten – die in manueller Arbeit mit einem Arbeitsaufwand von ca. 4 Wochen in die Struktur der Taxonomie gebracht wurden (Schierle u. Trabold, 2009).

Nach Ende der assoziierten Forschungsprojekte (ca. 2011) wurde die entwickelte Software AIM (Automotive Internet Mining) inklusive der Taxonomie noch eine Zeit lang genutzt, auch eine Applikation zur manuellen Bearbeitung der Taxonomie existiert noch. Heute stehen neben der Taxonomie und dem Taxonomieeditor einige kompilierte Bibliotheken zum Zugriff auf die Taxonomie aus einer UIMA-Analytics-Umgebung heraus zur Verfügung. Dadurch gab es bei der Weiternutzung der Taxonomie für einen neuen Anwendungsfall (den in Kapitel 6 beschriebenen) einige Herausforderungen, die in Abschnitt 7.2.3 geschildert werden.

7.2.2 Eigenschaften der Automotive Taxonomy

Die Automotive Taxonomie ist nach dem Vorbild von WordNet (Fellbaum, 1999) in sogenannte *Synsets* strukturiert. Ein Synset ist eine Menge von Wörtern bzw. Wortgruppen, welche den gleichen Begriff bezeichnen, also von Synonymen. Ein Beispiel aus Schierle u. Trabold (2009) sind die drei Begriffe „courtesy lamp“, „dome light“ und „interior light“, die in einem Synset, d.h. als ein Begriff oder ein Konzept gespeichert werden. Jedes Synset besitzt eine eindeutige ID und enthält nur Wortgruppen in einer einzigen Sprache. Laut Schierle u. Trabold (2009) sind diese Synsets mit Part-of-Speech-Informationen zur Bedeutungsdisambiguierung versehen; in der erhaltenen Ressource ist dies jedoch nur für wenige Konzepte der Fall (siehe Abschnitt 7.2.3). Außerdem beschreibt Schierle u. Trabold (2009) die Expansion von Konzepten, deren Bezeichnungen aus mehreren Wörtern oder aus Komposita bestehen, durch Synonyme ihrer Teile: Zum Beispiel wird „fog lamp" durch „fog light" ergänzt, da „lamp" und „light" Synonyme sind. Mit der erhaltenen Ressource ist dieser Expansionsschritt ebenfalls nicht nachvollziehbar und musste neu implementiert werden.

Die Taxonomie speichert sowohl Hypernymierelationen (Oberbegriff-Unterbegriff-Relationen) als auch Meronymierelationen (Teil-Ganzes-Relationen) als Eltern-Kind-Beziehungen zwischen Konzeptknoten ab (siehe auch Abschnitt 2.3.3). Zu diesem Zweck ist sie polyhierarchisch konstruiert, sodass z.B. das „side window" sowohl als Hyponym (Unterbegriff) von „window" als auch ein Meronym (Teilbegriff) von „side door" abgebildet wird (alle konkreten Textbeispiele stammen aus Schierle u. Trabold (2009)).

Die Taxonomie ist mehrsprachig, wobei höhere Hierarchieebenen eine sprachunabhängige Struktur besitzen und mehrere sprachspezifische Synsets mit gleicher Bedeutung haben, während die unterste Begriffsebene stärkere sprachspezifische Unterschiede aufweist. Jedes Konzept hat eine Standardbezeichnung, die meist ein Begriff aus dem englischsprachigen Synset ist. In Abbildung 7.1 sieht man einen Ausschnitt aus der Baumstruktur der Taxonomie: Unter dem Oberbegriff „Symptom" befindet sich die Unterkategorie „Geräusch" (englisch: „noise"), die wiederum zwei Unterkategorien hat, nämlich hohe und tiefe Geräusche. Auf der untersten Ebene der Taxonomie sind dann konkrete Geräuschbegriffe wie „Quietschen" und „Brummen" in diese Kategorien eingeordnet.

Die Taxonomie besitzt etwa 2000 Konzepte (Schierle u. Trabold, 2009). Englische und deutsche Synonyme liegen für nahezu alle Konzepte vor. Zahlreiche weitere Sprachen wie z.B. Spanisch,

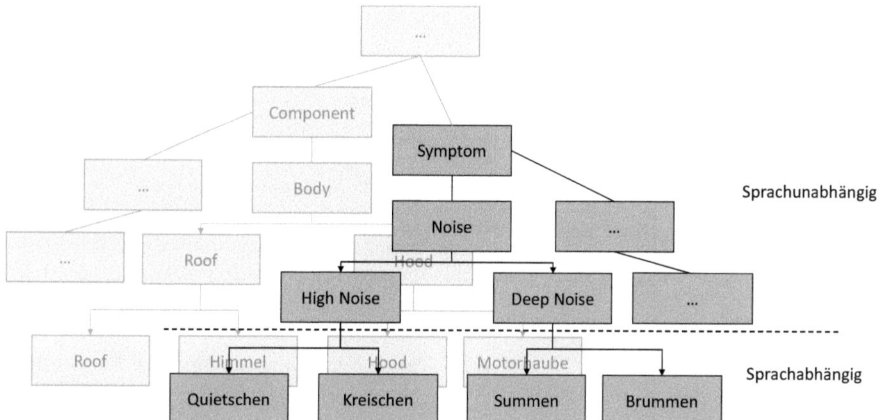

Abbildung 7.1: Ausschnitt aus der Automotive Taxonomy in Anlehnung an Schierle u. Trabold (2009) (nach Kassner u. Mitschang (2016)). ©Springer-Verlag Berlin Heidelberg 2010. With permission of Springer. Originalunterschrift: Exemplary part of the concept hierarchy for noise modeling in the automotive domain.

Französisch, Tschechisch, Russisch, Chinesisch, Japanisch, Türkisch und andere sind mit kleineren Konzeptmengen vertreten.

Zur Verwaltung der Taxonomie steht ein Editor in Form einer Desktop-Applikation in Java zur Verfügung, der allerdings einige Schwächen aufweist. Er kann nur von einem Nutzer auf einmal mit einer lokalen Version der Taxonomie genutzt werden, die Taxonomie kann nicht flexibel mehrsprachig durchsucht werden, und die polyhierarchische Struktur der Taxonomie wird nicht korrekt dargestellt.

7.2.3 Anpassung der Taxonomieannotation an einen neuen Anwendungsfall

Die Automotive Taxonomy wurde im Anwendungsfall aus Kapitel 6 zur Annotation von Textdaten verwendet. Dafür wurden auf Basis der erhaltenen Bibliotheken zur Nutzung der Taxonomie in einer UIMA-Analyseumgebung neue UIMA-Komponenten entwickelt. Dieser Prozess ist bereits in Kassner u. Kiefer (2015) beschrieben worden. Es geht dabei zuallererst um die Anpassung der Annotationsinfrastruktur.

Zunächst wurde der ursprüngliche Taxonomieannotator auf erhaltene Funktionalität getestet. Dieser Annotator prüft Tokens und ihre Part-of-Speech-Annotationen inklusive der Wörter und Part-of-Speech-Tags eines Kontextfensters von n Wörtern rund um den Token mithilfe eines *Matchers*. Dazu wird von links nach rechts die längstmögliche Token-Sequenz ermittelt, die einem Synonym für eines der Taxonomiekonzepte inklusive eventuellen Signalwörtern im unmittelbaren Kontext entspricht. Die erhaltene Taxonomieversion enthält kaum Information zu Kontexten und Part-of-Speech-Tags, daher trägt die Überprüfung von Parts-of-Speech und Kontext nichts zur Korrektheit der Annotation bei. Weiterhin fehlen einige der in Schierle u. Trabold (2009) beschriebenen Funktionen: Die Expansion der Konzepte mit Teilsynonymen findet nicht statt, und überlappende Konzeptbegriffe aus mehreren Wörtern werden nicht richtig erkannt – zum Beispiel wird die Sequenz „kein Problem“, die einem Konzept in der Symptomkategorie entspricht, nicht als solches erkannt, sondern es werden stattdessen die zwei separaten Konzepte „kein“ (Negation) und „Problem“ (Symptom) annotiert, d.h. es wird in diesem Fall nicht die längstmögliche Sequenz ermittelt.

Nach dieser Prüfung der vorhandenen Funktionen wurde ein neuer, verbesserter Taxonomieannotator implementiert, der Mehrworterkennung und Konzeptexpansion umsetzt und außerdem die Datenstruktur für das Matching zwischen Text und Taxonomie verbessert: In den Legacy-Bibliotheken ist die Suchstruktur für die Taxonomie ein Präfixbaum (englisch: Trie), dessen Knoten einzelne Wörter bzw. Tokens darstellen. In der Neuimplementierung wird stattdessen ein Präfixbaum verwendet, dessen Knoten einzelne Zeichen sind. Dadurch wird die Suche schneller. Die Modalität des Matchings wurde beibehalten, allerdings korrekt implementiert („gierig“ und von links nach rechts die längste Zeichensequenz auswählend).

Außerdem wurden für eine bessere Abdeckung auf der neuen Datenquelle einige Änderungen am Annotationsprozess vorgenommen. Es handelt sich dabei um mehrsprachige Fehlerberichte aus der Aftersales-Qualitätsanalyse (siehe Kapitel 6). Während der Legacy-Annotator auf

Basis der identifizierten Textsprache eine Teiltaxonomie auswählt und den Text darauf überprüft, ob Begriffe in dieser Sprache enthalten sind, prüft der neue Annotator grundsätzlich auf alle deutschen und englischen Begriffe sowie außerdem auf die Begriffe in der erkannten Sprache. Damit werden für die zwei häufigsten Sprachen in der Quelle, Deutsch und Englisch, Fehlklassifikationen bei der Sprachidentifikation aufgefangen.

7.3 Architektur für die Wartung semantischer Ressourcen

Im folgenden Abschnitt wird eine Wartungsarchitektur für industrieinterne domänenspezifische semantischen Ressourcen beschrieben. Eine Implementierung mit App-Frontend erfolgte in einer Masterarbeit (Schnabel, 2015), die im Rahmen der Forschungsarbeit zu dieser Dissertation konzipiert und betreut wurde. Zunächst werden in Abschnitt 7.3.1 der Wartungsprozess und die Anforderungen als Beispiel beschrieben. Daraus wird in Abschnitt 7.3.2 eine Architektur abgeleitet. In Abschnitt 7.3.3 werden Implementierungsdetails vorgestellt und in Abschnitt 7.3.4 wird auf Analytics-Ansätze zum Vorschlagen von neuen Begriffen und Synonymen eingegangen. Eine Bewertung von Architektur und Prototyp erfolgt in Abschnitt 7.3.5.

7.3.1 Prozess zur Wartung einer domänenspezifischen semantischen Ressource

Damit semantische Ressourcen inhaltlich aktuell bleiben oder für neue Anwendungsbereiche und Datenquellen angepasst werden können, müssen ihnen gezielt passende Konzepte und Synonyme hinzugefügt werden. Dafür wird ein Prozess definiert, der sicherstellt, dass eine regelmäßige und zielgerichtete Wartung der Ressource, im vorliegenden Beispiel der Automotive Taxonomy, stattfindet und dass die Ausführenden dabei optimal durch IT unterstützt werden.

Änderungsbedarfe für eine semantische Ressource enstehen aus zweierlei Gründen: Erstens, wenn eine neue Datenquelle oder eine neue Domäne mithilfe der Ressource analytisch erschlossen werden soll (siehe Abschnitt 7.2.3). Zweitens, wenn sich die Datenquelle, auf der aktuell Analytics-Anwendungen unter Verwendung dieser Ressource im Einsatz sind, im Laufe der Zeit ändert. Dies kann zum Beispiel dadurch geschehen, dass in dem Anwendungsbeispiel aus Kapitel 6 neue Bauteile in Umlauf kommen oder ein neuer Markt mit anderen Umweltbedingungen erschlossen wird. Dadurch werden neue Fehlerbilder auftreten, für die dann neue Fehlercodes definiert werden. Um diese neuen Fehlercodes in das Modell des Klassifikators aufnehmen zu können, ist es nötig, Konzepte und Synonyme, die in den neuartigen Berichten vorkommen können, in die Taxonomie einzupflegen.

Einen Anhaltspunkt für das Finden dieser Konzepte und Synonyme bieten die textuellen Beschreibungen neuartiger Fehlercodes, in denen die betroffene Komponente sowie das Fehlerbild zuverlässig vorkommen. Bezeichnungen für die neue Komponente oder das neue Fehlerbild können somit direkt beim Anlegen des Fehlercodes durch den Qualitätsingenieur identifiziert und zum Einpflegen vorgemerkt werden. Dafür lässt sich z.B. in der bereits bestehenden Qualitätsbefundungssoftware eine neue Unterfunktion der Fehlercodedefinition hinzufügen. Neue Synonyme für Konzepte können entweder von einem fachlichen Expertenkreis oder auch automatisch mithilfe von Text Analytics vorgeschlagen werden. Schließlich werden die neuen Konzepte und Synonyme über eine App zur Taxonomiewartung, welche den bisherigen Taxonomieeditor erweitert und ersetzt, in die Taxonomie eingepflegt. Diese Aufgabe kann von verschiedenen Menschen mit Expertenwissen in der Domäne unternommen werden, zum Beispiel von Qualitätsingenieuren oder Qualitätsbefundern aus dem Umfeld des Anwendungsfalls in Kapitel 6.

Allgemein gestaltet sich der Prozess also wie in Abbildung 7.2 gezeigt: Im ersten Schritt entsteht durch eine neue Domäne, eine neue Datenquelle oder neue Inhalte in einer bisherigen Datenquelle ein Änderungsbedarf bezüglich der Ressource. Dieser wird vom Experten im Tagesgeschäft erkannt. Er reagiert mit dem Anlegen eines neuen Konzepts oder eines neuen Synonyms für die Ressource. Dies erfolgt unmittelbar in der IT-Anwendung, in der das Tagesgeschäft stattfindet. Eine Expertengruppe sammelt im nächsten Schritt weitere Synonyme, auch für ein eventuell neu angelegtes Konzept. Dies geschieht in einer speziellen Taxonomiewartungs-App, in welcher die neuen Konzepte und Synonyme angezeigt werden. Durch Analytics können ebenfalls Syn-

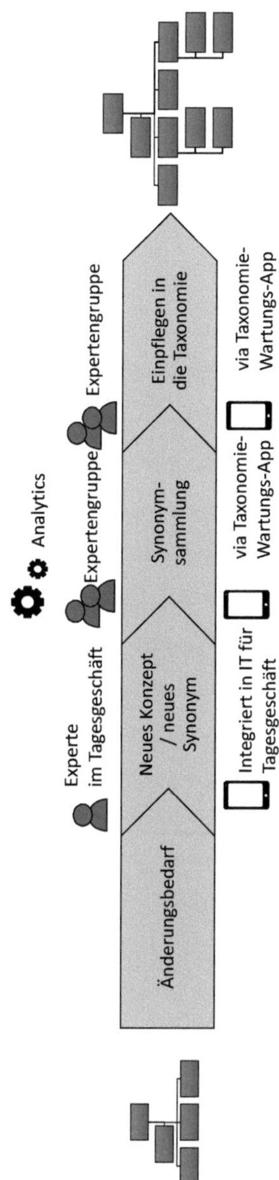

Abbildung 7.2: Prozess der Taxonomieerweiterung im Tagesgeschäft

onymvorschläge generiert werden, die dann von den Experten beurteilt und eingepflegt werden müssen. Dadurch, dass mehrere Experten Einfluss auf die Ressource nehmen und gegenseitig gemachte Vorschläge revidieren können, verbessern sich die Abdeckung und die Korrektheit der Taxonomie.

7.3.2 Architektur

Abbildung 7.3 zeigt die Gesamtarchitektur zur Unterstützung des in Abschnitt 7.3.1 beschriebenen Wartungsprozesses. Im Vergleich zur bisherigen Praxis, nämlich der lokalen Speicherung der Taxonomie in einem XML-Format und der lokalen Bearbeitung durch einen einzelnen Nutzer mittels des Taxonomieeditors, bietet die Client-Server-Architektur mit mobiler App-Anbindung einige Vorteile: Die Taxonomie muss nicht mehr lokal im Arbeitsspeicher vorgehalten werden, sondern kann auf dem Server gespeichert und stückweise mit den in der App bearbeiteten Daten synchronisiert werden. Dadurch ist der Größe der Taxonomie keine Grenze durch den verfügbaren Arbeitsspeicher eines konkreten Geräts gesetzt. Außerdem können mehrere Nutzer an der Taxonomie Änderungen vornehmen, ohne dass verschiedene Varianten der Ressource entstehen, da Änderungen sofort in die Datenbank auf dem Server synchronisiert und Editierkonflikte dabei aufgelöst werden.

Dass mehrere Nutzer, zum Beispiel Fachexperten mit unterschiedlichen Wissensschwerpunkten, an derselben Ressource arbeiten können, verbessert voraussichtlich auch die Qualität der Ressource und verringert den Arbeitsaufwand für den Einzelnen, sodass die Wartung der Taxonomie leichter in den Arbeitsalltag integriert werden kann. Dazu trägt auch die mobile Verfügbarkeit der Wartungs-App bei, welche es ermöglicht, unterwegs und zwischendurch an der Ressource zu arbeiten.

Auch die Speicherung der Taxonomie in einer Datenbank bietet einige Vorteile: Sie repräsentiert die Taxonomie in einem Format, das Konzepte und Relationen unabhängig von den gängigen Formaten für semantische Ressourcen abbildet.

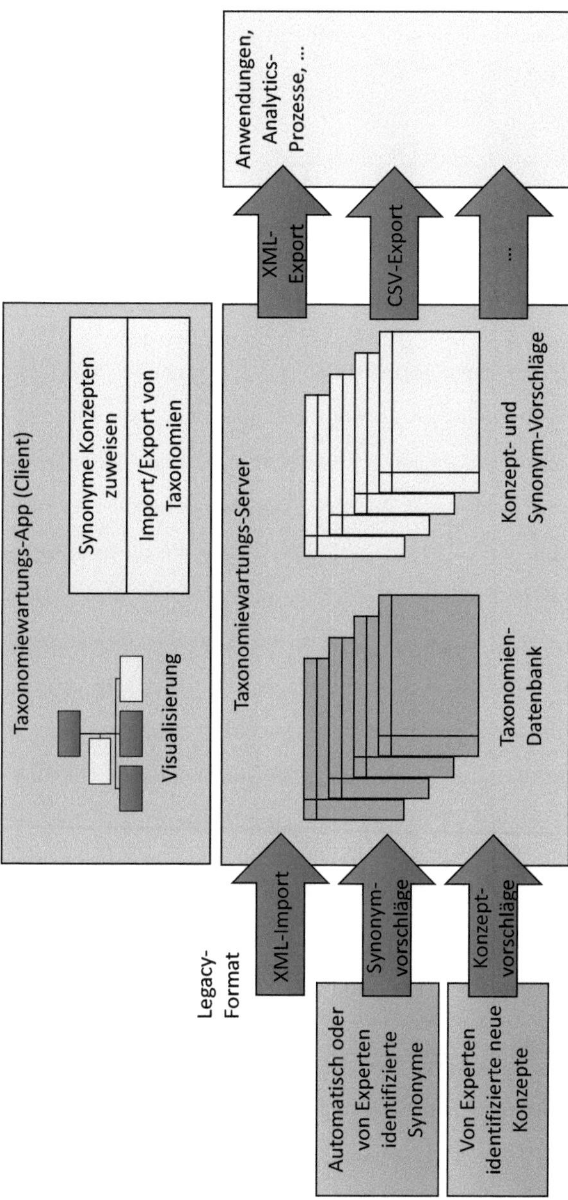

Abbildung 7.3: Architektur für die Taxonomiewartung

Dadurch wird es möglich, verschiedene Import- und Exportformate für die Taxonomie zu definieren und damit die semantische Ressource einer größeren Bandbreite an möglichen Anwendungen zur Verfügung zu stellen.

Ebenfalls in der Datenbank gespeichert werden die Vorschläge für Konzepte oder Konzeptsynonyme, die entweder manuell vorgemerkt wurden oder automatisch aus Textdaten erschlossen wurden. Dadurch können auch Erweiterungsvorschläge aus verschiedenen anderen Quellen leicht eingegliedert werden.

Auf der Client-Seite, d.h. in der App, sind dem Nutzer je nach Berechtigungsprofil die verfügbaren Taxonomien, die Erweiterungsvorschläge und Import- und Exportfunktionen für verschiedene Dateiformate zugänglich. Abbildung 7.4 zeigt die mit eigenen Views assoziierten Funktionalitäten und ihre Zusammenhänge in der Beispielimplementierung der App aus Schnabel (2015): Nach dem Login kann der Nutzer eine verfügbare Taxonomie zur Bearbeitung auswählen oder eine neue Taxonomie importieren und sich diese anzeigen lassen. Vorschläge für neue Konzeptsynonyme werden in der Taxonomie direkt an den jeweils betroffenen Konzepten angezeigt. Ebenso gibt es eine Übersicht, in der man alle aktuellen Vorschläge ansehen und abarbeiten kann. Weiterhin gibt es eine umfangreiche Suchfunktion, welche die Suche in mehreren Sprachen und die Suche nach der ID eines Konzepts erlaubt, und die Funktion zum Export der Taxonomie in das Legacy-XML-Format oder andere Formate.

7.3.3 Implementierungsdetails

Die Server-Seite der Wartungsarchitektur wurde in Schnabel (2015) mit Java Enterprise Edition auf einem GlassFish-Server (Oracle, 2015a) aufgesetzt. Alle Schnittstellen wurden als REST-Schnittstellen implementiert, dafür wurde das Jersey-Framework (Oracle, 2015c) verwendet. Die Datenbank zur Speicherung der Taxonomie, der Nutzerdaten und der Synonymvorschläge wurde mit MySQL (MySQL, 2014) realisiert und wird mittels sql2o (Sql2o, 2015) über die JDBC-API (Oracle, 2015b) angesprochen. Der Export der Taxonomie wurde beispielhaft für das Legacy-

XML-Format sowie für ein einfaches hierarchisches CSV-Format implementiert, lässt sich jedoch auch für andere semantische Ressourcenformate realisieren.

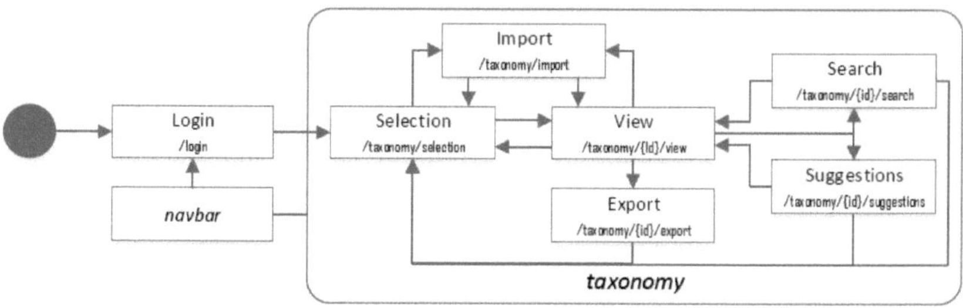

Abbildung 7.4: Views und Funktionalitäten der Wartungs-App aus Schnabel (2015)

Die Client-Seite, also die App, wurde als Webapp entwickelt, da sie sowohl in Desktop- als auch in Mobile-Umgebungen verfügbar sein soll und keinen Zugriff auf die Sensorinfrastruktur mobiler Geräte benötigt, sodass eine native Entwicklung keine zusätzlichen Vorteile bringt. Die Oberfläche wurde mithilfe der Frameworks AngularJS (AngularJS, 2015) und Bootstrap (Bootstrap, 2015) realisiert, ist touch-fähig und besitzt Responsive Design, um den verfügbaren Platz auf verschiedenen Geräten optimal auszunutzen. Alle wichtigen Editiervorgänge – Verschieben und Löschen von Konzepten, Hinzufügen und Löschen von Synonymen – können in der App über Touch-Gesten und Kontextmenüs vorgenommen werden. Konzepte mit mehreren Elternkonzepten werden korrekt bei allen ihren Elternkonzepten angezeigt.

Abbildung 7.5 zeigt einen Screenshot der implementierten Wartungs-App mit einer kleinen Beispieltaxonomie im gleichen Format wie die Automotive Taxonomy. Vorhandene Vorschläge für neue Synonyme werden in der Baumdarstellung der Taxonomie jeweils vor den Konzeptbezeichnungen angezeigt. In Klammern gesetzte Zahlen bedeuten dabei die Gesamtanzahl der Konzepte mit Vorschlägen in diesem Teilbaum, Zahlen ohne Klammern die Anzahl der Vorschläge für das Konzept selbst. So gibt es beim Konzept „Elektronik“ einen Vorschlag direkt für das Konzept, der in der Detailansicht auf der rechten Seite des Bildes zu sehen ist: das englische „electronic“,

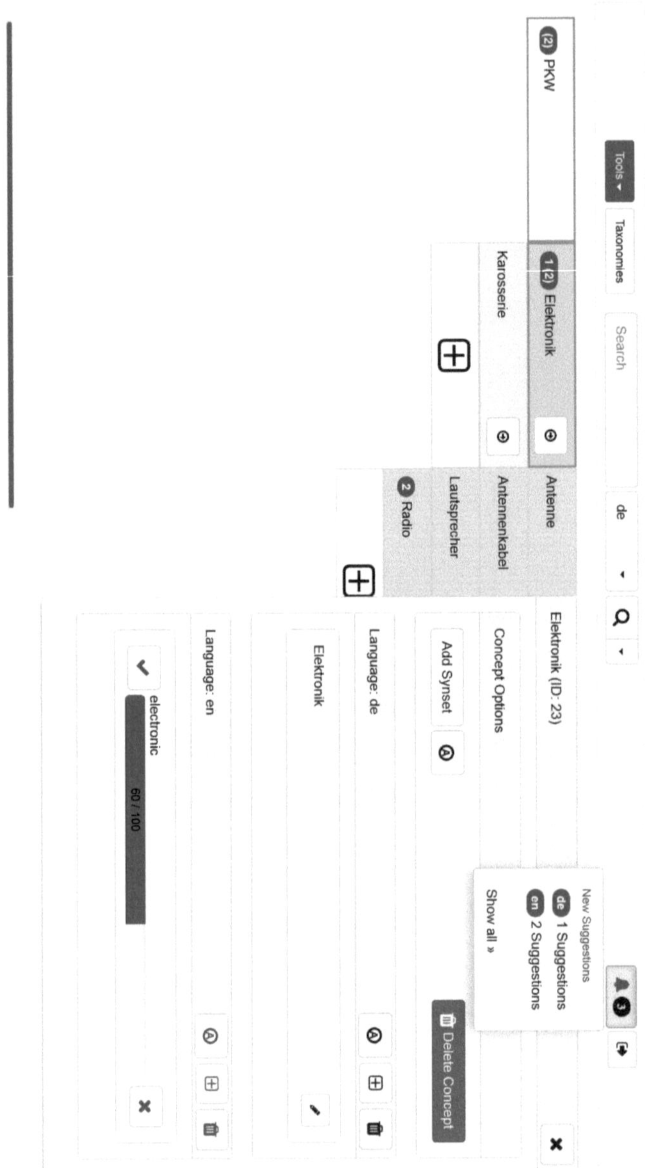

Abbildung 7.5: Screenshot der Taxonomieübersicht in der Wartungs-App aus Schnabel (2015)

das automatisch durch Text Analytics gefunden und mit einem Score von 60 % Ähnlichkeit zum bisherigen Konzept bewertet wurde. Dieses kann nun über die Buttons rechts und links vom Score angenommen oder abgelehnt werden. Der Header am oberen Rand der App-Oberfläche bietet dem Nutzer verschiedene Möglichkeiten und Informationen. Über die Schaltfläche „Tools“ können verschiedene Werkzeuge zur Bearbeitung von Taxonomiekonzepten ausgewählt werden, um diese zu ergänzen, zu verschieben oder zu löschen. Unter „Taxonomies“ findet sich die Maske zum Auswählen der zu bearbeitenden Taxonomie sowie zum Import und Export von Taxonomien. Im Suchfeld lassen sich Suchbegriffe eingeben, über das Dropdown-Menü rechts daneben kann die Suche auf eine oder mehrere Sprachen eingeschränkt werden. Ganz rechts wird durch eine Glocke mit einer Zahl daneben die Gesamtanzahl an neuen Synonymvorschlägen für diese Taxonomie angezeigt. Bei Berührung des Buttons mit der Glocke öffnet sich ein Menü, in dem die Anzahl der Vorschläge nach Sprache aufgeschlüsselt ist und eine Übersicht aller Vorschläge zur Anzeige ausgewählt werden kann. Rechts davon findet sich noch der Logout-Button.

7.3.4 Analytics für Synonymvorschläge

Der Prozess der IT-gestützten Wartung und Erweiterung von Ressourcen, der in Abschnitt 7.3.1 entwickelt wird, sieht unter anderem vor, dass Synonyme teilautomatisch durch Text Analytics gefunden werden können. In diesem Abschnitt wird für den Fall der Anpassung an eine neue Datenquelle ein Analytics-Konzept zu diesem Zweck präsentiert, welches bereits in Kassner u. Kiefer (2015) publiziert wurde.

Dieses Konzept sieht vor, dass eine semantische Ressource auf neue Datenquellen angepasst wird, indem aus diesen Datenquellen neue Synonyme für bestehende Konzepte in der Ressource gelernt werden. Der vorgesehene Prozess für die Generierung von Synonymvorschlägen ist im Überblick in Abbildung 7.6 zu sehen. Zunächst werden die Datenbündel wie im Anwendungsfall Datenklassifikation aus der Datenbank in eine Verarbeitungs-Pipeline eingelesen – dabei kann z.B. die Reader-Komponente aus der Klassifikator-Pipeline (siehe Kapitel 6.3.2) wieder zum Einsatz kommen, was dem Modularitätsanspruch von ApPLAUDING entspricht (siehe Kapitel 4.2.5). Dann werden die Texte, ebenfalls ähnlich wie im Anwendungsfall der Klassifikation, durch verschiedene Vorverarbeitungsschritte mit linguistischer Information angereichert. Außerdem werden die bereits erkannten Konzepte im Text annotiert. Dadurch können sie später als mögliche Konzeptkandidaten ausgeschlossen werden. Für diesen Schritt kommt die bereits bewährte Annotatorkomponente zum Einsatz. Danach folgt die Erkennung von potenziellen Konzeptsynonymen, die wiederum ein mehrschrittig untergliederter Prozess ist, der im Folgenden genauer erläutert wird.

Schließlich werden die Synonymvorschläge einem menschlichen Experten präsentiert, der diese bestätigen oder ablehnen kann. Somit ergibt sich am Ende eine verbesserte Abdeckung der Taxonomie in Bezug auf die neue Datenquelle.

Die Erkennung potenzieller Synonyme gliedert sich in mehrere Schritte:

1. Kandidatenauswahl: die Auswahl von Wörtern und Wortgruppen aus dem annotierten Text, welche Kandidaten für Konzeptsynonyme sein könnten
2. Kandidatenbewertung: die Bewertung dieser Kandidaten in Bezug auf Ähnlichkeiten zu bereits bestehenden Konzeptbezeichnungen
3. Konzeptzuordnung: die Zuordnung dieser Kandidaten zu den als maximal passend bewerteten Konzepten.

Für den ersten Schritt, die *Kandidatenauswahl*, werden die Informationen aus den Annotationen der Vorverarbeitungsschritte genutzt. Folgende Informationen können beispielsweise für die Kandidatenauswahl verwendet werden:

- die Wortart, die durch Part-of-Speech-Tagging bestimmt wird
- die Worthäufigkeit, die als einfache Häufigkeit oder durch einen komplexeren Score wie zum Beispiel TF-IDF dargestellt wird (siehe Kapitel 2.3.1)
- der Textteil, in dem das potenzielle Synonym auftaucht. Im Beispiel aus Kapitel 6 könnte dies etwa der Werkstatt-, der Lieferanten- oder einer der OEM-Befunde sein – in Kapitel

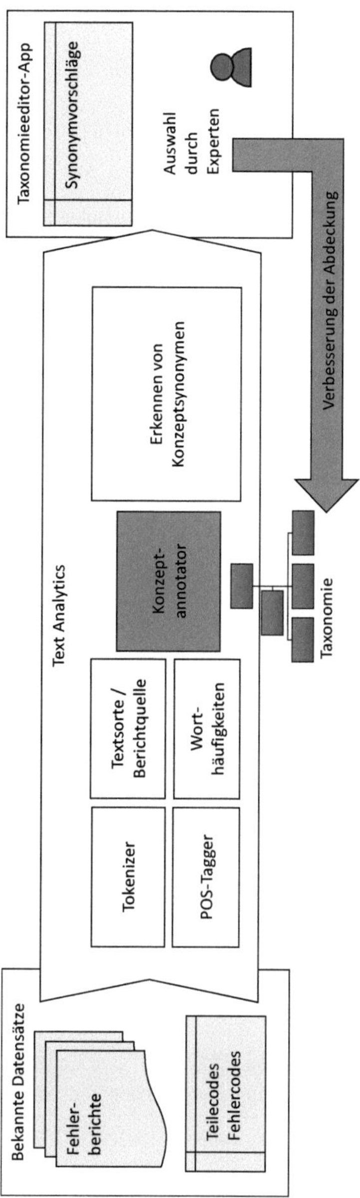

Abbildung 7.6: Analytics-Pipeline zur Erweiterung der Taxonomie in Anlehnung an Kassner u. Kiefer (2015)

6.5.2 zeigte sich ja, dass die Werkstattbefunde deutlich weniger zuverlässige Informationen enthalten als die Herstellerbefunde.

Für die *Bewertung der Kandidaten* in Bezug auf potenzielle Zugehörigkeit zu Konzepten kommen verschiedene Methoden in Frage. Bewährte Ansätze für das Erkennen von möglichen Konzeptsynonymen kommen aus dem Bereich der distributionalen Semantik: Ausgehend von Harris' distributionaler Hypothese, dass Worte mit ähnlicher Bedeutung auch in ähnlichen Kontexten verwendet werden (Harris, 1968), versucht man in dieser Forschungsrichtung, die Ähnlichkeit von Wörtern oder Phrasen aus der Ähnlichkeit ihrer Verwendungskontexte zu bestimmen. Für die Erkennung von Synonymen gibt es mehrere distributionale Ansätze, z.B. Ruiz-Casado u. a. (2005), Van der Plas u. Tiedemann (2006).

Die Konzeptzuordnung erfolgt auf Basis der Kandidatenbewertung. Dabei sind zwei verschiedene Varianten der Zuordnung möglich: Erstens ein *konzeptzentrischer* Ansatz, bei dem jedes betroffene Taxonomiekonzept aus der Menge aller möglichen Kandidaten für dieses Konzept nur denjenigen erhält, der den höchsten Ähnlichkeitsscore besitzt. Dabei kann also ein Kandidat mehreren Konzepten zugeordnet werden, falls es für sie alle das ähnlichste Synonym ist. Zweitens ein *kandidatenzentrischer* Ansatz, bei dem jeder Kandidat nur dem Konzept zugeordnet wird, für das er den höchsten Ähnlichkeitsscore besitzt. Dadurch können einem Konzept mehrere Kandidaten zugeordnet werden. Die endgültige Zuordnung erfolgt in jedem Fall durch den Experten innerhalb der Wartungs-App.

Eine experimentelle Umsetzung für die Industriedatenquelle aus Kapitel 6 erfolgte in Teilen in einer Masterarbeit (Estel, 2015), die im Rahmen der Dissertationsforschung konzipiert und betreut wurde. In der Arbeit wurden die Schritte Kandidatenauswahl und Kandidatenbewertung betrachtet und mit verschiedenen Ausgangsdatenquellen und verschiedenen distributionalen Methoden implementiert. Für das Anwendungsbeispiel zeigte sich dabei, dass mit den verwendeten Daten und Methoden nur sehr wenige sinnvolle Synonymvorschläge generiert werden konnten. Ein wesentlicher Grund ist dabei die durchwachsene Datenqualität der Industriedatenquelle (siehe Kapitel 6.2).

7.3.5 Bewertung

Für die Wartung semantischer Ressourcen am Anwendungsbeispiel der Automotive Taxonomy wurde ein Prozess definiert, der es ermöglicht, diese Wartung IT-gestützt ins Tagesgeschäft einzugliedern und Expertenwissen optimal zu integrieren. Die Architektur orientiert sich dabei in ihren Grundfunktionen am ursprünglichen Taxonomieeditor, bietet jedoch umfangreiche neue Funktionen: Sie erlaubt das gleichzeitige Editieren durch mehrere Nutzer, das Importieren und Exportieren der Ressource in verschiedenen Datenformaten, ist mobil verfügbar und hat im Vergleich zum Taxonomieeditor erweiterte Suchfunktionen (ID-Suche, Mehrsprachensuche). Darüber hinaus unterstützt sie die neu entwickelte Funktion Taxonomieerweiterung mittels hinterlegter Vorschläge für Konzepte oder Synonyme, welche für eine dauerhafte Verwendung der semantischen Ressource unerlässlich ist. Es ist prinzipiell vorgesehen, einen Teil dieser Vorschläge datengetrieben automatisch zu generieren.

Insgesamt stellen die Wartungsarchitektur und Taxonomiewartungs-App damit einen wichtigen Beitrag zur Erhaltung und Pflege semantischer Ressourcen dar, welche wiederum für die dauerhafte und erfolgreiche Nutzung domänenspezifischer Analytics auf unstrukturierten Daten von großer Bedeutung sind.

7.4 Erreichte Forschungsziele und Verortung in ApPLAUDING

Im Folgenden wird der Beitrag der Forschung aus diesem Kapitel zur Erreichung der übergeordneten Forschungsziele zusammengefasst (Abschnitt 7.4.1) und das Erarbeitete in der ApPLAUDING-Architektur verortet (Abschnitt 7.4.2).

7.4.1 Erreichte Forschungsziele

Die in diesem Kapitel bearbeiteten Themen wirken unterstützend für alle drei Forschungsziele. Die semantischen Ressourcen, die es zu warten und zu pflegen gilt, sind für FZ_1, die Unterstützung manueller Datenanalysearbeit auf unstrukturierten Textdaten, sehr wichtig, da mit ihrer Hilfe Informationen aus Texten extrahiert werden können, die für wertschöpfende Analytics-Aufgaben notwendig sind. Auch die Wartung einer semantischen Ressource selbst ist eine manuelle Analytics-Aufgabe für menschliche Experten, die mit der vorgestellten Wartungsarchitektur unterstützt wird.

Für FZ_2, die produktlebenszyklusübergreifenden Analyseszenarien, sind domänenspezifische semantische Ressourcen ebenfalls wichtig. Unstrukturierte Daten aus verschiedenen Quellen rund um den Produktlebenszyklus, aber aus der gleichen Fachdomäne, können nur durch domänenspezifische Text Analytics vergleichbar gemacht werden. Damit die Extraktion von domänenspezifischen Informationen aus sehr unterschiedlichen Quellen gut funktioniert, müssen die semantischen Ressourcen, die dafür verwendet werden, von hoher Qualität sein.

Auch für die Integration von Daten und Dingen in der Smarten Fabrik und somit für Forschungsziel FZ_3, die Unterstützung des Menschen in diesem Umfeld, sind semantische Ressourcen zur Informationsextraktion aus Texten bedeutsam.

7.4.2 Verortung in ApPLAUDING

Die Pflege und Wartung domänenspezifischer semantischer Ressourcen betrifft innerhalb der ApPLAUDING-Architektur die Kern-Analytics-Schicht, in welcher die domänenspezifischen Ressourcen angesiedelt sind. Sofern unstrukturierte Daten zur automatischen Erweiterung einer semantischen Ressource genutzt werden, handelt es sich auch um einen Fall von Datenintegration, der wie andere Integrationsaufgaben auch die generischen Text-Analytics-Funktionalitäten des Unstrukturierten ETL nutzt. Die Unterstützung von Experten, welche eine Ressource teilweise manuell pflegen, ist ein wertschöpfendes Analytics-Verfahren: Es wird dabei implizites menschliches Wissen erschlossen und in eine Form gebracht, in der es für eine große Bandbreite an Analytics-Anwendungen genutzt werden kann. Die hohe Qualität von domänenspezifischen Ressourcen ist Grundlage und Voraussetzung für die reibungslose Durchführung anderer wertschöpfender Analytics-Tasks.

7.5 Weiterführende Forschung

Es hat sich gezeigt, dass die Wartung und Erweiterung von domänenspezifischen semantischen Ressourcen ein sehr weiter und sehr lohnender, aber auch durch viele Herausforderungen geprägter Themenbereich ist. Zur Unterstützung von Experten bei der manuellen Wartung einer Taxonomie konnte eine Architektur entwickelt und ein Prototyp implementiert werden, der voll funktionsfähig ist und den Wartungsprozess unterstützt und vereinfacht. Für die Wartungs-App kann noch untersucht werden, inwieweit ein Offline-Modus nötig und möglich ist, und der Export und Import von Taxonomien kann noch für weitere Datenformate implementiert werden. Konkrete Methoden zur automatischen, datengetriebenen Erschließung von neuen Konzeptbezeichnungen und Synonymen können ebenfalls eingehender erforscht werden.

Kapitel 8

PLCA: Lebenszyklusübergreifende Anwendungsfälle

Nachdem in Kapitel 6 ein Analytics-Anwendungsfall mit Textdaten aus einer Lebenszyklusphase betrachtet wurde, geht es in diesem Kapitel nun um lebenszyklusübergreifende Anwendungsfälle. Damit liegt nach einer eingehenden Untersuchung der Methoden zu Text Analytics auf Industriedaten in den Kapiteln 6 und 7 der Fokus nun auf Product Life Cycle Analytics im eigentlichen Sinne. Die Anwendungsfälle stammen ebenfalls aus dem Kontext Qualitätsdaten in der Automobilbranche und werden im Rahmen von Machbarkeitsstudien betrachtet. Im Sinne der Modularität von PLCA werden dabei Methoden und Werkzeuge wiederverwendet, die bereits in Kapitel 6 und 7 zum Einsatz kamen.

In Abschnitt 8.1 wird die Ausgangssituation im Kontext Qualitätsdaten beim Industriepartner analysiert. In Abschnitt 8.2 wird das Konzept PLCA auf den konkreten Anwendungskontext Produktqualität in der Automobilbranche bezogen, und es werden Analytics-Strategien zum lebenszyklusübergreifenden Vergleich unterschiedlicher Textdatenquellen vorgestellt. Darauf folgt in Abschnitt 8.3 die Beschreibung verschiedener Implementierungen in Form von Machbarkeitsstudien. In Abschnitt 8.4 werden die erreichten Forschungsziele zusammengefasst und in ApPLAUDING verortet, und in Abschnitt 8.5 wird weiterführende Forschung präsentiert.

8.1 Situationsanalyse

In historisch gewachsenen Systemlandschaften gibt es häufig viele unterschiedliche Softwaresysteme. Diese unterscheiden sich typischerweise stark in ihrer Struktur, abhängig von ihrer Aufgabe, der Lebenszyklusphase und zum Teil auch der darin betreuten Produktsparte. Meist werden Daten aus den unterschiedlichen Systemen nicht miteinander integriert oder verglichen. Abbildung 8.1 zeigt beispielhaft eine solche nach und nach gewachsene Systemlandschaft für den Anwendungsfall Qualitätsmanagement in der Automobilbranche. Wie man sieht, gibt es in jeder Lebenszyklusphase und für verschiedene Aufgaben eigene Systeme und eigene Datenbanken. Es handelt sich in den meisten Fällen um strukturierte tabellarische Daten, die allerdings unstrukturierte Textanteile innerhalb einzelner Felder haben (in der Abbildung durch Papier-Icons angedeutet). Eines dieser Systeme kann zum Beispiel das Qualitätsbefundungssystem aus Kapitel 6 sein; in der Abbildung entspricht es dem System für „Fehleranalyse und -abstellung Feld“. Über die Analysen im Tagesgeschäft hinaus können in dieser Systemlandschaft nur mit hohem Aufwand weiterführende Datenanalysen stattfinden, gerade auch unter Einbeziehung mehrerer Datenquellen.

Da es sich bei den wesentlichen Inhalten der Qualitätsdaten um Texte handelt, die wenn überhaupt nach unterschiedlichen Klassifikationsschemata klassifiziert werden, ist ein Vergleich nicht ohne Weiteres möglich, sondern erfordert vorangehende Text Analytics zur Erschließung vergleichbarer Inhalte. Diese finden heutzutage kaum oder gar nicht statt. Der Vergleich unterschiedlicher Datenquellen rund um den Produktlebenszyklus ist aber für die Verbesserung von Produkten und Prozessen sehr wichtig (siehe Kapitel 1.1 und das Anwendungsszenario in Kapitel 3.1). Auch für die Einschätzung der eigenen Wettbewerbsfähigkeit kann Text Analytics genutzt werden: Nur durch lebenszyklusübergreifende Analysen ist es möglich, markenspezifische Schwächen oder positive Alleinstellungsmerkmale zu betrachten. Deswegen besteht hier ein Handlungsbedarf hin zu mehr Datenintegration und Analytics auch auf unstrukturierten Textdaten.

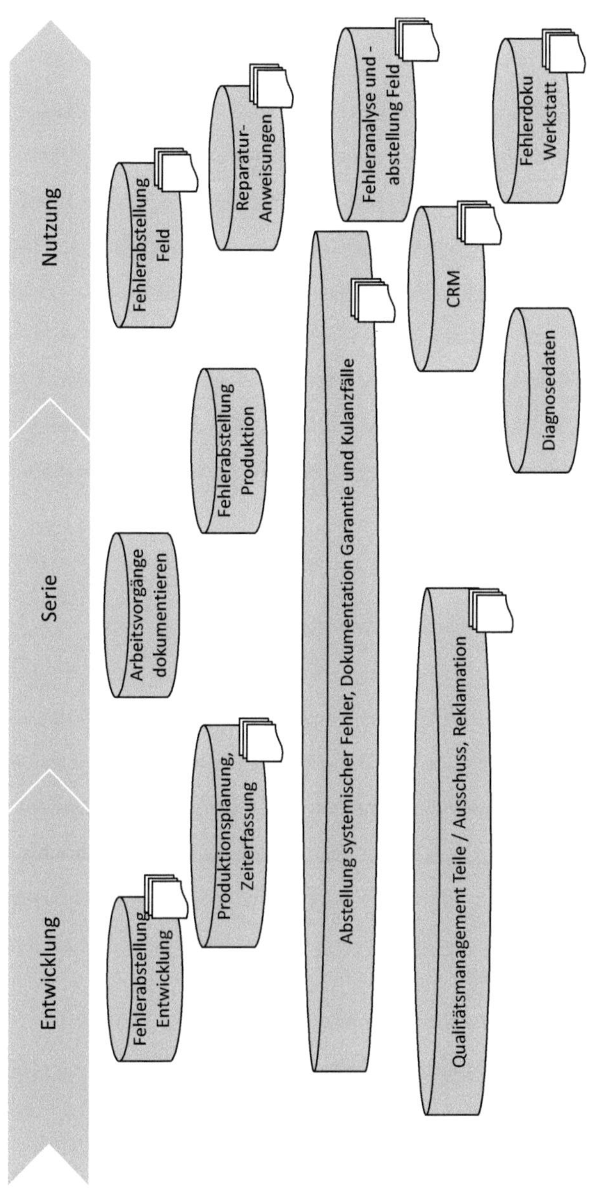

Abbildung 8.1: Historisch gewachsene Systemlandschaft für strukturierte und unstrukturierte Qualitätsdaten im Produktlebenszyklus; Fiktion für das Beispiel eines Automobil-OEM

8.2 Lebenszyklusübergreifender Qualitätsdatenvergleich

Für das Anwendungsgebiet Qualitätsdaten wird durch PLCA mit den bisher erprobten Text-Analytics-Methoden ein Rundumblick auf die Qualität möglich. Verschiedene Ziele können dabei verfolgt werden: so können Häufungen ähnlicher Fehler in verschiedenen Phasen des Produktlebenszyklus festgestellt, Korrelationen zwischen Problemen über den Lebenszyklus einer Baureihe gefunden oder mögliche Fehlerursachen aus einer früheren Lebenszyklusphase identifiziert werden. Dazu wird Text Analytics eingesetzt, um unstrukturierte Daten zu strukturieren und dadurch vergleichbar zu machen. Im Folgenden werden die verwendeten Datenquellen und einige damit mögliche Anwendungsfälle vorgestellt (Abschnitt 8.2.1) sowie drei wesentliche Strategien zum Herstellen einer Vergleichbarkeit zwischen Textdatenquellen präsentiert (Abschnitt 8.2.2).

8.2.1 Beispielquellen und Anwendungsfälle

In diesem Abschnitt werden mehrere wertschöpfende Anwendungsfälle für lebenszyklusübergreifende Analysen auf Qualitätsdaten im Kontext Automobilindustrie vorgestellt. Dabei stehen die Lebenszyklusphasen Entwicklung und Nutzung (Aftersales) im Fokus, da zwischen diesen Phasen ein besonders hohes Potenzial für neue Erkenntnisse zur Verbesserung der Produktqualität existiert und die Verfügbarkeit interessanter Daten mit unstrukturiertem Textanteil aus OEM-Quellen und externen Quellen gerade für diese Phasen besonders hoch ist.

Als Beispielquellen für die Machbarkeitsstudien wie auch für die Definition der Anwendungsfälle werden in den nächsten Abschnitten drei Quellen verwendet:

1. *Datenbank A* – die Aftersales-Qualitätsdatenbank, deren Daten bereits in Kapitel 6 Gegenstand von Text Analytics waren
2. *Datenbank E* – eine Datenbank aus der Entwicklung, in die beim selben OEM Berichte von Problemen aus Testfahrten mit Fahrzeugprototypen eingepflegt werden

3. *Datenbank N* – die Beschwerdedatenbank der National Highway Traffic Safety Administration (NHTSA), in der Berichte über Unfälle oder Fehlfunktionen an Fahrzeugen aus dem gesamten US-amerikanischen Markt gesammelt werden (NHTSA, 2014).

Der Ausschnitt der *Datenbank A*, der für die Machbarkeitsstudie verwendet wurde, enthält Datensätze zu 7500 Schadteilen und ist feingranular nach betroffenem Bauteil und Fehlerbild klassifiziert. Die Beschreibung des Fehlerbildes, die mit dem Fehlercode assoziiert ist, beinhaltet oft auch die Fehlerursache. Ein Datenpunkt entspricht einem Bauteil. Die Textberichte sind hauptsächlich in Englisch und Deutsch, teilweise aber auch in anderen Sprachen verfasst. Zu einer ausführlichen Charakterisierung der Daten aus Quelle A sei auf Kapitel 6.2 verwiesen.

Der Ausschnitt der *Datenbank E*, der für die Machbarkeitsstudie verwendet wurde, enthält knapp über 1100 Datensätze, von denen jeder einem einzelnen aufgetretenen Fehlersymptom während einer Testfahrt entspricht. Informationen über Fehlerbeschreibung und betroffene Komponente werden in einem Fragebogen eingetragen, der in seiner Gesamtheit als Textfeld gespeichert wird. Außerdem sind strukturierte Felder zu Fahrzeugmodell, Datum der Testfahrt und anderen Punkten vorhanden. Eine strukturierte Klassifikation findet jedoch nur rudimentär in Form einer Bewertung statt, welche die weitere Fehlerbehandlung bestimmt. Kategorien dieser Klassifikation sind z.B. „in Ordnung“ oder „Nochmals testen“; insgesamt gibt es neun Klassen. Die Daten stammen aus einem Zeitraum von etwa neun Monaten und betreffen je eine Baureihe von zwei unterschiedlichen Fahrzeugmodellen.

Die *Datenbank N* enthält insgesamt über 1 Million Datensätze, von denen jeder einem Bericht über ein problematisches Ereignis entspricht, z.B. über einen Unfall oder eine Fahrzeugbeschädigung. Verschiedenste OEMs und Fahrzeugmodelle sind vertreten, eine Angabe zur Baureihe gibt es allerdings nicht. Eine Klassifikation erfolgt nur sehr informell nach der fehlerhaften Komponente, die manuell in ein Freitextfeld eingetragen wird. Außerdem ist Information darüber verfügbar, wieviele Verletzte oder Tote das Ereignis zur Folge hatte. Abbildung 8.2 zeigt einen Ausschnitt der Daten aus Quelle N zu einem Fehlerbericht. Für die Machbarkeitsstudien wurden die Daten auf die Jahre 2013 und 2014 eingeschränkt, das ergibt ca. 137000 Datensätze.

ID	2
Manufacturer	Ford Motor Company
Make	LINCOLN
Model	TOWN CAR
Year	1994
Crash?	Yes
Faildate	22.12.1994
Injured	0
Deaths	0
Component	SERVICE BRAKES, HYDRAULIC:PEDALS AND LINKAGES
Report	BRAKE PEDAL PUSH ROD RETAINER WAS NOT PROPERLY INSTALLED, CAUSING BRAKES TO FAIL, RESULTING IN AN ACCIDENT AFTER RECALL REPAIRS (94V-129).

Abbildung 8.2: Datenbeispiel aus Datenquelle N – Ausschnitt aus einem NHTSA-Fehlerbericht (NHTSA, 2014)

Am Beispiel dieser oder ähnlicher Datenquellen sind mithilfe von Text Analytics folgende verschiedenen wertschöpfenden Anwendungsfälle möglich:

1. Die *Verteilung von Fehlerbildern* kann insgesamt über den Produktlebenszyklus hinweg verglichen werden. Zielgruppe dieses Anwendungsfalls ist das Konzernmanagement, das dadurch einen Gesamtüberblick über die aufgetretenen Fehlerbilder gewinnt. Auf Basis dieses Gesamtüberblicks können Warnsignale erkannt und Entscheidungen darüber getroffen werden, in welchen Phasen des Lebenszyklus Investitionen ins Qualitätsmanagement priorisiert werden sollten, um Fehler so früh und wirksam wie möglich abzustellen.
2. Die Verteilung von Aftersales-Fehlern der eigenen Marken und Modelle kann *mit denen anderer OEMs verglichen* werden, indem z.B. eine interne Aftersales-Qualitätsdatenbank und eine externe Unfalldokumentationsdatenbank, wie eben Datenbank A und Datenbank N, gegenübergestellt werden. Somit kann erkannt werden, welche Fehler bei eigenen Fahrzeugen im Vergleich zu den Fahrzeugen anderer Hersteller besonders häufig auftreten, und damit ein Wettbewerbsnachteil bemerkt und korrigiert werden. Auch Unterschiede zwischen verschiedenen Märkten, z.B. Europa und USA oder China, können festgestellt und als Startpunkt für Ursachenanalysen und marktspezifische Korrekturentwicklungen genutzt werden. Für diesen Anwendungsfall ist die Zielgruppe der Analyse wiederum das Konzernmanagement.

3. Die *Fehlerabstellung*, die in der Entwicklung an Prototypen erfolgt (z.B. dokumentiert durch Datenbank E), kann *auf ihre Wirksamkeit überprüft* werden: Findet man Fehler, die bereits in der Entwicklung abgestellt wurden, in bedeutender Menge in der Aftersales-Qualitätsprüfung für dieselbe Baureihe, so ist das ein Hinweis darauf, dass die Fehlerabstellung in der Entwicklung nicht optimal gearbeitet hat und überprüft werden sollte. Die Zielgruppe für diese Erkenntnis ist das Management der Entwicklungsabteilungen.
4. Umgekehrt können *häufig auftretende Fehler aus der Aftersales-Qualitätsprüfung* erkannt werden, die in der Entwicklung dieser Baureihe nicht aufgefallen sind. Falls dies daran liegt, dass es für diese Probleme bisher in der Entwicklung keine Fehlerabstellprüfungen gibt, können diese neu erarbeitet werden. Zielgruppe für diese Erkenntnis sind beispielsweise die Entwicklungsingenieure, die Ablaufpläne für Testfahrten und Belastungstestmethoden entwickeln.
5. Die Aftersales-Qualitätsanalyse beinhaltet eine detaillierte *Ursachenermittlung für Schadteile*. Bei der Nachfolgebaureihe oder Nachfolgebauteilen können diese Ursachen genützt werden, um bei wieder auftretenden Fehlern eine *schnellere Fehlerabstellung* zu erreichen. Dazu müssen beschriebene Fehlerbilder aus zwei verschiedenen Datenquellen automatisch verglichen werden. Zielgruppe einer solchen Analyse sind die Tester und Mechaniker in der Entwicklung, die nach den Ursachen beobachteter Fehler suchen.
6. Information über den Schweregrad von Fehlern aus einer Quelle, z.B. der Datenbank N mit den Zahlen zu Verletzten und Toten, können genutzt werden, um *sicherheitsrelevante Fehler* in anderen Quellen *zu identifizieren* und beim Auftreten ähnlicher Fehler in Entwicklung und Aftersales eine Frühwarnung zu geben. Mögliche Zielgruppen sind sowohl Tester und Befunder als auch Management in Entwicklung und Aftersales.

Dies sind Beispiele für wertschöpfende Anwendungsfälle, die sich anhand der Beispieldatenquellen für die lebenszyklusübergreifende Datenanalyse zwischen Entwicklungs- und Nutzungsphase ergeben. Sie werden im Folgenden genutzt, um die Machbarkeit verschiedener Strategien zum Datenvergleich zu untersuchen.

8.2.2 Strategien für Datenvergleiche

Es gibt mit Blick auf die aktuelle Datensituation drei Strategien, um die unstrukturierten Daten aus den Qualitätssystemen vergleichbar zu machen. Zwei davon nutzen die bereits vorhandenen internen Strukturierungssysteme, mit denen unstrukturierte Daten klassifiziert werden. Im Anwendungskontext Qualität sind das die Fehlercodes, die Bauteilen oder Fehlersymptomen an verschiedenen Stellen im Produktlebenszyklus zugewiesen werden.

Die erste Strategie, die *automatische Klassifikation von Textdaten*, baut auf die automatisierte Zuweisung von Fehlercodes für eine Datenquelle auf, die in Kapitel 6 entwickelt wurde. Das auf einer Quelle trainierte Klassifikatormodell kann auch auf eine andere Datenquelle angewendet werden. Dadurch erhält diese Quelle Fehlercodes nach dem gleichen Schema wie die erste, und Häufungen oder Verteilungen von Fehlercodes können verglichen werden.

Die zweite Strategie *rechnet verschiedene Klassifikationssysteme ineinander um*. Auch hier spielt Text Analytics eine Rolle, denn die unterschiedlichen Fehlercodesysteme haben gemeinsam, dass jeder Fehlercode eine Textbeschreibung besitzt. Die Inhalte dieser Textbeschreibungen können analytisch erschlossen und für Ähnlichkeitsberechnungen zwischen den Codes unterschiedlicher Systeme genutzt werden.

Die dritte Strategie greift statt auf Strukturierungssysteme direkt auf die betrachteten Texte zu. *Inhalte*, also zum Beispiel Begriffe, Aussagen oder häufige Wörter, können *aus den Texten extrahiert und verglichen* werden. Dabei können, gerade für interne Quellen, auch domänenspezifische industrieinterne semantische Ressourcen zum Einsatz kommen.

Abbildung 8.3 veranschaulicht die drei Strategien in Bezug auf die ausgewählten Datenquellen aus dem Anwendungsfall.

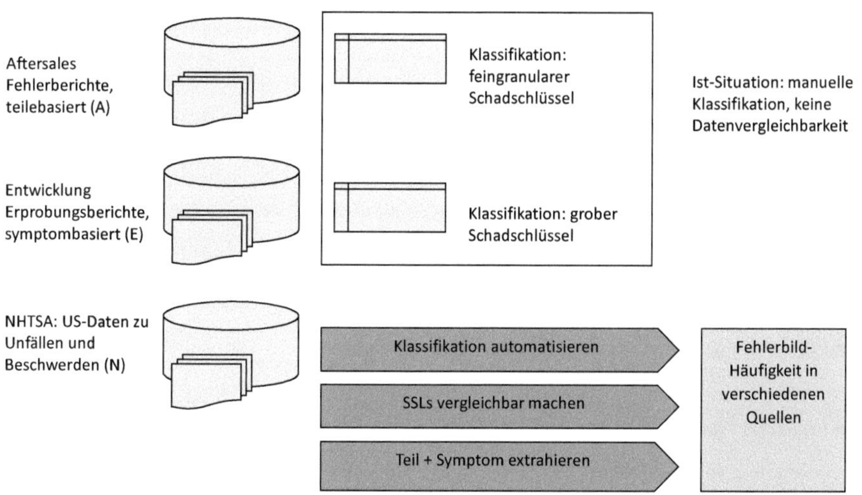

Abbildung 8.3: Strategien für die Vergleichbarkeit unterschiedlicher unstrukturierter Datenquellen rund um den Produktlebenszyklus

8.3 Machbarkeitsstudien

Jede der drei präsentierten Strategien zur Vergleichbarmachung von unstrukturierten Qualitätsberichten wird im Folgenden auf Machbarkeit überprüft. Dafür werden die Strategien zum Vergleich mehrerer Datenquellen verwendet und im Kontext der Anwendungsfälle aus Abschnitt 8.2.1 qualitativ bewertet.

8.3.1 Lebenszyklusübergreifende automatische Klassifizierung

Die automatische Klassifizierung von Textdaten aus einer Quelle mit einem Klassifikator, der auf einer anderen Quelle trainiert wurde, ist als Teil der QUEST-App und des Quality Analytics Toolkit implementiert und in Kassner u. Mitschang (2016) publiziert worden. Dabei werden als Quellen die *Datenbank A* und die *Datenbank N* verwendet. Auf Datenbank A wird ein kNN-Klassifikator mit Bag-of-Concepts-Konfiguration und Jaccard-Ähnlichkeit trainiert wie in Kapitel 6 beschrieben. Bag-of-Concepts wird hier verwendet, da Datenbank A Texte in verschiedenen Sprachen (vor allem Deutsch und Englisch) und Datenbank N nur englische Texte enthält. Ein Bag-of-Words-Klassifikator wäre deswegen nicht zielführend, Bag-of-Concepts ist dagegen sprachunabhängig. Das trainierte Modell des Klassifikators wird auf Datenbank N angewendet. Ein Fehlerbericht aus N wird wie in Kapitel 6.3.2 vorverarbeitet und dann mit der Wissensbasis des Klassifikatormodells verglichen. Aus der Liste der vorgeschlagenen Fehlercodes wird der erste ausgewählt und diesem Datenpunkt zugewiesen. Somit erhält man für die gesamte Datenquelle N eine Klassifizierung mit dem Fehlercodeschema aus Datenquelle A.

Nachdem diese Klassifizierung erfolgt ist, kann ein Vergleich beider Datenquellen im Rahmen von Anwendungsfall 4 erfolgen. Die Datenquelle N stammt aus den USA und enthält Daten zu Fahrzeugen diverser OEMs. Die Datenquelle A stammt größtenteils aus Deutschland und enthält Daten zu Fahrzeugen eines einzelnen OEMs. Wenn in der Datenquelle A bestimmte Fehlercodes sehr viel häufiger vertreten sind als in der Datenquelle N, weist dies also auf eine markenspezifische Schwäche hin.

Dieser Datenvergleich wird in der QUEST-App (siehe Kapitel 6.4) in einer eigenen Ansicht implementiert. Hier ist die Verteilung der häufigsten Fehlercodes in jeder der beiden Quellen als Kreisdiagramm zu sehen. Die Anzahl der angezeigten Fehlercodes kann in der App eingestellt werden, ebenso kann der Betracher auswählen, ob die übrigen Fehlercodes in eine Gesamtkategorie zusammengefasst als Segment des Kreisdiagramms dargestellt werden. Abbildung 8.4 zeigt ein Mockup der Nutzeroberfläche für den Datenvergleich.

Der Anwendungsfall des markt- und markenübergreifenden Vergleichs von Fehlerbildern, in dieser Variante repräsentiert durch Fehlercodes, ist neuartig. Er stößt beim OEM auf großes Interesse und die prototypische Implementierung wird positiv aufgenommen.

Die Methode muss allerdings zumindest in der konkreten Implementierung als nicht optimal ausgereift bewertet werden: Erstens kann die Genauigkeit des Klassifikators auf der zusätzlichen Datenquelle (also im Anwendungsbeispiel Datenbank N) nicht automatisch evaluiert werden,

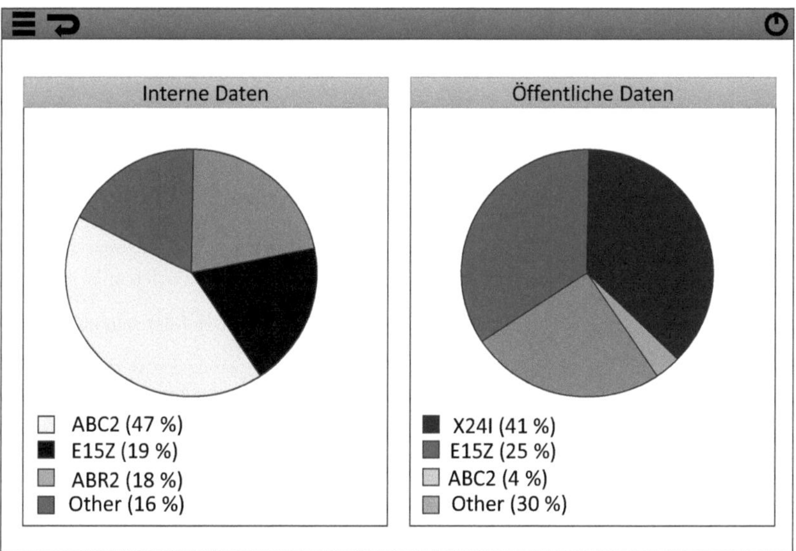

Abbildung 8.4: Datenvergleich interner Qualitätsdaten mit einer öffentlichen Datenquelle auf Basis automatischer Klassifizierung in Anlehnung an Kassner u. Mitschang (2016)

da diese Datenquelle ja bisher nicht nach dem Schema der Trainingsdatenquelle klassifiziert wird. Zweitens legt eine manuelle Kontrolle einzelner Berichte und der zugewiesenen Fehlercodes für die bearbeiteten Daten nahe, dass die Klassifikationsgenauigkeit in diesem konkreten Anwendungsbeispiel sehr gering ist.

Verbesserungen können durch eine veränderte Auswahl der Attribute für Training und Anwendung des Klassifikators erzielt werden oder durch die Änderung des Klassifikationsalgorithmus. Auch kann man einen Ausschnitt aus Datenquelle N manuell mit Fehlercodes aus dem Fehlercodeschema von Quelle A annotieren, um Trainingsdaten für die Quelle N zu schaffen.

8.3.2 Fehlercodeumrechnung

Für die Strategie der Umrechnung von einem Fehlercodeschema zu einem anderen wird kein konkreter Anwendungsfall bearbeitet, da von den verfügbaren Datenquellen nur eine, nämlich

Datenbank A, mit einem detaillierten Fehlercode klassifiziert wird. Stattdessen wird ein anderes typisches OEM-internes Fehlercodeschema herangezogen. Es ist im Vergleich zum Schema aus Quelle A deutlich weniger feingranular und kommt in verschiedenen Datenquellen in der Entwicklung und Produktion zum Einsatz. Im Folgenden werden die beiden Schemata als *Code A (Aftersales)* und *Code B (Entwicklung und Produktion)* bezeichnet.

Abbildung 8.5 zeigt die Struktur der beiden Schemata im Vergleich: Fehlercodes aus Schema A bestehen aus einem fünfstelligen Code für das betroffene Bauteil, gefolgt von einem vierstelligen Code für Lieferant und zwei jeweils vierstelligen Codes für Fehlerart und Fehlerunterart. In Kapitel 6 wird die Fehlerunterart dieses Fehlercodes automatisch zugewiesen. Fehlercodes aus Schema B bestehen ebenfalls aus einem fünfstelligen Code für das betroffene Bauteil sowie einem zweistelligen Code für die Fehlerart. Die Bauteilcodes stimmen zu großen Teilen überein. Die Aftersales-Fehlerart und -unterart aus Schema A sowie die Entwicklungsfehlerart aus Schema B unterscheiden sich jedoch stark. Diese Teile der Fehlercodes haben sich unabhängig voneinander entwickelt; die Aftersales-Fehlercodes treffen sehr viel detailliertere Unterscheidungen zwischen Fehlerbildern. Es ist daher sinnvoll, bei dem Versuch einer Abbildung aufeinander den detaillierteren Aftersales-Fehlercode in den weniger detaillierteren Entwicklungs- und Produktionsfehlercode umzurechnen.

In der Machbarkeitsstudie wird versucht, eine solche Umrechnung auf Basis der Fehlercodebezeichnungen zu bewerkstelligen. Im unteren Teil von Abbildung 8.5 ist die Grundidee zu sehen: Die Textbezeichnungen der Fehlercodes werden mit domänenspezifischen Bauteil- und Fehlerbegriffen annotiert, zum Beispiel mithilfe der Automotive Taxonomy aus Schierle u. Trabold (2009) (siehe Kapitel 7.2). Wenn in zwei Fehlercodebezeichnungen aus den unterschiedlichen Fehlercodeschemata die gleichen oder ähnliche Begriffe auftauchen, ist dies ein Hinweis auf eine mögliche Bedeutungsüberschneidung der zwei Fehlercodes, z.B. wenn die Bezeichnung des Aftersales-Fehlercodes das Wort „gekrümmt“ enthält und die Bezeichnung des Entwicklungsfehlercodes das Wort „verbogen“. Die Ähnlichkeit zwischen zwei Bezeichnungen kann dann anhand der gemeinsamen und unterschiedlichen domänenspezifischen Begriffe berechnet werden, nach dem gleichen Prinzip wie die Ähnlichkeit im kNN-Klassifikator aus Kapitel 6.

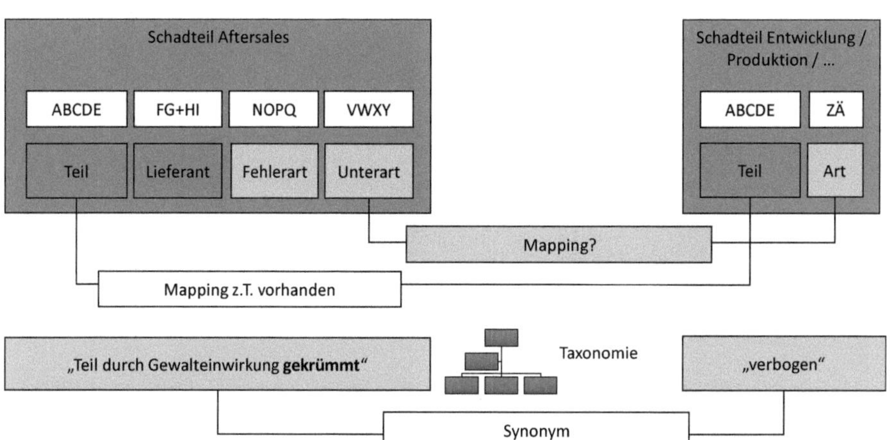

Abbildung 8.5: Datenvergleichbarkeit durch Umrechnen zwischen zwei unterschiedlichen Fehlercodesystemen

In der konkreten Umsetzung zur Prüfung der Machbarkeit werden Fehlercodebezeichnungen für die Fehlerart des Entwicklungscodes B und für die Fehlerunterart des Aftersales-Fehlercodes A mithilfe einer einfachen Apache UIMA-Pipeline annotiert. Dabei laufen nacheinander die Schritte Tokenisierung, Sprachidentifikation und Konzepterkennung mithilfe der Automotive Taxonomie ab. Schließlich werden die erkannten Bauteil- und Fehlerbezeichnungen extrahiert. Anhand der Bauteil- und Fehlerbezeichnungen als Attribute wird die Ähnlichkeit der Annotationen für alle möglichen Fehlercodepaare mittels Jaccard-Score berechnet. Die möglichen Zuordnungen von Fehlerunterarten des Aftersales-Schemas A zu jedem Fehlerart-Fehlercode des Entwicklungsschemas B werden absteigend nach dem Jaccard-Score sortiert und anschließend manuell gefiltert. Bei der qualitativen Bewertung wird geprüft, welche Formen von Bedeutungsüberschneidung durch die erkannten Konzepte und den Jaccard-Score zuverlässig als hoch eingestuft wurden.

Tabelle 8.1 zeigt einige gut passende Beispiele von Fehlercodezuordnungen. Deutlich wird hier, dass nicht nur identische Bezeichnungen (wie in 1 „falsche Ausführung"), sondern auch stark unterschiedliche Bezeichnungen („keine Anzeige" und „Display defekt" in 2) sowie Übersetzungen

Tabelle 8.1: Beispiele für passende Fehlercodezuordnungen

	Fehlerart Entwicklung	Fehlerunterart Aftersales
1	falsche Ausführung	CD/DVD Navigation – falsche Ausführung ab Werk
2	keine Anzeige	Display defekt
3	gebrochen	mount broken
4	durchgebrannt	Widerstandspanat ausgebrannt
5	Bläschen (Lack)	Bubbles under finish
6	vibriert	mech. Überlastung Vibration

(wie in 3 und 5) und Verb-Nomen-Varianten desselben Wortstamms („vibriert" vs. „Vibration" in 6) gut erkannt werden.

Schwierigkeiten gibt es dagegen zum Beispiel mit Negationen von Verben, die nicht richtig erkannt werden. Hier kann entweder eine tiefergehende syntaktische Analyse weiterhelfen oder das Anlegen von weiteren Konzepten in der Taxonomie, die Verb und Negation umfassen. Einige sehr generische Konzepte, z.B. „Fehler", „fehlt", „falsch" und „defekt" führen oft zu unzutreffend hohen Ähnlichkeitsbewertungen. Diese sehr generischen Konzepte kann man z.B. nur halb gewichten, um diese Schwäche auszugleichen. Das Konzept „aus", welches als Symptom in der Taxonomie vorliegt („ausgeschaltet" etc.), wird in der einfachen Analyse-Pipeline ohne wesentliche linguistische Vorverarbeitung viel zu oft erkannt, da auch die Präposition „aus" damit annotiert wird. Dies ließe sich durch konsequentes hochqualitatives Part-of-Speech-Tagging vermeiden.

Eine weitere Schwierigkeit ist, dass die Erwähnung von Komponenten in den Textbeschreibungen im Moment genauso gewichtet wird wie die Erwähnung von Symptomen, wodurch unterschiedliche Fehler, die aber dieselbe Komponente betreffen, einander versehentlich zugeordnet werden können.

Insgesamt ist noch sehr viel manuelles Filtern der Zuordnung notwendig. Prinzipiell ist der Ansatz, Fehlercodes anhand ihrer Beschreibungen aufeinander abzubilden, aber vielversprechend und zeigt einige gute Ergebnisse. Weitere Forschung ist lohnend, dabei sollte ein Fokus auf stärkerer linguistischer Vorverarbeitung und anderer Gewichtung der erkannten Bedeutungen liegen. Außerdem ist zu beachten, dass die stark unterschiedliche Granularität der Fehlercodes in unterschiedlichen Systemen immer zu einer gewissen Verzerrung der Abbildung führen wird. Es muss also im Einzelfall geprüft werden, ob die Abbildung zweier Fehlercodesysteme aufeinander sinnvoll ist.

8.3.3 Extraktion vergleichbarer Informationen aus Textdaten

Die Strategie der Extraktion vergleichbarer Informationen aus Textdaten ist flexibler einsetzbar als die anderen Strategien, da sie nicht von vorhandenen strukturierten Daten abhängt. Daher wird ihre Anwendbarkeit für eine größere Menge von Anwendungsfällen untersucht. Ein Überblick ist in Abbildung 8.7 zu sehen.

Als vergleichbare Informationen werden aus allen drei Datenquellen Fehlerbildbeschreibungen der Form *Bauteil ... Symptom* extrahiert. Die Bauteile und Symptome werden mithilfe der Automotive Taxonomy aus Schierle u. Trabold (2009) im Text erkannt. Der maximale Textabstand zwischen Bauteilbezeichnung und Symptombezeichnung wird heuristisch auf 50 Zeichen festgelegt. Auf eine tiefergehende syntaktische Analyse zur Relationsextraktion wurde aufgrund der durchwachsenen Datenqualität und des erheblichen zusätzlichen Implementierungsaufwandes bewusst verzichtet. Abbildung 8.6 zeigt die Vorverarbeitungsschritte: Tokenisierung, Sprachidentifikation, Konzepterkennung und Relationserkennung. Die extrahierten Relationen werden für jede Quelle in einer relationalen Tabelle abgespeichert, dabei gibt es einen Eintrag pro Datensatz und erkannter Relation. Das heißt, für einen Datenpunkt, in dessen Texten vier verschiedene Fehlerbilder erkannt wurden, gibt es in den angereicherten Daten vier Einträge. Bis auf die Relationserkennungs- und die Speicherkomponente werden nur Komponenten verwendet, die bereits aus den Kapiteln 6 und 7 bekannt sind.

Für die Bearbeitung der Anwendungsfälle werden Ergebnisse aus allen drei Datenquellen nach einem bestimmten Fahrzeugmodell gefiltert und die Quellen A und E zusätzlich nach der aktuellsten Baureihe (A) bzw. der gerade neu in Entwicklung befindlichen Nachfolgebaureihe (E).

Abbildung 8.7 gibt einen Überblick über die Anwendungsfälle, deren Machbarkeit beispielhaft an diesen Datenquellen überprüft wird. Je nach Anwendungsfall werden nach der Anreicherung

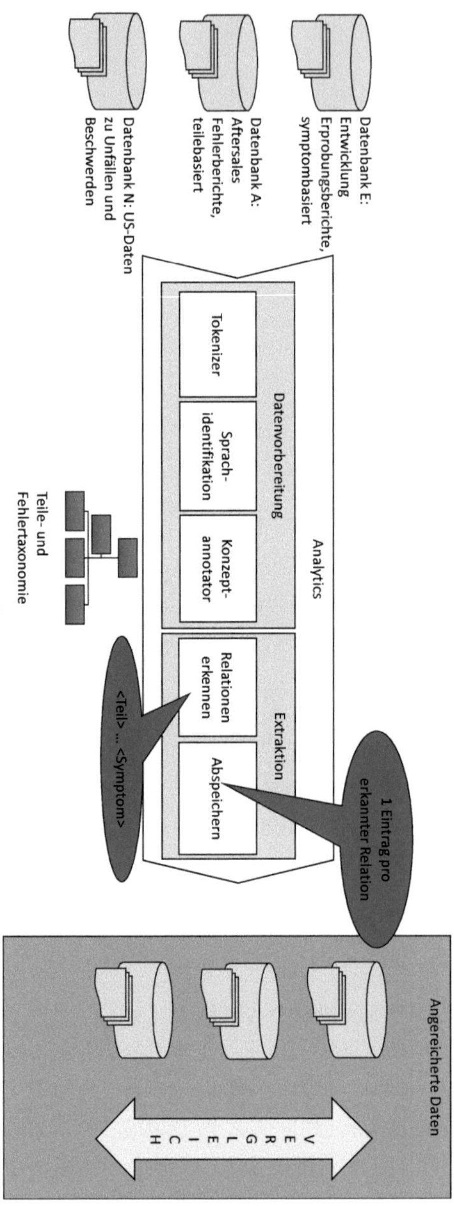

Abbildung 8.6: Vorverarbeitung der drei Beispieldatenquellen aus verschiedenen Phasen des Produktlebenszyklus zur Extraktion domänenspezifischer Relationen

mit Fehlerbildern unterschiedliche Schritte unternommen. Im Gegensatz zur Vorverarbeitung, die in Java als Apache UIMA-Pipeline implementiert wurde, werden die weiteren Schritte teils mittels Tabellenkalkulation, teils mit der Statistiksprache R durchgeführt.

Bei der ersten Gruppe von Anwendungsfällen geht es um allgemeine Fehlerbildvergleiche rund um den Produktlebenszyklus. Hierfür werden aus jeder Datenquelle die 5 am häufigsten erwähnten Bauteile und die 10 am häufigsten erwähnten Symptome ermittelt und deren Häufigkeiten in einem Blasendiagramm dargestellt. Die Häufigkeiten werden normalisiert nach der Größe der Datenbanken. Abbildung 8.8 zeigt ein an Echtdaten orientiertes, teilweise anonymisiertes Mockup eines solchen Blasendiagramms. Für *Anwendungsfall 1*, die Betrachtung der Verteilung von Fehlerbildern an sich, genügt dieses Diagramm bereits. Zum Beispiel kann man feststellen, dass Fehlerbilder mit den Bauteile „motor“ einerseits und dem Symptom „shakes“ andererseits sowohl in der Entwicklung als auch im Aftersales vorkommen, allerdings im Aftersales häufiger sind.

Außerdem bietet das Blasendiagramm einen Ausgangspunkt für die Kontrolle der erfolgreichen Fehlerabstellung in der Entwicklung (*Anwendungsfall 2*) und für die Prüfung von Aftersales-Fehlern auf früheres Abstellungspotenzial (*Anwendungsfall 3*). Zum Beispiel sind mehrere Probleme mit dem Injektor in den Texten aus der Aftersales-Quelle A häufig explizit erwähnt worden, die in den Texten der Entwicklungsquelle nicht auftauchen – diese sollten also in der Entwicklung genauer geprüft werden (*Anwendungsfall 3*). Schwierigkeiten mit quietschenden Bremsen sind dagegen nur in der Entwicklungsquelle E prominent erwähnt, wurden also vermutlich erfolgreich abgestellt (*Anwendungsfall 2*).

Beim Betrachten der Daten aus Quelle N zeigt sich, dass die Fehlerverteilung hier ganz andere Schwerpunkte hat: hier sind vor allem Probleme mit dem Tank auffällig. Dies ist ebenfalls ein Ausgangspunkt für den *Anwendungsfall 4*, den Fehlervergleich mit anderen Märkten und Marken.

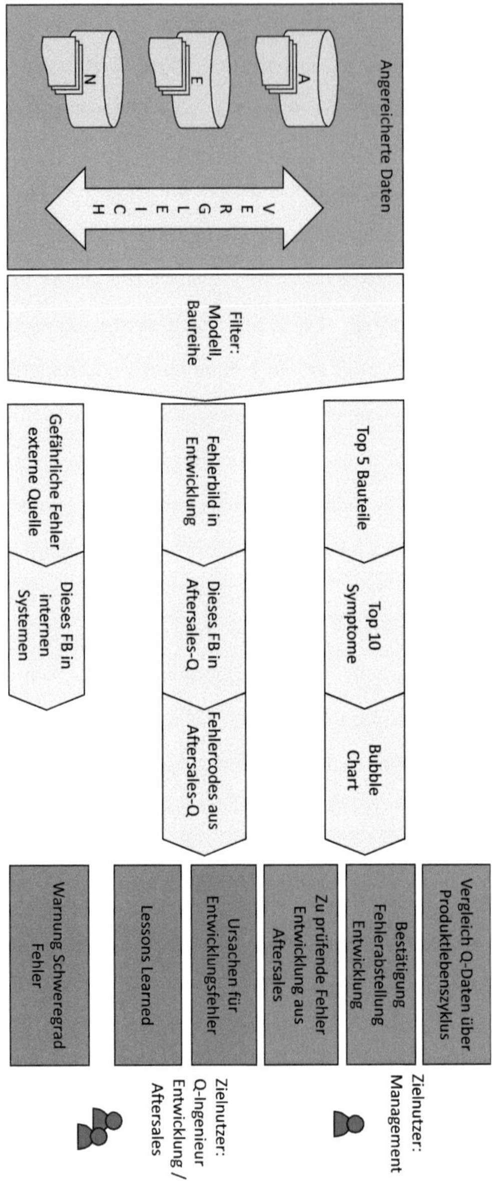

Abbildung 8.7: Anwendungsfälle für den durch Text Analytics gestützten Vergleich vorkommender Fehlerbilder zwischen drei Beispieldatenquellen aus verschiedenen Phasen des Produktlebenszyklus

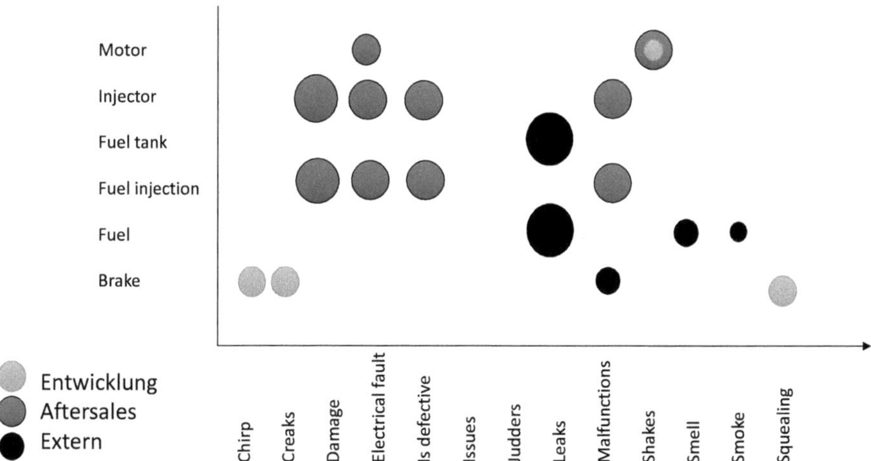

Abbildung 8.8: Teilanonymisiertes Mockup eines Blasendiagramms zu häufigen Fehlerbildern in verschiedenen Quellen

Für den Anwendungsfall 5, das Lernen aus Aftersales-Fehlerursachen für die neue Baureihe, werden die angereicherten Daten wiederum anders aufbereitet. Zunächst wird aus Datenbank E ein konkretes Fehlerbild in den Entwicklungsdaten der neuen Baureihe ausgewählt. Für die Machbarkeitsstudie sind das die bereits aufgefallenen Motorprobleme mit Bauteil „motor“ und Symptom „shakes“ oder ähnlich lautenden Symptomen wie „bounces“, „jumps“, „rough“ oder „skips“. Als nächstes werden aus den Aftersales-Daten der vorigen Baureihe alle Datensätze extrahiert, deren Textberichte dieses Fehlerbild ebenfalls erwähnen. Die Fehlercodes, mit denen diese Datensätze klassifiziert wurden, werden isoliert. Da es eine große Menge an Metafehlercodes zu Fällen ohne klare Ursache (englisch: „No trouble found“) oder Fällen mit Kundenverschulden gibt, werden die isolierten Fehlercodes nochmals gefiltert. Die verbleibenden Fehlercodes werden nach Häufigkeit sortiert. Abbildung 8.9 stellt das Vorgehen schematisch dar. Da die Fehlercodes eine detaillierte Textbeschreibung zur Fehlerursache besitzen und zudem nach betroffenen Bauteilen feingranular aufgegliedert werden können, lassen sich aus dieser Liste mögliche Ursachen für die in der Entwicklung beobachteten Fehler ableiten, jedenfalls für Komponenten, die Weiterentwicklungen der Komponenten aus der vorigen Baureihe darstellen.

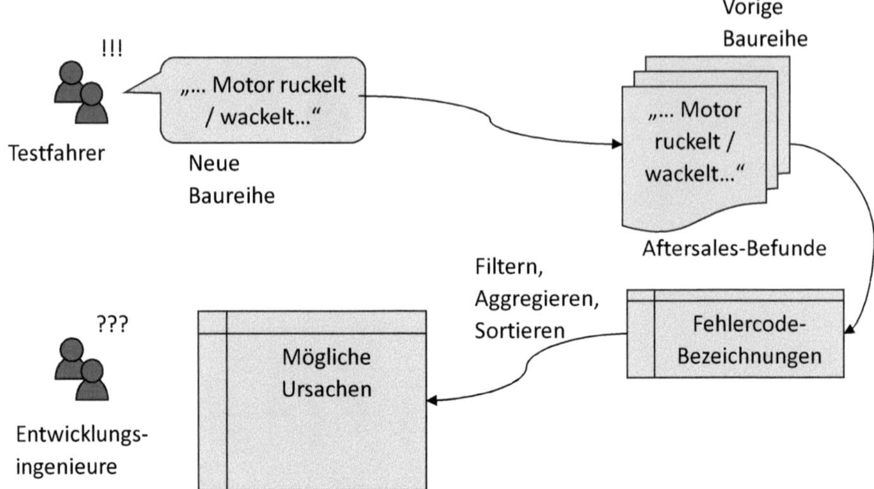

Abbildung 8.9: Ursachenforschung in der Entwicklung auf Basis von Aftersales-Daten

Tatsächlich zeigen sich in den vorliegenden Datenausschnitten interessante mögliche Ursachen, die teilweise mit den Beschreibungen aus der Entwicklungsquelle übereinstimmten, teilweise auch neue Erkenntnisse lieferten. Tabelle 8.2 stellt einige Beispiele zusammen.

Tabelle 8.2: Beispiele für mögliche Ursachen des Fehlerbilds „Unregelmäßigkeiten im Motorlauf“ (sinngemäß, teilanonymisiert)

Injektor	elektrischer Kurzschluss
Fördereinheit Kraftstofftank	gerissenes Sieb
Saugstrahlpumpe	Fremdkörper in der Düse

Besonders interessant ist, dass Probleme mit dem Injektor eine wichtige mögliche Fehlerursache darstellen. Sie wurden im Blasendiagramm mit den Top-N-Fehlerbildern bereits als hervorstechende Fehler in der Aftersales-Quelle erkannt. Motoren der neuen Baureihe, die Injektoren vom selben Lieferanten enthalten oder Weiterentwicklungen des Motors der Vorbaureihe sind, könnten ähnliche Fehlerursachen aufweisen. Die Information über die Zusammenhänge zwischen Bauteilen sind wiederum als strukturierte Daten hinterlegt und können durch Datenintegration im Sinne von ApPLAUDING zugänglich gemacht werden. Durch diese Hinweise aus der

Aftersales-Datenquelle kann es in der Entwicklung der neuen Baureihe gelingen, Ursachen für Fehler schneller zu finden und gründlicher abzustellen.

8.3.4 Gesamtbewertung

Es hat sich gezeigt, dass eine Reihe von Anwendungsfällen für textbasierte lebenszyklusübergreifende Analytics auf Qualitätsdaten existieren und umsetzbar sind. Dabei führen schon einfache Strategien zur Vergleichbarmachung von Daten aus unterschiedlichen Textquellen zu vielversprechenden Ergebnissen.

Von den drei untersuchten Strategien hat sich die Extraktion von Informationen aus dem Text, im konkreten Anwendungskontext die Extraktion von Fehlerbildern, als am vielseitigsten und am schnellsten umsetzbar erwiesen. Sie wird kombiniert mit einfachen Data-Mining-Verfahren auf den extrahierten Daten.

Sowohl die automatische Klassifikation von Daten mit Modellen, die auf einer anderen Datenquelle trainiert wurden, als auch das automatische Umrechnen von Fehlercodes unterschiedlicher Systeme ineinander sind weniger flexibel, da in beiden Fällen vorher bestehende Klassifikationsschemata zur Einordnung der Daten verwendet werden, deren Anwendbarkeit auf andere Datenquellen im Einzelfall fraglich ist.

Eine Extraktion von Fakten oder Informationsschnipseln aus Texten, jenseits von bereits existierenden Klassifikationen, erlaubt eine feinere Granularität der Inhalte und des Vergleichs. Sie kann außerdem sowohl sehr einfach umgesetzt werden, wie in den beschriebenen Machbarkeitsstudien, als auch von komplexen linguistischen Vorverarbeitungsverfahren profitieren.

Insgesamt verdienen alle drei vorgestellten Methoden weitergehende Exploration. Vor allem hinsichtlich der Auswertbarkeit der Methoden an sich besteht noch Handlungsbedarf.

8.4 Erreichte Forschungsziele und Verortung in ApPLAUDING

Im Folgenden werden die in diesem Kapitel erreichten Forschungsziele besprochen (Abschnitt 8.4.1) und die Inhalte in den Kontext von ApPLAUDING eingeordnet (Abschnitt 8.4.2).

8.4.1 Erreichte Forschungsziele

Die Analyseszenarien und Machbarkeitsstudien in diesem Kapitel tragen wesentlich zur Erfüllung von Forschungsziel 2 bei (FZ_2), der Umsetzbarkeit von textbasierten Analyseszenarien, die Datenquellen aus verschiedenen Phasen des Produktlebenszyklus vergleichen. An ihnen wird deutlich, dass es in einem konkreten Anwendungskontext in der produzierenden Industrie eine Reihe von lebenszyklusübergreifenden Analytics-Anwendungsfällen gibt, deren Basis Textdaten sein müssen und die ohne Text Analytics nicht möglich sind. Anhand dieser Anwendungsfälle wurden verschiedene Methoden erforscht, um unstrukturierte Texte aus unterschiedlichen Quellen inhaltlich vergleichbar zu machen, und hinsichtlich ihrer Anwendbarkeit ausgewertet. Für mehrere der Anwendungsfälle kann an einem kleinen Ausschnitt echter Daten gezeigt werden, dass sich interessante Ergebnisse aus den Daten ableiten lassen, und innerhalb einzelner Anwendungsfälle wird damit auch menschliche Analysearbeit, die bisher ohne IT-Unterstützung stattfindet, deutlich erleichtert, womit Forschungsziel 1 (FZ_1) erfüllt ist. Insbesondere gilt dies für den Anwendungsfall 5, in dem die Analyse von Fehlerbildern in der Entwicklung durch Wissen aus dem Aftersales unterstützt wird. Insgesamt wird sichtbar, dass Text Analytics auf unstrukturierten Qualitätsdaten aus unterschiedlichen Phasen des Produktlebenszyklus sehr viele neue Erkenntnisse bringen kann.

8.4.2 Verortung in ApPLAUDING

Die beschriebenen Anwendungsfälle sind allesamt wertschöpfende Anwendungsfälle und somit in der obersten Analytics-Schicht der ApPLAUDING-Architektur zu verorten. Bei den erforschten Methoden handelt es sich um komplexe, teilweise domänenspezifische Text Analytics: Nach einer linguistischen Vorverarbeitung werden Informationen, im Beispiel domänenspezifische Begriffe, aus dem Text extrahiert. Diese werden dann bei einigen Strategien und Anwendungsfällen als Attribute für einen Klassifikations- oder Zuordnungsalgorithmus verwendet, der auf bestehenden strukturierten Daten, im Anwendungskontext Fehlercodeschemata, aufbaut. Alternativ werden aus ihnen in einem weiteren Schritt strukturierte Repräsentationen von Inhalten abgeleitet, im Beispiel Fehlerbilder. Das Vorkommen dieser Inhalte kann dann zwischen unterschiedlichen Datenquellen mit Methoden der strukturierten Datenanalyse verglichen und ausgewertet werden.

Mit dem Nachweis der Machbarkeit von Datenanalysen, die Daten aus verschiedenen Phasen des Produktlebenszyklus zusammenbringen, ist die Anforderung A_1 von PLCA erfüllt (siehe Kapitel 4.2.1). Auch A_2 (siehe Kapitel 4.2.2), die Anforderung nach der Integration strukturierter und unstrukturierter Daten, wird durch die Analysemethoden erfüllt, die Gebrauch von bestehenden strukturierten Klassifikationsschemata machen. Die Analyse-Pipelines der Machbarkeitsstudien sind stark modular und verwenden vielfach Komponenten aus anderen Analyse-Pipelines wieder, so z.B. aus der Klassifikations-Pipeline aus Kapitel 6. Sie enthalten Analysemethoden für strukturierte und unstrukturierte Daten und erlauben Einsichten, die ohne diese Kombination nicht möglich wären. Damit erfüllen sie die PLCA-Anforderungen A_4 nach umfassenden Analytics (siehe Kapitel 4.2.4) sowie A_5 nach Modularität und Flexibilität (siehe Kapitel 4.2.5).

8.5 Weiterführende Forschung

In diesem Kapitel wurde die Machbarkeit verschiedener Anwendungsfälle mit verschiedenen Analysemethoden gezeigt. Nächste Schritte sind die Verfeinerung der Methoden und die Definition weiterer Anwendungsfälle, auch über den Bereich Qualitätsmanagement hinaus. Implementierungen von IT-Unterstützung für die beschriebenen Anwendungsfälle können im Industriekontext umgesetzt werden, allerdings sollte dies nicht in Form von Einzelfallimplementierungen, sondern eben im Rahmen einer größeren Initiative zu Datenintegration und Datenanalyse geschehen.

Kapitel 9

Die Soziale Fabrik

In diesem Kapitel geht es um das Konzept der Sozialen Fabrik, die nicht nur „smart“ im Sinne von Industrie 4.0 ist (siehe Kapitel 2.1), sondern mit den menschlichen Arbeitern auch in einer Weise interagieren und kommunizieren kann, welche diese bei der Erfüllung ihrer Aufgaben optimal unterstützt. Der Fokus liegt dabei auf der Behandlung von Problemen, die während der Produktion auftreten. Nach einer Definition der Idee Soziale Fabrik (Abschnitt 9.1) wird zunächst ein detailliertes Konzept für die datengetriebene Fehlereskalation in der Produktion entwickelt (Abschnitt 9.2) sowie eine aus ApPLAUDING (siehe Kapitel 5) abgeleitete Konzeptarchitektur zur Umsetzung dieses Konzepts beschrieben (Abschnitt 9.3). Diese bilden die Voraussetzung für die Umsetzung einer Sozialen Fabrik. Im Anschluss wird gezeigt, wie Kommunikationsinfrastrukturen nach dem Vorbild Sozialer Medien, Text Analytics und Sensordatenintegration in einem konkreten Anwendungsfall als Soziale Fabrik zusammenspielen können, sowie eine prototypische Implementierung vorgestellt (Abschnitt 9.4). Das Anwendungsszenario ist dabei das bereits in Kapitel 3.2 beschriebene, nämlich die Fehlersuche und Problemlösung auf dem Shop Floor einer Fabrik. Den Abschluss des Kapitels bilden eine Zusammenfassung der erreichten Ziele (Abschnitt 9.5) und ein Ausblick auf weiterführende Forschung (Abschnitt 9.6).

Die in diesem Kapitel besprochenen Inhalte wurden teilweise bereits publiziert in Kassner u. Mitschang (2015); eine Publikation über die Soziale Fabrik am Anwendungsbeispiel ist mit

Kassner u. a. (2017b) ebenfalls schon vorhanden. Die Umsetzung eines Prototypen am Anwendungsbeispiel erfolgte im Rahmen eines Studienprojekts von April 2015 – April 2016.

9.1 Konzept Soziale Fabrik

Das Kernziel der Sozialen Fabrik nach Kassner u. a. (2017b) ist es, menschliche Arbeiter im Sinne von Industrie 4.0 optimal in die datengetriebenen und informationsreichen Prozesse einer Smarten Fabrik zu integrieren und sie in ihrer Rolle als Überwacher und Entscheider mit schnell wechselnden Aufgaben zu unterstützen. Die Grundidee besteht darin, dies mithilfe der Strukturen und Kommunikationsformen Sozialer Medien zu erreichen, also vor allem mithilfe von textbasierter Kommunikation.

Die Soziale Fabrik stellt damit eine Weiterentwicklung der MaXCept-Architektur für *Manufacturing Exception Escalation* aus Kassner u. Mitschang (2015) dar (siehe Abschnitte 9.2 und 9.3). Als Voraussetzung zu ihrem Einsatz benötigt sie die Strukturen einer datengetriebenen Fabrik nach dem Modell aus Gröger u. a. (2016). Abbildung 9.1 zeigt anhand einer vereinfachten SITAM-Architektur (siehe Gröger u. a. (2016) und Kapitel 2.1.3 in dieser Arbeit) die verschiedenen Kommunikationswege innerhalb einer datengetriebenen Fabrik: Mensch-zu-Mensch- (1), Mensch-zu-Maschine- und Maschine-zu-Mensch-Kommunikation (2 und 3) sowie Maschine-zu-Maschine-Kommunikation über eine Integrations- und Analytics-Middleware (4). Die Soziale Fabrik muss dabei optimal zugängliche Kanäle für alle diejenigen Kommunikationswege bieten, in die Menschen involviert sind (1, 2 und 3).

Die Soziale Fabrik hat den Anspruch, ressourcenschonend und flexibel in einer Vielzahl von Umfeldern umsetzbar zu sein, sodass ihre Architektur sich auf die wesentlichen Komponenten für Kommunikation und Fehlereskalation konzentriert. Sie setzt damit einen Ausschnitt der MaXCept-Architektur um und ist im größeren MaXCept-Kontext denkbar, aber auch davon losgelöst flexibel an verschiedene Kontexte in der Smarten Fabrik oder auch schon im Shop Floor einer heutigen Fabrik anpassbar.

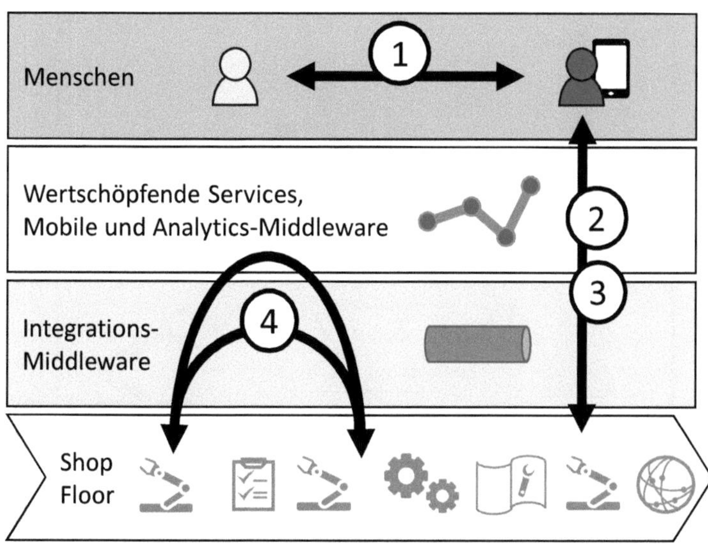

Abbildung 9.1: Kommunikationsprozesse in der datengetriebenen Fabrik in Anlehnung an Kassner u. a. (2017b)

Ein wichtiger Fokus im neuen Aufgabenbereich des menschlichen Arbeiters ist die Analytics-Unterstützung bei der Erkennung und Eskalation von Fehlern (siehe Kassner u. Mitschang (2015)). Eine Voraussetzung zum automatischen, datengetriebenen Erkennen von Fehlern in der Produktion ist das Lernen von Fehlersignalen aus historischen Daten – also müssen Daten aus der Produktion, inklusive Fehlerberichte und Sensordaten, in einem Wissensrepository abgelegt und vorgehalten werden (siehe auch Kassner u. Mitschang (2015), Gröger u. a. (2014c)). Ebenso können konkrete Lösungsvorschläge, die aus Handbüchern extrahiert wurden, in diesem Wissensrepository gespeichert werden. Ein weiteres Ziel ist es, implizites menschliches Wissen über Problemlösungen explizit im Wissensrepository ablegen und suchen zu können – dafür kann eine Schnittstelle innerhalb der Sozialen Fabrik optimale Bedingungen bieten. Somit ergeben sich Informationsflüsse zwischen drei wesentlichen Instanzen (siehe Abbildung 9.2), die in einem sozialen Netzwerk als Kernkomponente der Sozialen Fabrik unterstützt werden müssen, nämlich zwischen Arbeitern, Maschinen und Wissensrepository.

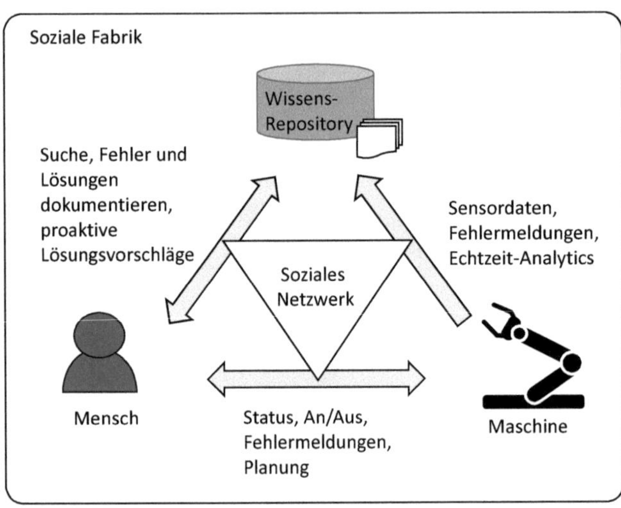

Abbildung 9.2: Informationsflüsse in der Sozialen Fabrik in Anlehnung an Kassner u. a. (2017b)

Menschliche Arbeiter interagieren mit Maschinen, indem sie Befehle an diese Maschinen über das Netzwerk senden, z.B. Statusabfragen und Aus- bzw. Anschaltbefehle. Maschinen senden ihrerseits Status- und Fehlermeldungen inklusive Sensorwerten an die zuständigen menschlichen Arbeiter wie auch ans Wissensrepository, wobei als Zwischenverarbeitungsschritt Echtzeit-Analytics zum Einsatz kommen kann. Auch Teile der Produktionsplanung können als Kommunikation zwischen Mensch und Maschine über das soziale Netzwerk verwaltet werden.

Über die Schnittstelle zum Wissensrepository können Arbeiter das Repository durchsuchen sowie aufgetretene Fehler, die nicht bereits automatisch dokumentiert werden, beschreiben und einpflegen. Sie erhalten außerdem aus dem gespeicherten Wissen proaktive Lösungsvorschläge. Dafür wie auch für die automatische Fehlererkennung und die Unterstützung textbasierter Kommunikation mit Maschinen wird ein starkes, echtzeitfähiges Analytics-Backend benötigt.

Aus dem geschilderten Konzept und den zu erwartenden Kommunikationsbedarfen ergeben sich folgende Anforderungen an die Soziale Fabrik (R_1 – R_6):

1. Die Soziale Fabrik muss die richtigen Informationen zur richtigen Zeit, am richtigen Ort und für den richtigen Adressaten bereitstellen (R_1).
2. Die Soziale Fabrik muss ihre menschlichen Nutzer auch unter geschäftigen Arbeitsbedingungen optimal unterstützen (R_2).
3. Die Soziale Fabrik muss menschliche Nutzer motivieren, ihr implizites Wissen über wiederkehrende Situationen auf dem Shop Floor zu teilen (R_3).
4. Menschen und Maschinen müssen als aktive, gleichwertige Teilnehmer in der Sozialen Fabrik repräsentiert werden (R_4).
5. Fehler müssen im System schnell und verlässlich erkannt werden, sowohl auf Basis strukturierter als auch auf Basis unstrukturierter Daten, also zum Beispiel Sensordaten und von Menschen geschriebenem Text-Input (R_5).
6. Die Soziale Fabrik muss eine lernende Fabrik im Sinne von Gröger u. a. (2016) sein (R_6).

Im weiteren Verlauf des Kapitels werden die architektonischen Voraussetzungen und eine prototypische Umsetzung der Sozialen Fabrik präsentiert. Eine Auswertung der Architektur und des Prototypen anhand der obigen Kriterien erfolgt in Abschnitt 9.4.5.

9.2 Datengetriebene Fehlereskalation in der Produktion

Im Folgenden wird ein detaillierter Prozess zur datengetriebenen Fehlereskalation in der Fabrik präsentiert, der erstmals in Kassner u. Mitschang (2015) publiziert wurde. Dabei wird zunächst die Grundidee vorgestellt (Abschnitt 9.2.1) und danach der Fehlereskalationsprozess im Detail beschrieben (Abschnitt 9.2.2).

9.2.1 Grundidee

Der Shop Floor einer Fabrik ist bereits heute ein sehr turbulentes, datenreiches Umfeld. Diese Herausforderungen werden sich im Zuge der vierten Industriellen Revolution (Industrie 4.0) noch verstärken, wenn die Fabrik durch cyber-physische Produktionssysteme (CPPS), hohe Automatisierung und flexibles und teilautonomes Aufgabenmanagement zur Smarten Fabrik wird (Kagermann u. a., 2013). Um dies zu ermöglichen und um den Menschen, anders als in der früheren Automatisierungsinitative Computer-Integrated Manufacturing (CIM) (Waldner, 1992), optimal in dieses Umfeld zu integrieren, bedarf es leistungsfähiger echtzeitnaher Analytics auf Daten verschiedenster Herkunft und Form.

Da repetitive physische Aufgaben leicht automatisiert werden können, wird sich die Rolle des Menschen in der Fabrik ändern, und zwar hin zu mehr überwachenden und entscheidenden Aufgaben. Eine wesentliche Stärke des Menschen ist schließlich das schnelle Entscheiden und Problemlösen unter unsicheren und schwer vorhersagbaren Bedingungen (Antunes, 2011, Kagermann u. a., 2013, Spath u. a., 2013). Bei diesen Aufgaben soll der Mensch jedoch optimal durch die Smarte und Soziale Fabrik unterstützt werden, und zwar einerseits durch Automatisierung und Teilautomatisierung weniger herausfordernder Aufgaben und andererseits durch die Bereitstellung relevanter Informationen für die Lösung schwierigerer Aufgaben.

Eine zentrale Aufgabe im Produktionsbereich ist das Beheben auftretender Ausnahmesituationen, Schwierigkeiten, Fehler oder Probleme. All diese Begriffe werden in der vorliegenden Arbeit synonym verwendet, um ungeplante Abweichungen vom Produktionsplan zu bezeichnen. Diese Abweichungen sind entweder durch die Nichterfüllung eines einzelnen Schrittes im Prozess charakterisiert oder durch minimale Abweichungen an mehreren Stellen einer Prozesskette, die insgesamt zu einer suboptimalen Prozesserfüllung führen, z.B. mehrere kurze Verzögerungen, die jede für sich unproblematisch wären. Fehlerberichte werden oft von menschlichen Arbeitern verfasst und bestehen entsprechend aus unstrukturiertem Text, ebenso wie Maschinendokumentation, die Informationen über mögliche Fehler enthalten kann. Außerdem existieren in immer höherem Umfang Maschinen- und Sensordaten, die über lange Zeiträume gespeichert und ausgewertet werden können. Um Fehlersituationen vorhersagen oder in Echtzeit erkennen, verhindern oder rasch beheben zu können, müssen also sowohl strukturierte als auch unstrukturierte Daten analysiert werden. Um dies zu bewerkstelligen, wird im Folgenden ein Fehlereskalationsprozess definiert und spezifiziert, der beschreibt, welche Datenanalysen an den unterschiedlichen Schritten des Fehlereskalationsprozesses stattfinden müssen.

Die datengetriebene Fehlereskalation in der Produktion stellt einen Anwendungsfall für Product Life Cycle Analytics (PLCA) dar.

9.2.2 Der Fehlereskalationsprozess

Abbildung 9.3 zeigt die drei verschiedenen Phasen des Prozesses für datengetriebene Fehlereskalation sowie vier assoziierte Lösungs- bzw. Analytics-Aufgaben. Die erste Phase ist die *Fehlererkennung*: Diese kann aufgrund von Signalwerten, expliziten strukturierten Fehlermeldungen oder Data Mining zum Vergleich aktueller und historischer Prozessdaten erfolgen. Eine weitere Quelle für Fehlererkennung ist Text Mining auf unstrukturierten Fehlermeldungen, die von menschlichen Arbeitern durch einen textbasierten Kommunikationskanal eingegeben werden, beispielsweise im Rahmen eines fabrikinternen sozialen Netzwerks wie in Abschnitt 9.4 beschrieben. An die Fehlererkennung kann sich bei bekannten und einfachen Fehlern als eine der assoziierten Aufgaben bereits direkt die *Lösung des Fehlers* anschließen, die unter Umständen sogar vollautomatisch erfolgen kann, z.B. wenn ein Schneidewerkzeug ausgetauscht werden muss, weil seine Abnutzung einen kritischen Schwellenwert überschritten hat. Alternativ kann auch ein menschlicher Arbeiter mit der Lösung des Fehlers beauftragt werden, sofern diese schon bekannt ist.

Kann nach der Erkennung des Fehlers noch keine eindeutige Lösung zugeordnet werden, z.B. weil kein eindeutiger Fehlercode vorhanden ist, so folgt die zweite Phase des Fehlereskalationsprozesses, die *Fehlerklassifikation*. Hier ist das Ziel, möglichst viele Eigenschaften des Fehlers zu erkennen, die entlang der Dimensionen Zeit, Komplexität, Ort und Thematik aufgespannt werden können. Auch dafür können wiederum Data Mining und Text Mining auf strukturierten bzw. unstrukturierten Daten zum Einsatz kommen. Die Klassifikation des Fehlers nach Eigenschaften bereitet das Finden einer Lösung in der nächsten Prozessphase vor.

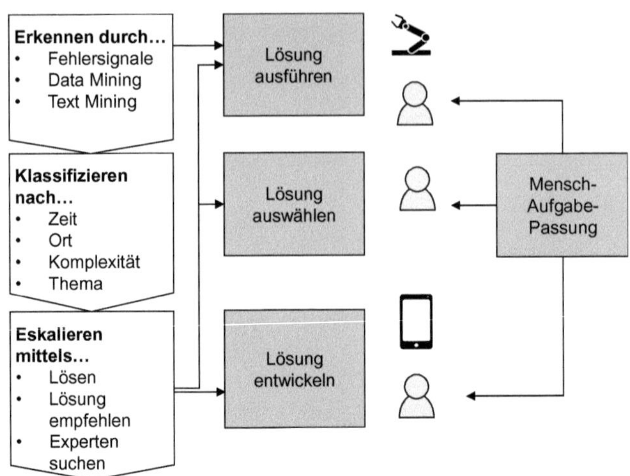

Abbildung 9.3: Prozess zur Erkennung und Eskalation von Fehlern auf dem Shop Floor unter Einbeziehung strukturierter und unstrukturierter Daten in Anlehnung an Kassner u. Mitschang (2015). ©IEEE. Reprinted, with permission, from Kassner u. Mitschang (2015).

Schließlich folgt als dritte Phase die eigentliche *Fehlereskalation*: Auf Grundlage der erkannten Fehlereigenschaften kann in einigen Fällen eindeutig die Art des Fehlers ermittelt und wiederum eine automatische oder teilautomatische *Lösung* eingeleitet werden. Ist dies nicht möglich, so gibt es zwei weitere Optionen: Wenn der aufgetretene Fehler mehreren bekannten Fehlern ähnelt, können für diese Fehler vorliegende Lösungen *vorgeschlagen* werden; ein menschlicher Arbeiter muss dann die passendere *Lösung auswählen*. Falls keine bereits existierenden Lösungen vorgeschlagen werden können, muss eine neue Lösung von einem menschlichen Experten *entwickelt* werden. Dazu werden auf Grundlage der ermittelten Fehlereigenschaften Experten zu den betroffenen Themen ermittelt, kontaktiert und durch die verfügbaren Fehlerdaten bei ihrer Aufgabe unterstützt (siehe die Beschreibung des Anwendungsfalls in Kapitel 3.2 für ein konkretes Beispiel).

Auch für alle anderen Aufgaben im Shop Floor, die durch einen menschlichen Arbeiter erledigt werden, wird eine Berechnung der Passung zwischen Mensch und Aufgabe anhand der Eigenschaften der Aufgabe und der Expertise und aktuellen Verfügbarkeit der menschlichen Arbeiter durchgeführt.

Der beschriebene Prozess zur datengetriebenen Fehlereskalation bezieht unstrukturierte Textdaten als Quelle mit ein, benachrichtigt menschliche Experten automatisch und stellt eine optimale Passung zwischen Mensch und Aufgabe sicher. Dadurch trägt er zur Integration des Menschen in die datenreiche Umgebung des Shop Floor bei und bildet eine wichtige Voraussetzung für die Soziale Fabrik.

9.3 Architektur für datengetriebene Fehlereskalation

In diesem Abschnitt wird eine Konzeptarchitektur vorgestellt, die durch Datenintegration und Analytics den beschriebenen Fehlereskalationsprozess unterstützt. Sie wurde als *Architecture for Manufacturing Exception Escalation (MaXCept)* publiziert in Kassner u. Mitschang (2015). Sie baut in ihrer Grundstruktur auf der ApPLAUDING-Architektur aus Kapitel 5 bzw. Kassner u. a. (2015) auf und stellt eine feinere Spezifizierung derselben für einen konkreten Anwendungskontext innerhalb des Produktlebenszyklus dar.

Dieser Anwendungskontext ist der unmittelbare Produktionskontext, umfasst also die Prozesse, Daten und Akteure des Shop Floors. Die MaXCept-Architektur enthält entsprechend Komponenten, die für den Produktionsbereich spezifisch sind. Abbildung 9.4 zeigt eine Übersicht der Architektur. Sie besteht aus vier Schichten, von denen drei in etwa den Schichten von ApPLAUDING zur *Integration*, *Analyse* und *Präsentation* von Daten entsprechen, während die vierte, die *Ausführungsschicht*, die Shop-Floor-Umgebung bezeichnet. Die Ausführungsschicht enthält Maschinen, cyber-physische Produktionssysteme, Maschinensteuerung und Sensoren sowie die menschlichen Arbeiter, ihre Aufgaben und Werkzeuge oder auch die mobilen und stationären Geräte zur Informationsvermittlung, welche ebenfalls Sensoren enthalten können.

In der Integrationsschicht werden außer den unmittelbar im Shop Floor vorhandenen Daten auch strukturierte und unstrukturierte Daten aus anderen Phasen des Produktlebenszyklus herangezogen und in einem Wissensrepository integriert, das auch Prozesse in der Fabrik beinhaltet. Die Prozessbeschreibungen können dabei zum Beispiel als Workflows abgespeichert werden. Weiterhin steht hier ein Echtzeitmodell des Shop Floors als Grundlage für Analytics zur Verfügung.

In der Analyseschicht befinden sich die Komponenten zur Unterstützung des Fehlereskalationsprozesses aus Abschnitt 9.2, Planungs- und Steuerungsanwendungen, Werkzeuge für Nachrichten und Kommunikation sowie weitere Analytics-Module und Analytics-Anwendungen.

Die Präsentationsschicht stellt Schnittstellen bereit zum Zugriff auf Daten, Analyseergebnisse und Kommunikationskanäle für menschliche Nutzer, über die auch die Meldung von Fehlern und das Bereitstellen von Lösungen und Aufgaben geschieht. Diese Schnittstellen können an Maschinenterminals zur Verfügung stehen, in Form von Apps oder Dashboards auf mobilen oder Desktopgeräten oder sogar über Wearables oder als Augmented Reality bereitgestellt werden.

9.3.1 Datenintegration

Ein Teil der Datenintegration läuft ähnlich ab wie in der übergeordneten ApPLAUDING-Architektur: Strukturierte und unstrukturierte Daten aus verschiedensten Quellen werden über datentypspezifische ETL-Mechanismen in das Wissensrepository geladen, wo sie für die Analyseschicht zur Verfügung stehen. Diese Daten können z.B. von Sensoren im Shop Floor stammen, die etwa Luftfeuchtigkeit, Temperatur, Helligkeit oder Werkzeugabnutzung sowie Raumkoordinaten von Geräten aufnehmen. Andere Quellen für strukturierte Daten sind Manufacturing Execution Systems (MES), Enterprise Resource Planning-Systeme (ERP) und die Steuerungen der einzelnen Maschinen. An produktionsrelevanten unstrukturierten Daten gibt es Fehlerberichte aus der Produktion, vor allem in Form von Texten, aber auch in Video-, Bild- oder Audioformaten, sowie Handbücher, Tutorien und andere Dokumentationen. Auch Daten aus

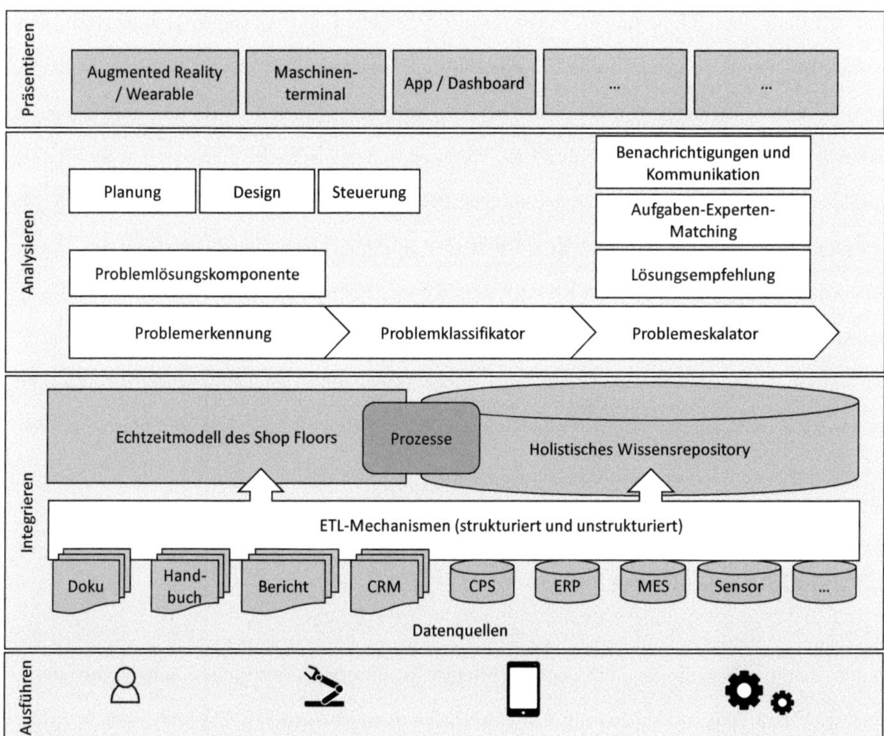

Abbildung 9.4: MaXCept-Architektur für die Erkennung und Eskalation von Fehlern auf dem Shop Floor unter Einbeziehung strukturierter und unstrukturierter Daten in Anlehnung an Kassner u. Mitschang (2015). ©IEEE. Reprinted, with permission, from Kassner u. Mitschang (2015).

anderen Phasen des Produktlebenszyklus, die für die Produktion relevant sind, können hier vorhanden sein.

Zusätzlich zum Wissensrepository, das im Wesentlichen analog zu dem in ApPLAUDING funktioniert, befindet sich in der Integrationsschicht der MaXCept-Architektur ein Echtzeitmodell des Shop Floors, das ebenfalls Daten aus verschiedenen Quellen integriert, aber andere Anforderungen und Ziele verfolgt. Während das Wissensrepository historische Daten, Analyseergebnisse und Prozesse speichert, ist das Shop-Floor-Modell ein digitales Abbild des Shop Floors zum jeweils aktuellen Zeitpunkt, mit digitalen Zwillingen (Rosen u. a., 2015) für jede physische Entität auf dem Shop Floor und in angemessenen Abständen aktualisierten Datenwerten aller darin vorhandenen Sensoren, unter anderem bezüglich solcher Umweltvariablen wie Temperatur oder Luftfeuchtigkeit. Sowohl stationäre Objekte, also Maschinen, Räume und Gebäude, als auch mobile Entitäten wie Fahrzeuge, Roboter und menschliche Arbeiter haben digitale Abbilder im Shop-Floor-Modell. Auch aktuelle Prozesse, Prozessschritte, Ereignisse und Nachrichten und mit ihnen assoziierte Variablen werden im Shop-Floor-Modell repräsentiert. Damit ähnelt das Shop-Floor-Modell als Konzept dem Kontextmodell aus Grossmann u. a. (2005). Es ist jedoch flexibler, schneller anpassbar und integriert dadurch den Menschen besser. Ständige Data-Mining-Abgleiche zwischen dem Shop-Floor-Modell und den historischen Prozess- und Sensordaten im Wissensrepository bilden einen Kern der datengetriebenen automatischen Fehlererkennung.

9.3.2 Fehlererkennung

In der Analytics-Schicht der MaXCept-Architektur ist die erste wesentliche Komponente zur datengetriebenen Fehlereskalation die *Fehlererkennungskomponente*. Die Erkennbarkeit (englisch: discoverability) von Fehlern hängt im Wesentlichen von zwei Dimensionen ab: Bekanntheit und Komplexität. Ein *bekannter Fehler* ist ein Fehler, welcher bereits aufgetreten und damit in den historischen Daten vorhanden und gekennzeichnet ist. Er kann auch im Design der Produktionsprozesse antizipiert worden sein. Die *Komplexität eines Fehlers* hängt ab von der Anzahl der Prozessschritte, die von diesem Fehler betroffen oder in seiner Entstehung involviert sind. Ein überhitztes Maschinenteil beispielsweise ist durch einen einzelnen Sensorwert, dessen Schwelle zum kritischen Bereich vorher festgelegt wurde, sehr einfach zu erkennen. Die allmähliche Verzögerung einer Werkstückherstellung, die an mehreren Stellen im Prozess abgebremst wird, ist dagegen nicht sofort ersichtlich. Erst über komplexere Erkennungsmechanismen, die zum Beispiel mehrere Signalwerte einbeziehen oder über Data Mining den Vergleich mit historischen Prozessdaten schaffen, kann ein solcher Fehler erkannt werden. Für bekannte Fehler, gleich ob komplex oder einfach, existieren im Wissensrepository bereits Workflows zur Lösung dieser Fehler, welche bei Erkennen der Fehler vorgeschlagen oder sogar automatisch ausgeführt werden können. Zum Beispiel kann der Abnutzungsgrad eines Werkzeugs regelmäßig gemessen und das Werkzeug dann bei Erreichen eines bestimmten Schwellenwertes automatisch ausgetauscht werden. Auch bisher *unbekannte Fehler* können durch die Fehlererkennungskomponente entdeckt werden, zum Beispiel durch das Erkennen starker Abweichungen in den Sensorwerten oder Zeitabschnitten von allen historischen Prozessdatensätzen für den betrachteten Prozess. Für bekannte wie auch für unbekannte Fehler werden unstrukturierte Fehlermeldungen auf Textbasis noch lange eine Rolle in der Fabrik spielen, da bewährte Maschinen teilweise seit über 20 Jahren im Einsatz sind und nicht immer flächendeckend mit Sensorik ausgestattet werden können. Besonders für unbekannte Fehler sind unstrukturierte Fehlermeldungen oft die einzige Informationsquelle.

Abbildung 9.5 zeigt die verschiedenen Kanäle, über die Fehlererkennung geschehen kann, sowie die Methoden, mittels derer die Fehler erkannt werden: Menschliche Arbeiter können strukturierte oder unstrukturierte Fehlermeldungen absetzen, wobei die Bedeutung der unstrukturierten Fehlermeldungen durch Natural Language Processing erschlossen werden muss. Maschinenfehler können anhand von Signalwerten und deren Abweichung von einem Soll oder Überschreiten eines Schwellenwertes erkannt werden. Bei komplexeren oder unbekannten Fehlern kann die Aufnahme über Data-Mining-Vergleiche mit historischen Prozessdaten erfolgen, wobei die Ähnlichkeit mit bekannten Situationen eine Rolle spielt.

Am Ende der Fehlererkennung ergibt sich eine digitale Repräsentation des Problems, der bereits erste Eigenschaften zugeordnet sein können:

- Bekanntheit als binäres Ja/Nein-Attribut
- Ähnlichkeit mit historischen Fehlern als Ähnlichkeitswert zwischen 0 und 1
- Komplexität als Wert zwischen 0 und 1 auf Basis der Anzahl beteiligter Prozessschritte, zur Erkennung benötigter Signalwerte oder beteiligter Kanäle
- Fehlercode, falls der Fehler bekannt ist. Als optionales Attribut an dieser Stelle ist der Fehlercode in Abbildung 9.5 hellgrau umrandet.

Steht an diesem Punkt bereits ein Fehlercode zur Verfügung, so bildet dieser die Grundlage für das Finden von Lösungen. Ist der Fehler mit den verfügbaren Informationen nicht eindeutig einem bekannten Fehlertyp zuzuordnen, folgt als nächster Schritt eine eingehendere Klassifikation.

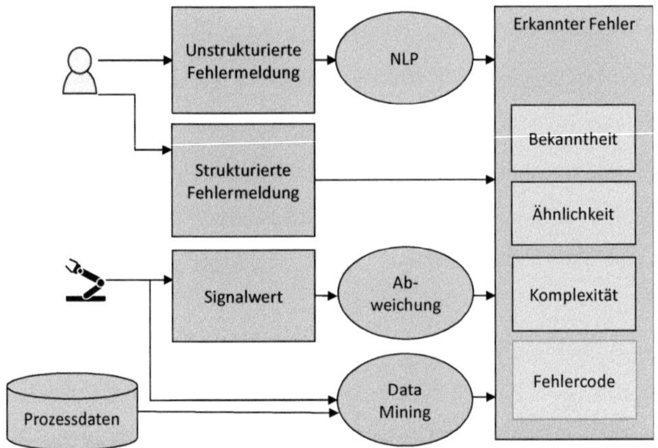

Abbildung 9.5: Kanäle und Methoden für das Erkennen von Fehlern unter Einbeziehung strukturierter und unstrukturierter Daten in Anlehnung an Kassner u. Mitschang (2015). ©IEEE. Reprinted, with permission, from Kassner u. Mitschang (2015).

9.3.3 Fehlerklassifikation

Die Fehlerklassifikation hat das Ziel, möglichst viele Eigenschaften des aufgetretenen Fehlers aus den vorliegenden Daten zu bestimmen und ihn auf Basis dieser Informationen mit einem Fehlercode zu versehen oder aber als neuen Fehler zu erkennen. Dazu werden Attribute aus vier inhaltlichen Kategorien bestimmt: Thema, Zeit, Ort und Komplexität. Data Mining auf historischen Prozessdaten und Text Mining auf unstrukturierten Fehlerberichten sind die Hauptquellen für diese Eigenschaften. Abbildung 9.6 gibt einen Überblick über mögliche Quellen für Fehlereigenschaften aus diesen Kategorien: Fehlermeldungen in Form von Text und textbasierte Dokumentation sind unstrukturierte Quellen und müssen durch NLP aufbereitet werden. Aus ihnen lassen sich Informationen zu den Kategorien *Thema* und *Zeit*, insbesondere zur Dringlichkeit eines Problems, erschließen. Prozess- und Sensordaten sind größtenteils strukturiert, wobei den Sensordaten zum Beispiel durch einen Schritt der Situationserkennung eine Semantik zugewiesen werden muss. Aus ihnen lassen sich Informationen über den *Zeitpunkt* und die bisherige *Dauer* eines erkannten Fehlers ableiten. Die Sensordaten geben zudem Aufschluss über den *Ort* des Fehlers. Zwischen den verschiedenen Fehlerkategorien gibt es wiederum Möglichkeiten der Informationsableitung: Wenn ein Fehlercode vorliegt oder ermittelt werden kann, ist durch diesen auch das Fehlerthema bestimmt. Wenn das Thema bekannt ist, kann daraus auf die Komplexität des Fehlers geschlossen werden.

9.3.3.1 Thema

Thematische Eigenschaften sind zum Beispiel die von dem Problem betroffenen Maschinen, Maschinenteile, Werkstücke oder Arbeiter sowie die Art und Weise, in der sie betroffen sind. Diese Information kann aus unstrukturierten Fehlerberichten extrahiert werden, wenn etwa ein Arbeiter an der Transferstation über das Intranet oder eine Smartphone-App meldet „Der Transferschritt wurde gestoppt, weil der *Roboter-Arm* in der Palette *steckengeblieben* ist!". Die erkannten Themen und Schlagworte können entweder direkt oder über den Vergleich mit den Themen historischer Fehlerereignisse dazu führen, dass eine Fehlerkategorie zugeordnet sowie eine bekannte Lösung abgerufen werden kann.

9.3.3.2 Zeit

Unter Zeiteigenschaften fallen nicht nur Zeitpunkte wie zum Beispiel der Zeitpunkt des Fehlerauftretens oder die bisherige Dauer des Fehlers, sondern auch die Dringlichkeit – bis wann muss der Fehler behoben werden, muss dies sofort geschehen? Informationen dazu lassen sich aus ähnlichen historischen Fehlern ableiten, beispielsweise dass immer, wenn der Greifroboter betroffen ist, besonders schnell gehandelt werden muss, weil dieser an einer kritischen Stelle im Prozess befindlich ist. Auch Signalworte aus unstrukturierten Fehlermeldungen können herangezogen werden, um die Dringlichkeit eines Fehlers zu bestimmen, zum Beispiel wenn eine

Meldung lautet „Der Laser an Maschine L ist ausgefallen, wir können *überhaupt nicht mehr* arbeiten, das muss *sofort* repariert werden!“

9.3.3.3 Ort

Der Ort, von dem die Fehlermeldung abgesetzt wurde, ist in der Regel bekannt und kann als Eigenschaft vermerkt werden. Er ist allerdings nicht immer identisch mit dem Ort, an dem der Fehler passiert ist, sofern sich dieser überhaupt konkret an einer Stelle lokalisieren lässt. Falls es, gerade bei komplexen Fehlern, mehrere Fehlerorte gibt, werden diese alle als Eigenschaften im digitalen Abbild des Fehlers eingetragen. Eine weitere Eigenschaft in der räumlichen Dimension ist, ob ein Fehler von fern behoben werden kann, z.B. über Remote-Login in die Maschinensteuerung, oder ob vor Ort an einem oder mehreren der Fehlerorte Handlungen vorgenommen werden müssen.

9.3.3.4 Komplexität

Bereits im Fehlererkennungsschritt wird die Komplexität anhand der Anzahl der betroffenen Maschinen, Teile oder Prozessschritte als Score zwischen 0 und 1 errechnet. Aus den thematischen Eigenschaften können weitere inhaltliche Komplexitätseigenschaften abgeleitet werden: Beispielsweise kann man aus den betroffenen Maschinen oder Komponenten schließen, ob und welches Expertenwissen oder Spezialtraining zur Behebung des Fehlers notwendig ist.

9.3.4 Fehlereskalation

Nachdem die analytischen Mittel zur Erkennung und Klassifizierung eines aufgetretenen Fehlers ausgereizt sind, folgt die Eskalation des Fehlers, bei der anhand der zuvor bestimmten Fehlereigenschaften entschieden wird, wie der Fehler gelöst werden soll. Dazu werden Entscheidungsmodelle aus dem Wissensrepository verwendet, die entweder von Hand gebaut wurden

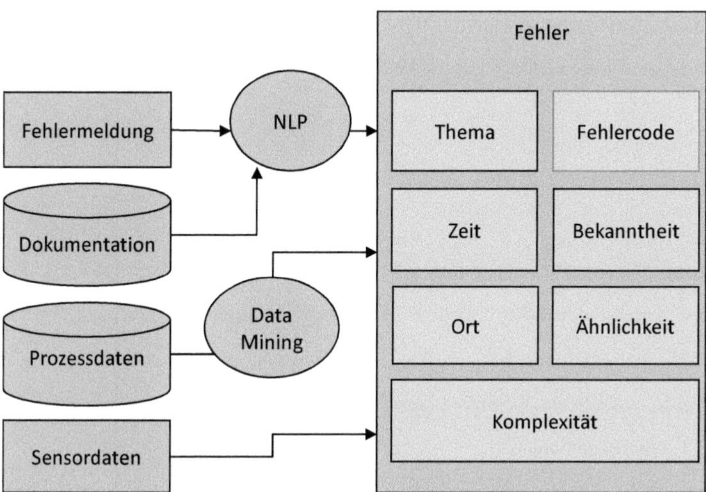

Abbildung 9.6: Quellen für und Arten von Fehlereigenschaften in Anlehnung an Kassner u. Mitschang (2015). ©IEEE. Reprinted, with permission, from Kassner u. Mitschang (2015).

(für bekannte Fehler) oder durch Data Mining auf historischen Prozessdaten abgeleitet wurden (für bekannte oder unbekannte Fehler). Ein Beispiel für das Ableiten von Problemlösungsvorschlägen in der Produktion aus historischen Daten, allerdings nur auf Basis strukturierter Daten, findet sich in der verwandten Arbeit Gröger u. a. (2014a).Entsprechend dem Fehlereskalationsprozess aus Abschnitt 9.2.2 gibt es drei mögliche Entscheidungen:

1. Der Fehler kann automatisch eine Lösung zugewiesen bekommen und deren Ausführung kann gestartet werden. Dabei gibt es vollautomatische Lösungen sowie Lösungen unter Beteiligung menschlicher Arbeiter.
2. Mehrere mögliche Lösungen können identifiziert werden und einem menschlichen Arbeiter über eine der verfügbaren Kommunikationsschnittstellen zugewiesen werden. Das kann z.B. der Melder des Fehlers oder einer der Experten für das Fehlerthema sein. Daraufhin kann der Mensch die richtige Lösung auswählen und die Ausführung der Lösung starten.
3. Wenn keine Lösung gefunden wird oder ähnliche Probleme mit verfügbaren Lösungen unter einem bestimmten Ähnlichkeitsschwellenwert liegen, wird ein menschlicher Experte

informiert. Dieser erstellt einen neuen Fehlerlösungsprozess für das aktuelle Problem und greift dabei auf die bereits zum Problem gesammelten Eigenschaften zurück.

9.3.5 Lösungsvorschläge

Die Generierung automatischer Lösungsvorschläge kann auf zwei Wegen erfolgen, die beide in Abbildung 9.7 ersichtlich werden: Existierende Lösungen können vorgeschlagen werden, weil die Probleme, auf die sie sich beziehen, dem aktuellen Problem ähnlich sind – oder neue Lösungsprozesse können aus Prozessbausteinen generiert werden, wobei die Attribute des aktuellen Problems als Grundlage dienen.

Die erste Methode, das Vorschlagen existierender Lösungen, ist einfach umzusetzen: Nachdem Fehler mit hoher Ähnlichkeit zum aktuellen Problem bereits in den vorigen Prozessschritten identifiziert wurden, gilt es nun noch die Lösungen für diese Fehler aus dem Wissensrepository abzurufen und nach der Ähnlichkeit zwischen den Problemen zu sortieren. Beispielsweise kann man für ein komplexes Problem, bei dem ein zu schwach eingestellter Laser und ein unerfahrener Qualitätskontrolleur an zwei unterschiedlichen Stellen den Prozessablauf verzögern, aus historischen Instanzen ähnlicher Fehler die verwendeten Lösungen erfahren, wobei einmal nur die Stärke des Lasers angepasst, ein anderes Mal ein erfahrenerer Arbeiter eingesetzt wurde.

Wenn keine existierende Lösung vorgeschlagen werden kann, ist es möglich, stattdessen die ermittelten Eigenschaften des Fehlers für die Entwicklung neuer Lösungsvorschläge zu verwenden. Dazu können v.a. thematische Eigenschaften wie das betroffene Bauteil oder die Fehlerart als Input für einen Reasoner dienen, der über domänenspezifisches Konzeptwissen verfügt und daraus einzelne Schritte zur Fehlerlösung ableiten kann. Beispielsweise können die Eigenschaften *betroffenes Bauteil:* „Robotergreifarm" und *Fehlerart:* „klemmt" zur Ableitung der Handlungsschritte „Maschine abschalten" – „Robotergreifarm vorsichtig rütteln" – „Robotergreifarm oberhalb Gelenk nach oben ziehen" führen.

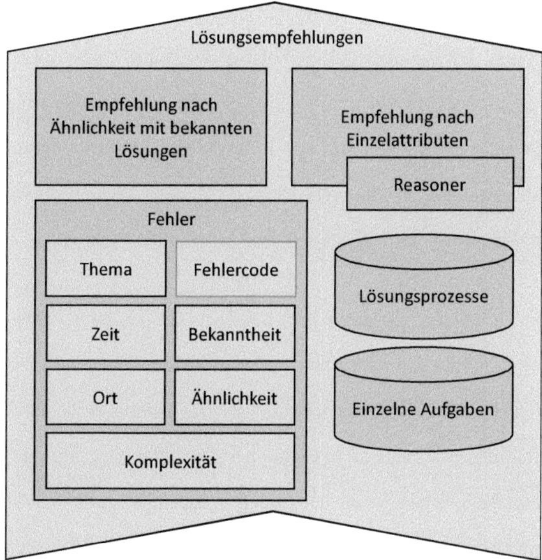

Abbildung 9.7: Lösungsempfehlungsgenerierung in Anlehnung an Kassner u. Mitschang (2015). ©IEEE. Reprinted, with permission, from Kassner u. Mitschang (2015).

9.3.6 Zuordnung von Aufgaben zu Menschen

An mehreren Stellen im Fehlereskalationsprozess ist die Mitarbeit des Menschen gefordert. Um diese möglichst effizient, effektiv und für die Beteiligten auch angenehm zu gestalten, ist es sinnvoll, für die jeweils anstehende Aufgabe den bestgeeigneten menschlichen Arbeiter zu finden. Dabei sind zwei Aspekte wichtig: Erstens muss das Kompetenzprofil des Arbeiters zum Anforderungsprofil der Aufgabe passen. Zweitens muss der Arbeiter zu dem Zeitpunkt, zu dem die Aufgabe erledigt werden soll, auch tatsächlich zur Verfügung stehen.

Die Überprüfung dieser Aspekte übernimmt die Komponente zur Zuordnung zwischen Aufgaben und Menschen, deren Datengrundlagen und Prozessübersicht in Abbildung 9.8 zu sehen sind. Dabei werden je nach Aufgabe – Ausführen einer vorgeschlagenen Lösung, Auswählen einer Lösung aus mehreren bestehenden Optionen, oder Entwickeln einer neuen Lösung – die Eigenschaften des vorliegenden Problems oder die Eigenschaften der zu erledigenden Lösungsaufgabe mit den Eigenschaften und der Verfügbarkeit der menschlichen Arbeiter abgeglichen.

Dazu werden die benötigten Daten aus dem digitalen Zwilling des jeweiligen Arbeiters ausgelesen, der im Prototypen der Sozialen Fabrik beispielsweise als Nutzerprofil in einem sozialen Netzwerk repräsentiert ist (siehe Abschnitt 9.4.2.2). Statische Daten wie zum Beispiel Expertenwissen können Nutzer selbst einpflegen und von anderen Nutzern bestätigen lassen; dynamische Daten wie die aktuelle Aufgabe, Verfügbarkeit und Einsatzort können auch automatisch durch Datenintegration aus Planungs- und Kalendersystemen befüllt werden.

Lösungsaufgaben werden wie die Probleme auch auf Basis der Themen-, Zeit-, Ort- und Komplexitätseigenschaften klassifiziert. Dabei unterscheiden sich die Eigenschaften der Lösungsschritte von den Eigenschaften der Probleme: Ein Beispiel ist die Verzögerung im Produktionsprozess, die von zwei untereinander abhängigen Maschinen verursacht wird, da an einer Maschine ein Transportarm ungenau kalibriert und an der anderen Maschine ein Werkzeug stark abgenutzt ist. Dies ist ein *komplexes* Problem, aber es hat in seiner Lösung *einfache* und *komplexe* Schritte. Ein einfacher Schritt, der eine hohe Mobilität erfordert, ist z.B. das Holen eines neuen Werkzeugs aus dem Lager. Ein komplexer Schritt, der keine Mobilität, aber hohe Fachexpertise erfordert, ist die Neukalibrierung des Transportarms über eine von auswärts zugängliche Nutzeroberfläche zur Wartung der Maschine.

Außer der Selbstauskunft über Expertise in bestimmten Fachbereichen geben auch Analysen auf Metadaten und unstrukturierten Daten Aufschluss über das Expertenwissen von Arbeitern, zum Beispiel die Autorenschaft von Handbuchdokumenten oder die Dokumentation bisher von dieser Person ausgeführter Aufgaben. Im Anwendungsbeispiel aus Kapitel 3.2 hat Nutzer C ein Tutorial für die Schneidemaschine verfasst und ist als Autor desselben im Intranet zu finden, aber nicht offiziell als Experte für die Schneidemaschine eingetragen, zumal C aktuell an der Transferstation arbeitet.

Nachdem die beste Passung zwischen einem Arbeiter und einer Aufgabe bestimmt wurde, wird der ausgewählte Arbeiter auf einem der verfügbaren Kommunikationskanäle über seine Aufgabe in Kenntnis gesetzt und gegebenenfalls mit den nötigen Informationsmaterialien versorgt, um diese zu lösen.

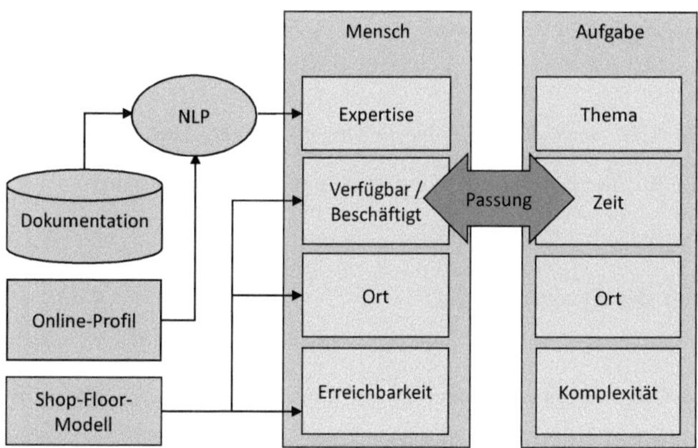

Abbildung 9.8: Optimierte Zuordnung von Aufgaben zu menschlichen Experten in Anlehnung an Kassner u. Mitschang (2015). ©IEEE. Reprinted, with permission, from Kassner u. Mitschang (2015).

9.4 Daten- und Nutzerintegration durch Soziale Medien in der Fabrik

Aufbauend auf den in Kassner u. Mitschang (2015) definierten Konzepten und Prozessen zur datengetriebenen Fehlereskalation in der Fabrik kann eine Soziale Fabrik umgesetzt werden, in der menschliche Arbeiter sowohl mit Maschinen auf intuitive Art interagieren können als auch proaktiv mit den nötigen Informationen zur Erfüllung ihrer Aufgaben versorgt werden, alles im Rahmen eines sozialen Netzwerks und mittels textbasierter Kommunikation.

In den folgenden Abschnitten, die sich inhaltlich an der Publikation Kassner u. a. (2017b) orientieren, werden zuerst die dafür nötigen Technologien präsentiert (Abschnitt 9.4.1). Anschließend folgt ein Überblick über die Architektur und die Integration verschiedener Teilnehmer an der Sozialen Fabrik (Abschnitt 9.4.2) sowie eine Beschreibung der Implementierung (Abschnitt 9.4.3) und ein Anwendungsbeispiel für den Prototypen (Abschnitt 9.4.4), bevor der Prototyp im Hinblick auf die Anforderungen des Konzepts ausgewertet wird (Abschnitt 9.4.5).

9.4.1 Technologien

Dieser Abschnitt stellt wichtige Technologien vor, die für die Umsetzung der Sozialen Fabrik relevant sind und für die prototypische Implementierung genutzt wurden.

9.4.1.1 Internet der Dinge

Das Internet der Dinge ist eine Entwicklung der letzten Jahre, die vor allem durch die Verfügbarkeit günstiger Sensor- und Aktor-Hardware gefördert wird (Vermesan u. Friess, 2013).

Im Internet der Dinge werden diese Geräte zu smarten Umgebungen verknüpft, die über Sensoren überwacht und über Aktoren angepasst werden können. Anwendungbeispiele aus dem Alltag kommen größtenteils aus dem Smart-Home-Bereich. Hier können Privatpersonen Geräte und Ressourcen ihres Eigenheims, z.B. Heizung, Warmwasser und Licht, anhand von vorher festgelegten Bedingungen (z.B. bestimmten Uhrzeiten, Lichtwerten oder Temperaturwerten) automatisch oder auch über ein vernetztes Gerät wie z.B. ein Smartphone aus der Ferne steuern.

Auch für die Smarte Fabrik der Industrie 4.0 ist das Internet der Dinge eine zentrale und vielversprechende Technologie. Komplexe Umgebungen wie eine Fabrik mit einer großen Anzahl von Sensoren und Aktoren lassen sich jedoch nicht mehr durch einfache Regeln steuern, sondern benötigen gerade für die Erkennung komplexer Situationen eine Infrastruktur. Eine solche wird von Hirmer u. a. (2015) in Form eines cloudbasierten Services bereitgestellt. Hierin werden zunächst alle Sensoren einer Umgebung registriert. Anschließend kann der Nutzer domänenspezifische Modelle für Situationen, sogenannte Situations-Templates, anlegen. Diese ermöglichen die schnelle und effiziente Situationserkennung komplexer Situationen, für die mehrere Sensoren ausgewertet werden müssen. Dazu benötigt der Nutzer kein tieferes technisches Verständnis der Sensoren und Aktoren. Die prototypische Implementierung nutzt den in Hirmer u. a. (2015) beschriebenen Situationserkennungsservice SitRS der Plattform SitOPT.

9.4.1.2 Soziale Medien

Soziale Medien haben sich im letzten Jahrzehnt zu einem allgegenwärtigen Teil des Alltagslebens entwickelt, werden in beruflichen Kontexten jedoch bisher wenig eingesetzt. Es existiert eine große Bandbreite an Plattformen auf Basis von Web-2.0-Technologien, in denen Nutzer Inhalte erstellen und miteinander teilen können. Beispiele sind Blogs, Wikis und Mikro-Blogging-Services, wie etwa Twitter, sowie verschiedene soziale Netzwerke, wie z.B. Facebook. Wichtige Bestandteile eines sozialen Netzwerks sind personalisierbare Nutzerprofile, Freundschaftsbeziehungen zwischen Nutzern, Chat-Kanäle und öffentliche Pinnwände. Obwohl auch Audio-, Video- und Bildinhalte geteilt werden können, findet ein Großteil der Kommunikation zwischen Nutzern in einem sozialen Netzwerk in Textform statt. Firmen nutzen interne soziale Netzwerke vereinzelt zur Arbeitsorganisation und öffentliche soziale Netzwerke für Marketing zur Pflege von Kundenbeziehungen. Die Integration von Sensordaten in soziale Netzwerke wurde für Smart-Home-Umgebungen und Cloud-Umgebungen umgesetzt (Magoutis u. a., 2015, Wang u. Capiluppi, 2015, Zhang u. a., 2012), jedoch handelt es sich hierbei um sehr spezifische Einzelfallimplementierungen. Für das produzierende Gewerbe gibt es bislang keine vergleichbare Entwicklung. Auch das Konzept des sozialen Internets der Dinge (Atzori u. a., 2012) findet eher im privaten Sektor Einsatz.

9.4.1.3 Chatbots

Da die Interaktion in den Sozialen Medien zu einem großen Teil auf Basis von Textaustausch stattfindet, kommen hier auch Chatbots zum Einsatz. Die Idee des Chatbots ist so alt wie die Idee der künstlichen Intelligenz: Der Turing-Test (Turing, 1950) prüft im Prinzip einen Chatbot, und zwar eine künstliche Intelligenz, die über eine Textschnittstelle mit einem Menschen kommuniziert und deren Kommunikationsverhalten im Idealfall nicht von dem eines menschlichen Gesprächspartners hinter einer gleichgearteten Textschnittstelle unterschieden werden kann. Die erste Implementierung eines Chatbots erfolgte bereits 1966 mit ELIZA (Weizenbaum, 1966), einem einfachen regelbasierten Chatbot, der bestimmten Vorgehensregeln aus der Gesprächstherapie folgte. Seither sind viele verschiedene Chatbots entwickelt worden, v.a. im kommerziellen Bereich. Aktuell verfolgen mehrere große Internetkonzerne Projekte, in deren Zentrum der Einsatz von Chatbots als Anbietern von Services für den Alltag steht (siehe z.B. Knight (2016)). Die Interaktion mit einem Chatbot bietet eine intuitive Schnittstelle zu Services und Informationen. In der Sozialen Fabrik werden darum chatbot-artige Funktionalitäten eingesetzt, um die Kommunikation von Menschen mit Maschinen und die Suche nach Problemlösungen zu ermöglichen.

9.4.2 Komponenten und Beteiligte

Für die Soziale Fabrik ist nicht nur die Architektur interessant, sondern auch die Positionierung der beteiligten Menschen und Maschinen im Verhältnis dazu. Im Folgenden werden nach einem Überblick die einzelnen Komponenten und Beteiligten der Sozialen Fabrik im Detail vorgestellt.

9.4.2.1 Überblick

Abbildung 9.9 gibt einen Überblick über die wesentlichen Komponenten und Beteiligten der Sozialen Fabrik. Die Komponenten und ihre Schichtung können auf die MaXCept-Architektur abgebildet werden. Die Shop-Floor-Schicht, die physische Welt mit Maschinen und Menschen, ist dabei zwecks besserer Darstellung ihrer Beziehungen zu den anderen Schichten seitlich abgebildet.

In der physischen Welt sind *die menschlichen Nutzer*, also die Arbeiter, und die *Maschinen* von Bedeutung. Sie werden in der digitalen Welt durch digitale Zwillinge in Form von *rollenspezifischen Nutzerprofilen* repräsentiert, die in MaXCept Teil des Shop-Floor-Modells sind. Die Sensordaten der Maschinen werden über die externe Komponente *SitRS* aus SitOPT in das System eingespeist. Zusätzlich gibt es noch ein eigenes Profil für einen Chatbot, der die menschlichen Nutzer beim Fehler-Handling unterstützt. In Anlehnung an die Benennung der

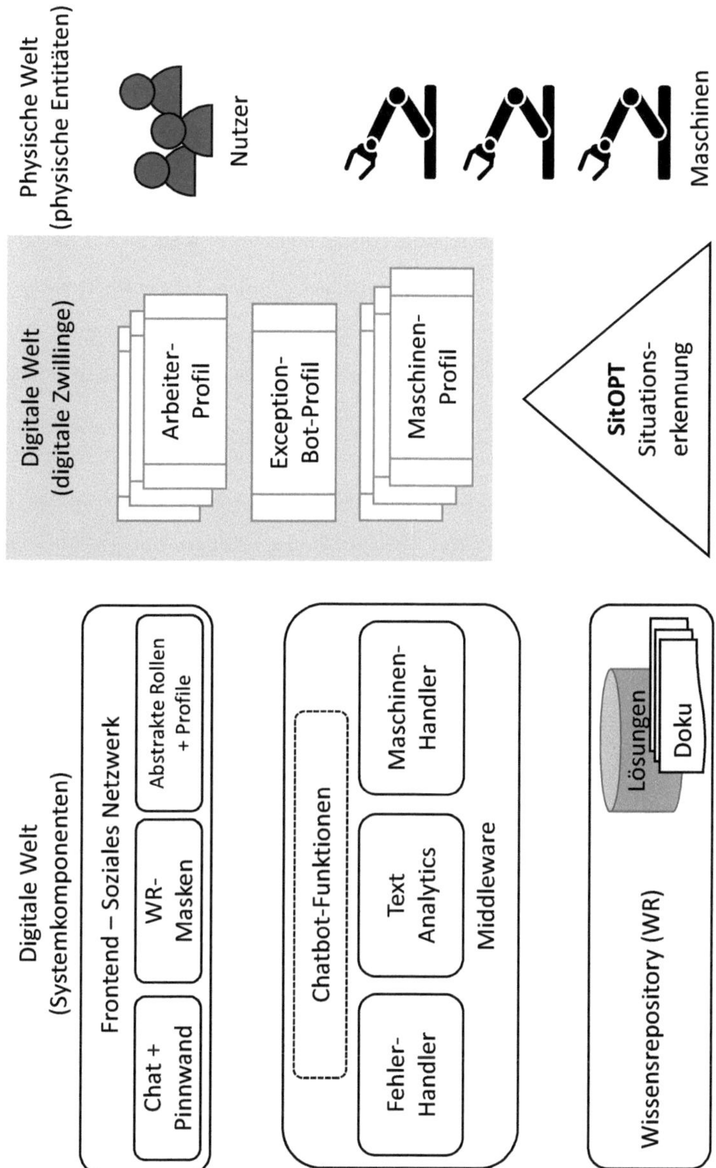

Abbildung 9.9: Architektur und Beteiligte an der Sozialen Fabrik, in Anlehnung an Kassner u. a. (2017b)

zugrundeliegenden MaXCept-Architektur für Manufacturing Exception Escalation wird dieser Chatbot als *Exception-Bot* bezeichnet.

Mit ihren Profilen sind die menschlichen und maschinellen Teilnehmer im *Sozialen Netzwerk*[6] der Fabrik vertreten, das als Frontend eine der Systemkomponenten bildet. Hier werden Rollen und abstrakte Profiltypen verwaltet, hier stehen die Chat- und Pinnwandfunktionen zur Verfügung und von hier aus haben menschliche Nutzer über mehrere Such- und Eingabemasken Zugriff auf das *Wissensrepository*. Außerdem kann hier zu jedem Zeitpunkt der aktuelle Status aller Maschinen und Arbeiter eingesehen werden. Das Soziale Netzwerk entspricht damit einerseits der Präsentationsschicht in der MaXCept-Architektur, verwirklicht dabei aber andererseits auch Elemente des Echtzeit-Shop-Floor-Modells.

Als *Middleware* liegt darunter eine Schicht mit verschiedenen Analysefunktionalitäten. Im vorgestellten Prototyp sind dies einerseits *Text Analytics* für das Erkennen von Fehlermeldungen und Befehlen an Maschinen in Chat- und Pinnwandnachrichten, die von menschlichen Nutzern verfasst wurden, sowie für das Analysieren der Texte im Wissensrepository auf wichtige Stichworte hin. Andererseits finden sich hier zwei *Handler-Komponenten* für die Interaktion mit Maschinen einerseits und für die Unterstützung beim Lösen von Problemen andererseits. Gemeinsam stellen diese drei Middleware-Komponenten Funktionalitäten bereit, die denen von Chatbots entsprechen und bei der Interaktion mit Maschinenprofilen und mit dem Exception-Bot-Profil zum Einsatz kommen. Außerdem ist als externe Analytics-Komponente der Situationserkennungsdienst *SitRS* (Hirmer u. a., 2015) aus SitOPT angebunden, der aus den Sensordaten der Maschinen Situationen (also z.B. Fehler) erkennt und diese an die Maschinen-Handler-Komponente weitergibt, sodass sie mit dem Sozialen Netzwerk synchronisiert werden können. Der Situationserkennungsdienst trägt wesentlich zur Bereitstellung des Shopfloor-Modells bei, die Analytics- und Handler-Komponenten dienen der teilautomatischen Bearbeitung und Lösung von auftretenden Fehlern. In dieser Middleware findet somit der datengetriebene Fehlereskalationsprozess aus MaXCept statt.

6 Zur Unterscheidung vom Konzept sozialer Netzwerke generell wird die Systemkomponente Soziales Netzwerk in der Sozialen Fabrik groß geschrieben.

Das Backend bildet ein *Wissensrepository*, in welchem sowohl historische Maschinendaten als auch unstrukturierte Maschinendokumentation und nutzergenerierte Inhalte zu den Themen Fehlertypen, Fehlerereignisse und Lösungen gespeichert und durchsuchbar gemacht werden. Das Wissensrepository hat einen strukturierten Teil in Form einer Datenbank und einen unstrukturierten Teil in Form eines Dokumentenspeichers. In der Datenbank werden Fehlertypen, Lösungen für Fehler und Fehlerereignisse gespeichert, die jeweils aus strukturierten Metadaten und unstrukturierten Textbeschreibungen bestehen. Auch Situationen, die durch SitRS erkannt wurden, werden hier als Fehlerereignisse eingetragen. Im Dokumentenspeicher werden Handbücher und ähnliche Dokumente über die Maschinen der Fabrik abgelegt. Das Wissensrepository bildet wiederum einen Ausschnitt des Wissensrepositorys der MaXCept-Architektur ab.

9.4.2.2 Soziales Netzwerk

Über das Soziale Netzwerk greifen menschliche Nutzer auf die Soziale Fabrik zu. Die verschiedenen Nutzertypen – Mensch, Maschine und Exception-Bot – werden über ein Rollensystem verwaltet, das die Grundfunktionen eines sozialen Netzwerks erweitert und individuell angepasst werden kann. In der prototypischen Umsetzung der Sozialen Fabrik gibt es für menschliche Nutzer beispielsweise die Differenzierung zwischen den Rollen *einfacher Arbeiter* und *Wartungsingenieur*, wobei der Rolle Wartungsingenieur jeweils eine konkrete Maschine zugeordnet ist, auf die der entsprechende Nutzer dann bestimmte Zugriffsrechte hat. Unabhängig vom Rollentyp besitzt jeder Nutzer, der im Sozialen Netzwerk registriert ist, ein Nutzerprofil und eine Home-Seite, die individuell gestaltet werden kann. Auf diesem Profil befindet sich auch die Pinnwand, einer der zentralen Kommunikationskanäle.

Zur Vernetzung mit anderen Nutzern haben Arbeiter die Möglichkeit, mit diesen innerhalb des Netzwerks „Freundschaften" zu schließen – und zwar mit menschlichen Nutzern wie auch mit Maschinen. Dadurch können sie auf Informationen, die von diesen Nutzern kommen, priorisiert zugreifen. Außerdem können sie Gruppen beizutreten, in denen ebenfalls Informationen gezielt inhaltlich gebündelt werden. Als Kommunikationskanäle stehen zum Einen die öffentlichen Pinnwände auf den Nutzerprofilseiten zur Verfügung, zum Anderen die Chat-Kanäle, die nur von am Chat direkt beteiligten Nutzern gelesen werden können. Dabei sind Eins-zu-Eins-Chats oder Gruppen-Chats möglich.

Nutzergenerierte Nachrichten in Chat oder Pinnwand werden von der Text-Analytics-Komponente verarbeitet und je nach erkanntem Inhalt an das Maschinen-Handling oder das Fehler-Handling weitergeleitet, wo darauf mit Analytics-Aktionen und einer Antwort auf dem entsprechenden Kanal reagiert wird. Auch Nachrichten, die Nutzer auf ihrer eigenen Pinnwand schreiben, werden analysiert und bei Bedarf vom Exception-Bot durch einen Kommentar mit nützlicher Information ergänzt.

Dabei werden im Prototypen folgende Aktionen unterstützt:

1. **Statusabfragen:** Ein menschlicher Nutzer kann eine Maschine nach ihrem Status fragen. Die Maschine antwortet mit einer Nachricht, in der die aktuellen Sensorwerte oder aktuell zutreffende Situationen ausgegeben werden.
2. **Maschinen an- oder ausschalten:** Ein menschlicher Nutzer kann einer Maschine den Befehl geben, sich anzuschalten oder sich auszuschalten, vorausgesetzt, dieser Nutzer hat für diese Maschine die Rolle eines Wartungsingenieurs und die Maschine befindet sich im entsprechenden Ausgangszustand (eine angeschaltete Maschine wird nicht ein weiteres Mal angeschaltet). Diese Aktion ist als kritische Aktion eingestuft und darum mit den Rollenprivilegien des Wartungsingenieurs verknüpft. Auch andere rollenspezifisch eingeschränkte kritische Aktionen können definiert werden.
3. **Hilferuf oder Problemmeldung:** Wenn ein Nutzer ein Problem in der Fabrik bemerkt, kann er über die textbasierten Kommunikationskanäle Meldung darüber erstatten und Hilfe bei der Lösung anfragen. Dies kann entweder auf einem Kanal geschehen, welcher der betroffenen Maschine zugeordnet ist, oder über eine direkt an das zentrale Exception-Bot-Profil gerichtete Nachricht. Nachdem die Text-Analytics-Komponente die Nachricht als Hilferuf erkannt und wichtige Schlüsselbegriffe extrahiert hat, wird mit diesen das Wissensrepository auf ähnliche Probleme und deren Lösungen durchsucht. Auf dem ak-

tiven Kommunikationskanal wird dann vom Exception-Bot-Profil eine etwaige gefundene Lösung oder auch ein Link zu einem relevanten Dokument veröffentlicht. Ein entsprechender Prozess läuft beim Erkennen einer Problemsituation über die Sensordaten in SitOPT ab: Hier wird der strukturierte Fehlercode des Problems genutzt, um Information im Wissensrepository nachzuschlagen und dann den zuständigen Wartungsingenieur sowohl über das Problem als auch über mögliche Lösungen zu informieren. Welche Kommunikationskanäle analysiert werden und zu welchen sich der Exception-Bot dazuschalten darf, kann dabei zu Datenschutzzwecken konfiguriert werden: So ist es denkbar, dass Chats zwischen zwei menschlichen Nutzern immer vollständig privat sind.

4. **Expertensuche:** Nutzer können per Textnachricht nach den Experten zu einer bestimmten Maschine suchen. Im Prototypen wird dann eine Liste mit Links zu den Profilen der aktuellen Wartungsingenieure für diese Maschine zurückgegeben. Eine Ausweitung ist dahingehend geplant, dass informelle Experten aufgrund ihrer Autorenschaft bei relevanten Einträgen im Wissensrepository gefunden werden können, auch wenn sie keine offizielle Rolle als Wartungsingenieur inne haben.

Zentraler Beteiligter bei diesen Aktionen ist der Exception-Bot als virtueller Gesprächspartner, der entweder direkt im Eins-zu-Eins-Chat angeschrieben werden kann, über seine Pinnwand zu erreichen ist oder sich selbständig in Gespräche einschaltet, wenn die Text-Analytics-Komponente einen Informationsbedarf erkannt hat.

Außerdem bietet das Soziale Netzwerk Schnittstellen zum Wissensrepository. Zum Einen gibt es eine Suchmaske, in der sowohl Suchwörter eingegeben werden können als auch inhaltliche Facetten ausgewählt werden können: Der Nutzer kann entweder alle vorhandenen Berichte durchsuchen oder jeweils nur alle Berichte eines bestimmten Typus, zum Beispiel nur alle Problemlösungen. Auch Listenansichten sind möglich, zum Beispiel für alle einzelnen Fehlerereignisse, die von Nutzern oder über SitOPT-Situationserkennung in das Repository eingepflegt wurden. Zum Anderen kann der Nutzer unstrukturierte Dokumente, z.B. PDFs, ins Wissensrepository hochladen und bereits eingepflegte Dokumente verwalten, sowie über eine weitere

Eingabemaske neue Fehlertypen, Fehlerereignisse und Lösungen manuell ins Wissensrepository eingeben.

9.4.2.3 Text Analytics

Die Text-Analytics-Komponente ist ein zentraler Teil der Middleware und sorgt dafür, dass auf natürlichsprachlichen Input über die Chat- und Pinnwandkanäle adäquat reagiert werden kann. Sie bildet somit das Rückgrat für die Chatbot-Funktionen des Exception-Bots und der Maschinenprofile. Außerdem wird sie verwendet, um aus Fehlerereignisberichten in der Eingabemaske im Sozialen Netzwerk Schlüsselwörter zu extrahieren, bevor diese ins Wissensrepository eingepflegt werden. Sie umfasst somit in Bezug auf die MaXCept-Architektur Funktionen der Fehlererkennung und der Fehlerklassifizierung sowie weitere Analytics-Funktionen im Rahmen des Wissensrepositories.

Die Text-Analytics-Komponente besteht aus mehreren komplexen und modularen Textverarbeitungs-Pipelines; ein Überblick ist in Abbildung 9.10 zu sehen. Zuerst erfolgen mehrere Schritte linguistischer Vorverarbeitung; im Prototypen sind das Tokenisierung, Part-of-Speech-Tagging und syntaktisches Parsing. Danach werden zunächst erwähnte Entitäten, also z.B. Personen oder Maschinen, und Grußformeln erkannt. Dann wird der Text auf das Vorkommen bestimmter Schlüsselworte und -muster geprüft, die anzeigen, ob es sich bei der Nachricht um einen Maschinenbefehl oder um einen anderen Nachrichtentyp handelt (siehe Abschnitt 9.4.2.2 für einen Überblick über die Nachrichtentypen). Abhängig davon folgen unterschiedliche weitere Verarbeitungsschritte und das Routing an den Maschinen-Handler oder den Fehler-Handler.

Im Falle eines Maschinenbefehls wird durch Muster- und Schlüsselworterkennung festgestellt, ob es sich um eine Statusabfrage, einen Aus- oder einen Anschaltbefehl handelt. Außerdem wird der Dialogpartner, also der sich meldende Nutzer, festgestellt. Diese Information wird benötigt, damit die Maschine sich in Reaktion auf eine zuvor erkannte Grußformel direkt mit einer Anrede an den Arbeiter melden kann. Besonders wichtig ist dies in Gruppenchats, wo mehrere

Arbeiter anwesend sind, aber nur einer eine entsprechende Frage gestellt hat. Schließlich werden die ermittelten Informationen an den Maschinen-Handler gesendet, der den erkannten Befehl ausführt – bei An- und Ausschaltbefehlen mit Rückfrage und Überprüfung der Nutzerberechtigung. Die Antwort wird auf dem aktiven Nachrichtenkanal gepostet, also entweder im Chat oder auf der Pinnwand, auf der die Textnachricht ursprünglich geschrieben wurde.

Abbildung 9.10: Analyseschritte in der Text-Analytics-Komponente der Sozialen Fabrik in Anlehnung an Kassner u. a. (2017b)

Im Falle eines Hilferufs oder einer Expertensuche folgt auf die ersten Verarbeitungsschritte eine Erkennung von Schlüsselwörtern und -mustern, die den Fehlertyp beschreiben. Auch die betroffene Maschine wird entweder direkt aus dem Kommunikationskanal abgeleitet (falls die Maschine direkt angeschrieben wurde) oder aus dem Text erkannt (falls der Exception-Bot angeschrieben wurde). Wenn die Nachricht eine Frage nach dem Experten für diese Maschine enthält, so wird dies ebenfalls erkannt. Die erkannten Anfragen werden an den Fehler-Handler weitergeleitet. Dieser initiiert anhand der gefundenen Schlüsselworte eine Suche über die Datenbank und die Dokumente des Wissensrepositorys und findet dabei mögliche Lösungen für das gemeldete Problem, wenn es sich um eine Fehlermeldung handelt. Ansonsten identifiziert er aus den Rollen der Nutzerprofile die angefragten Experten. Auch hier wird eine Antwort auf dem aktiven Kommunikationskanal gegeben, und zwar vom Exception-Bot.

Die Schlüsselworte und -muster, anhand derer bestimmte Fehlertypen identifiziert werden, sind in der prototypischen Umsetzung der Sozialen Fabrik als Bibliothek in einer Datenbank gespeichert, auf die aus dem Administrationsbereich des Sozialen Netzwerks zugegriffen werden kann, sodass flexible Anpassungen möglich sind.

9.4.2.4 Handler-Komponenten

Die zwei Handler-Komponenten, der Fehler-Handler und der Maschinen-Handler, sind weitere wichtige Komponenten der Middleware. Der Maschinen-Handler fungiert als Schnittstelle zwischen Maschinen mit ihren Sensoren, der Situationserkennung und dem Sozialen Netzwerk. Der Fehler-Handler ist verantwortlich für die Bereitstellung von fehlerspezifischem Wissen aus dem Wissensrepository und aus den Profilen im Sozialen Netzwerk. Der Fehler-Handler wird im Sozialen Netzwerk durch den Exception-Bot repräsentiert, der von ihm stammende Informationen als Textnachrichten an die richtigen menschlichen Adressaten sendet. Aktionen des Maschinen-Handlers werden als von den Maschinenprofilen verfasste Nachrichten sichtbar, wenn sie für die menschlichen Nutzer relevant sind.

Der Maschinen-Handler leitet Befehle aus dem Sozialen Netzwerk an die Maschinen weiter, sodass diese an- und ausgeschaltet werden oder der Status von Sensoren abgefragt werden kann. Dabei berücksichtigt der Handler Nutzerberechtigungen im Rahmen der Rollen, sodass nur Nutzer mit der Rolle Wartungsingenieur kritische Aktionen wie das An- und Ausschalten von Maschinen vornehmen können.

Darüber hinaus sorgt der Maschinen-Handler für eine Synchronisierung von Maschinenprofilen zwischen der SitOPT-Situationserkennung und dem Sozialen Netzwerk. In beiden Umgebungen werden Maschinen mit ihren Sensoren repräsentiert: Im Sozialen Netzwerk über Maschinenprofile, in SitOPT in einer Ressourcenmanagementplattform, die bereits die Abstraktion von den physischen Maschinen übernimmt. Wenn eine neue Maschine zur Ressourcenmanagementplattform in SitOPT hinzugefügt wird, generiert der Maschinen-Handler entsprechend ein neues Maschinenprofil im Sozialen Netzwerk. Dieses Profil enthält auch die Informationen über Sensoren, Ort der Maschine und andere Metadaten, die in SitOPT eingetragen wurden. Umgekehrt trägt der Maschinen-Handler eine neue Maschine mit ihren Sensoren in die Ressourcenmanagementplattform von SitOPT ein, sobald im Sozialen Netzwerk ein neues Maschinenprofil angelegt wird. Änderungen oder Löschungen in einer der beiden Umgebungen werden entsprechend durch den Maschinen-Handler übertragen. Dadurch ist eine vollständige Entkopplung zwischen Maschinen, Sensoren und dem Sozialen Netzwerk sichergestellt.

Der Fehler-Handler ist in erster Linie eine Routing-Komponente für die angemessene Reaktion auf Fehlersituationen, die über SitOPT oder über die Text-Analytics-Komponente erkannt werden: Wird eine Fehlersituation erkannt, so initiiert der Fehler-Handler, dass ein Fehlerereignis ins Wissensrepository eingetragen wird. Diese Dokumentation von Fehlerereignissen erlaubt es, das Auftreten von Fehlersituationen über einen längeren Zeitraum zu beobachten und durch Analytics vorherzusagen.

Weiterhin veranlasst der Fehler-Handler, dass im Wissensrepository nach möglichen Lösungen für einen erkannten Fehler gesucht wird. Außerdem informiert er den Wartungsingenieur, der für die betroffene Maschine verantwortlich ist, falls dieser den Fehler nicht selbst gemeldet hat. Er sorgt weiterhin dafür, dass mögliche Lösungen für den Fehler an die betroffenen menschlichen Nutzer ausgegeben werden.

9.4.2.5 Wissensrepository

Das Wissensrepository wird im Prototypen der Sozialen Fabrik dazu verwendet, um Fehlertypen, Fehlerereignisse und Lösungen zu dokumentieren und Maschinendokumentationen zu speichern. Die Informationen im Wissensrepository werden für das proaktive Vorschlagen von Fehlerlösungen genutzt.

Für den Prototypen wird davon ausgegangen, dass ein Fehler immer nur eine konkrete Maschine betrifft; komplexere Fehler wie im MaXCept-Konzept beschrieben ließen sich jedoch prinzipiell ähnlich abbilden.

Es gibt im Wissensrepository drei Kategorien von textbasierten, semistrukturierten Berichten, die nebst strukturierten Metadaten in einer relationalen Datenbank gespeichert werden:

1. Fehlerbeschreibungen für unterschiedliche Fehlertypen mit Beschreibung, Verfasser, betroffener Maschine, Name des Fehlertyps und Fehlercode
2. Lösungsbeschreibungen für Lösungen mit Beschreibung und Verfasser
3. Berichte über Fehlerereignisse mit Beschreibung, Fehlercode, Verfasser, Zeitpunkt des Auftretens und angewandter Lösung.

Mit bestimmten Fehlertypen sind bestimmte Lösungen assoziiert. Außerdem werden durch Text Analytics extrahierte Schlüsselworte aus den textuellen Beschreibungen gespeichert und mit den Einträgen assoziiert, in denen sie vorkommen, um diese leichter auffindbar zu machen.

Diese Inhalte befinden sich im relationalen Teil des Wissensrepositorys. Außerdem wird Maschinendokumentation in Form von unstrukturierten Textdokumenten in einem indizierten Dokumentenspeicher vorgehalten. Wenn bei der Suche nach einer Lösung für einen Fehler die Stichwortsuche im relationalen Teil des Wissensrepositorys nichts ergibt, wird dieser Dokumentenspeicher durchsucht und gegebenenfalls ein Link auf ein relevantes Dokument als mögliche Lösung zurückgegeben. Der strukturierte und der unstrukturierte Teil des Wissensrepositorys können auch nach dem Vorbild von Gröger u. a. (2014b) durch semantische Links miteinander verknüpft werden; für die betrachteten Anwendungsfälle in der prototypischen Implementierung war dies allerdings nicht notwendig.

9.4.2.6 Situationserkennung

Die Situationserkennung erfolgt in der Sozialen Fabrik echtzeitnah auf zwei Wegen: Einmal kann eine Situation, d.h. ein Fehler, über Schlüsselworte und -muster in den Textnachrichten des Sozialen Netzwerks erkannt werden wie in Abschnitt 9.4.2.3 beschrieben. Diese erkannte Fehlersituation ist zunächst noch unstrukturiert und wird durch weitere Analytics und Abgleich mit dem Wissensrepository einem Fehlertyp zugeordnet. Zum Anderen kann sie über den Situationserkennungsdienst von SitOPT auf Basis von Sensordaten erkannt werden, wobei der Fehlertyp dann bereits feststeht und Teil des strukturierten Fehlerformats von SitOPT ist.

Der Situationserkennungsservice von SitOPT ist eine externe Komponente und nicht Teil dieser Arbeit; detaillierte Informationen darüber können in Hirmer u. a. (2015), Wieland u. a. (2015) und Hirmer u. a. (2016) gefunden werden.

9.4.2.7 Schnittstellen und Messaging

Zwischen den verschiedenen Komponenten der Sozialen Fabrik existieren REST-basierte Schnittstellen zum Austausch von Nachrichten. Diese Nachrichten folgen den Vorgaben gemeinsamer Nachrichtentypen oder -Templates, welche definiert wurden, um zustandslose Kommunikation zu ermöglichen. Während sich eine Nachricht zwischen Komponenten bewegt, fügt jede Komponente der Nachricht Informationen hinzu. Zum Beispiel generiert das Soziale Netzwerk eine Nachricht auf Basis einer Textmeldung durch einen Nutzer, die den Nutzernamen, den Kommunikationskanal und den Nachrichtentext enthält. Die Text-Analytics-Komponente fügt erkannte Schlüsselwörter, erkannte Grußformeln und gegebenenfalls erkannte Adressaten hinzu. Handelt es sich um einen Hilferuf wegen eines Problems, so geht die Nachricht als Nächstes an den Fehler-Handler und über diesen an das Wissensrepository. Hier werden nun die möglichen Problemlösungen als Antworttext hinzugefügt, und schließlich schreibt das Soziale Netzwerk die Antwortnachricht in den passenden Kommunikationskanal.

9.4.3 Implementierung

Ein Prototyp der Sozialen Fabrik wurde im Rahmen des Studienprojekts „Connecting Users and data in Production for Context-Aware esKalation of Exceptions (CUPCAKE)“ von April 2015 – April 2016 implementiert. Beteiligt waren 11 Studenten sowie 5 Betreuer, darunter die Autorin dieser Dissertation, mit insgesamt etwa 2 – 3 Personenjahren Arbeitsaufwand. Im Folgenden wird die prototypische Implementierung kurz beschrieben.

Für die Entwicklung des Prototypen wurde vom Anwendungsbeispiel aus Kapitel 3.2 ausgegangen, das auch in MaXCept (Kassner u. Mitschang, 2015) die Grundlage bildet. Als Beispieldaten für das Wissensrepository wurden Dokumentation und Fehlerdaten aus dem Anwendungszentrum Industrie 4.0 verwendet (Landherr u. a., 2016). Die Maschinen und Sensoren der Fabrik wurden mithilfe mehrerer Raspberry Pi-Minicomputer simuliert; ein vollständiger Anschluss an das Anwendungszentrum Industrie 4.0 (Landherr u. a., 2016) ist geplant.

Das Soziale Netzwerk wurde auf Basis des Open-Source-Netzwerks *elgg* (elgg, 2016) implementiert und bringt dadurch eine mobile und eine Desktop-Nutzeroberfläche von Haus aus mit. *elgg* wurde dafür ausgewählt, weil sich der stabile Kern durch eine Vielzahl von Plugins erweitern lässt und die Anpassung durch selbstgeschriebene Plugins sehr komfortabel erfolgen kann. Zusätzliche Funktionen, die jeweils als Plugins für die Soziale Fabrik implementiert wurden, waren das Rollenmanagement, die Verwaltung der Text-Analytics-Schlüsselwortbibliothek und die Schnittstellen zum Wissensrepository wie auch zu den Text-Analytics- und Handler-Komponenten.

Die Text-Analytics-Komponente wurde in Java nach den Richtlinien des Apache UIMA-Frameworks (Ferrucci u. Lally, 2004) implementiert, dabei kamen auch die uimaFit-Bibliotheken (Ogren u. Bethard, 2009) zum Einsatz. Unter anderem wurden OpenNLP-Komponenten (Apache Software Foundation, 2010) für die syntaktische Analyse verwendet. Die Komponenten zur Erkennung fabrikspezifischer Schlüsselwörter und -muster sind Eigenimplementierungen von UIMA-Komponenten und verwenden Mustererkennung auf Basis von regulären Ausdrücken.

Die Handler-Komponenten wurden beide in Java als Eigenimplementierungen bereitgestellt. Der Maschinen-Handler verwendet HTTP-Schnittstellen, um mit SitOPT zu interagieren. Eine Anpassung auf weitere Schnittstellentypen, z.B. OPC-UA (OPC, 2016), ist für die nahe Zukunft geplant.

Den strukturierten Teil des Wissensrepositorys bildet eine MySQL-Datenbank (MySQL, 2014); der unstrukturierte Teil wurde als Apache Solr-Index (The Apache Software Foundation, 2015a) mit Apache Tika (The Apache Software Foundation, 2015b) umgesetzt.

Das gemeinsame Nachrichtenformat, das bei der Versendung und Bearbeitung von Fehlermeldungen und Maschinenbefehlen zum Einsatz kommt, wurde auf Basis von JSON (ECMA, 2013) definiert.

9.4.4 Anwendungsbeispiel

Im Folgenden werden die zwei möglichen Wege einer Fehlermeldung durch die Soziale Fabrik an einem Anwendungsbeispiel erläutert. Abbildung 9.11 gibt einen schematischen Überblick. Nehmen wir an, dass ein Arbeiter Rauchentwicklung an einer Maschine bemerkt. Über ein mobiles Gerät oder über eine Terminal-Station auf dem Shop Floor gibt er eine Chat-Nachricht an den Exception-Bot ein: „Hilfe, an dieser Maschine raucht es!“ (Schritt 1). Alternativ könnte er diese Nachricht auch im Chat an die Maschine selbst schicken oder auf ihre Pinnwand schreiben. In jedem dieser Fälle wird der Text als nächstes analysiert (Schritt 2). Dabei werden „Hilfe“ als Signalwort für eine Fehlermeldung, „raucht“ als Schlüsselwort für den Fehlertyp und „diese Maschine“ als betroffene Maschine extrahiert. Auf welche Maschine sich das bezieht, kann entweder aus dem Kommunikationskanal oder aus dem Ort, von dem aus die Fehlermeldung abgesetzt wurde, inferiert werden. Wir nehmen an, dass es um eine Laserschneidemaschine geht. Diese extrahierten Informationen werden genutzt, um die Meldung über den Fehler-Handler an das

Wissensrepository weiterzuleiten. Dort wird nach einer Lösung für das Problem „Rauch" an der Laserschneidemaschine gesucht (Schritt 3). Außerdem wird ein Fehlerereignis mit der Uhrzeit der Meldung und der meldenden Person als Autor aufgenommen (Schritt 4). Die gefundene Lösung besagt, dass der Rauch vermutlich durch eine Fehlkalibrierung des Laserstrahls ausgelöst wurde, die zu einer zu großen Erhitzung der Werkstücke beim Schneiden führte, und daher die Maschine ausgeschaltet und neu kalibriert werden muss.

Dies wird nun über den verwendeten Kommunikationskanal, im beschriebenen Fall also als Chat-Nachricht vom Exception-Bot, an den Nutzer zurückgegeben (Schritt 5). Im Prototypen wird die vorgeschlagene Lösung nicht automatisch umgesetzt, sondern dem Nutzer die Entscheidung überlassen. Wenn er die Rolle Wartungsingenieur inne hat, kann er über einen Chat-Befehl, der analysiert und an den Maschinen-Handler weitergegeben wird, die betroffene Maschine ausschalten (Schritt 6). Wenn nicht, kann dies der zuständige Wartungsingenieur tun, der automatisch über den Fehler informiert wird.

Auch über die Situationserkennung von SitOPT könnte dieser Fehler erkannt werden, wenn die Maschine über einen entsprechenden Rauchsensor verfügt (Schritte A und B). Über den Maschinen-Handler wird die Nachricht über das aufgetretene Problem dann ins Soziale Netzwerk weitergetragen (Schritt C), wo Schritte 3 bis 6 des Fehlereskalationsprozesses genau wie im ersten Szenario ablaufen. Dabei dient der strukturierte Fehlercode, den SitOPT an den Maschinen-Handler sendet, als Ausgangspunkt für die Lösungssuche im Wissensrepository.

Abbildung 9.12 zeigt einen Screenshot von einem ähnlichen Szenario: Die Lasermaschine 42 meldet via Chat an den zuständigen Wartungsingenieur „Busy Bill", dass Rauch aufgetreten ist (1). Um zu entscheiden, was zu tun ist, postet Bill eine Frage an den Exception-Bot auf seiner eigenen Pinnwand (2). Der Exception-Bot schlägt eine mögliche Erklärung vor, bei der eine Überhitzung des Lasers die Ursache ist. Dies prüft der Wartungsingenieur nochmals durch einen Statuscheck im Chat mit der Maschine (3) und ergreift dann die vorgeschlagene Maßnahme, indem er die Maschine abschaltet (4). Die Maschine bestätigt die Abschaltung (5).

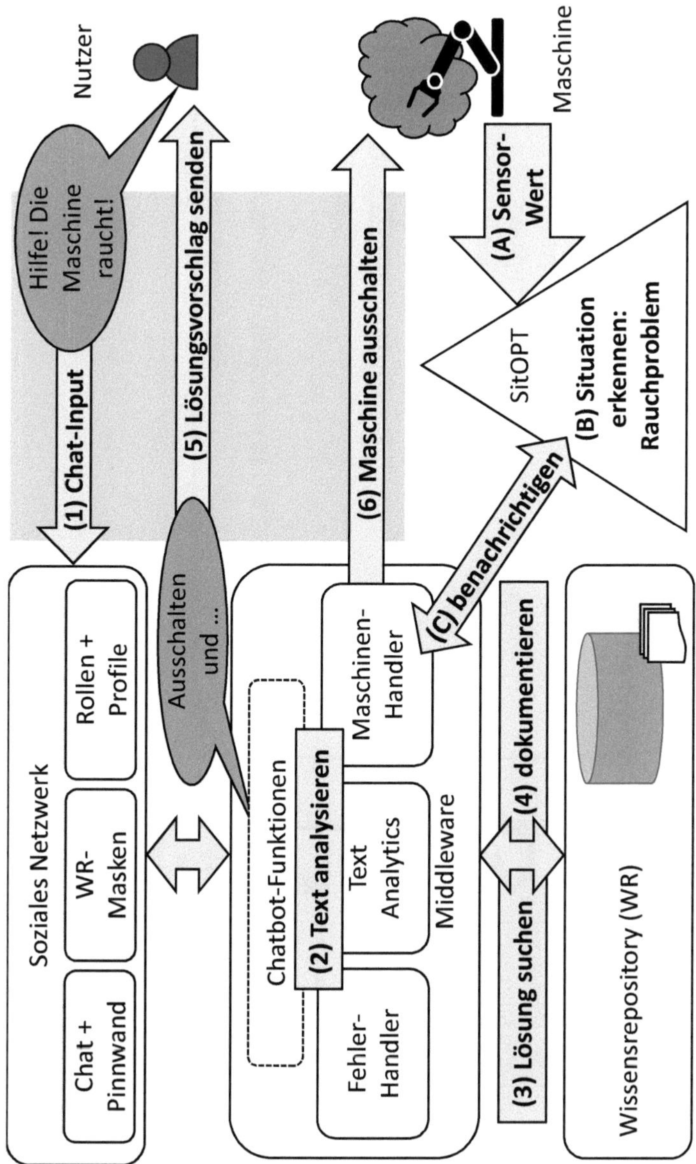

Abbildung 9.11: Prozesse in der Sozialen Fabrik am Anwendungsfall in Anlehnung an Kassner u. a. (2017b)

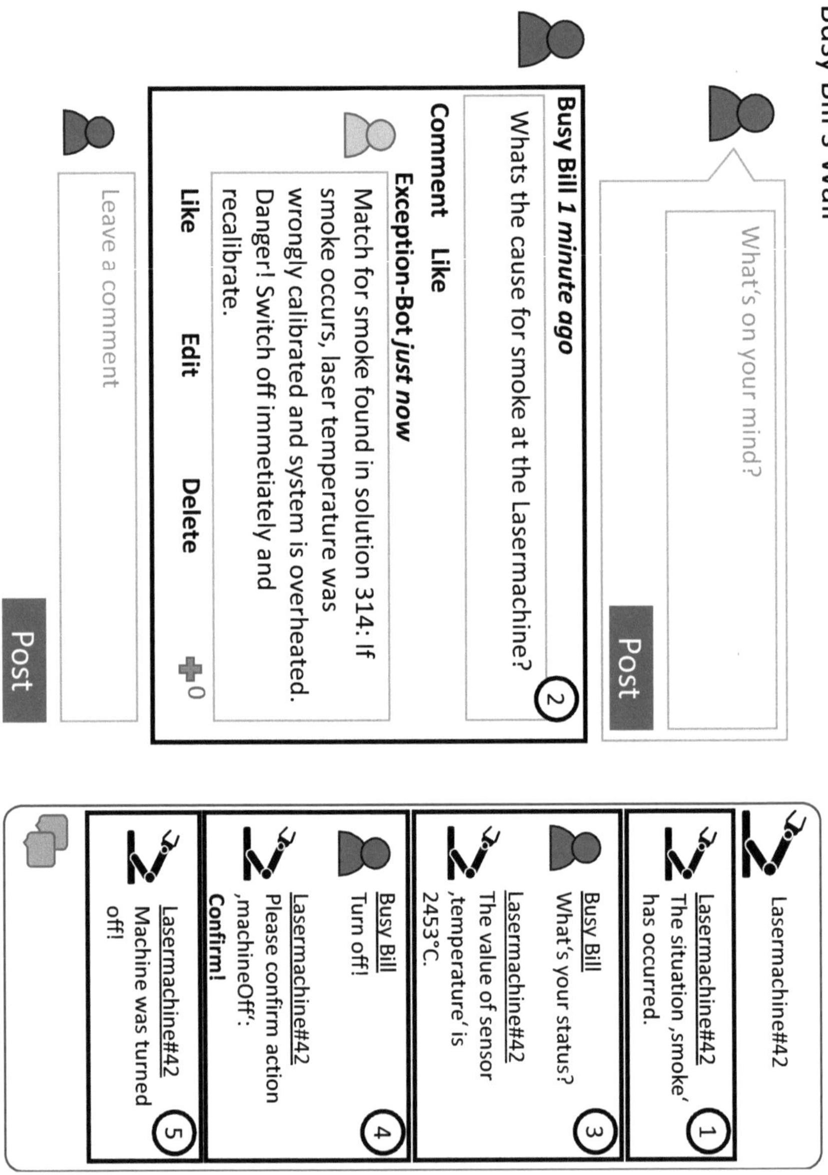

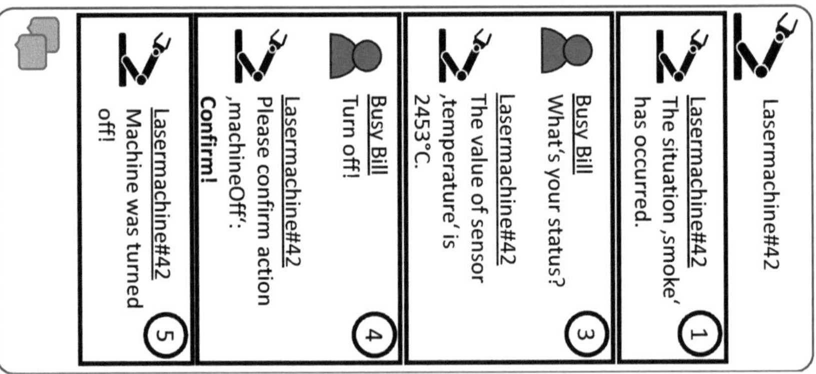

Abbildung 9.12: Prototypische Nutzeroberfläche der Sozialen Fabrik in Anlehnung an Kassner u. a. (2017b)

9.4.5 Bewertung

Der Prototyp der Sozialen Fabrik bildet einen Ausschnitt der MaXCept-Architektur ab und ist dabei besonders darauf fokussiert, menschlichen Arbeitern eine intuitive Interaktion mit der Fabrik über textbasierte Kommunikationskanäle zu ermöglichen. In Bezug auf die dafür definierten Anforderungen aus Abschnitt 9.1 lässt sich der implementierte Prototyp folgendermaßen bewerten:

Die Soziale Fabrik bietet als Nutzeroberfläche ein Soziales Netzwerk mit einer mobilen und einer Desktop-Oberfläche, sodass Arbeiter sowohl von festen Arbeitsplätzen als auch in Bewegung auf dem Shop Floor darauf zugreifen können. Echtzeitnahe Text Analytics ermöglicht sofortige Reaktionen auf textbasierte Anfragen, seien es nun Problemmeldungen, Statusabfragen oder Befehle an die Maschinen. Damit ist R_1 erfüllt – die Soziale Fabrik bietet die richtige Information zur richtigen Zeit und am richtigen Ort.

Die klar gegliederte Nutzeroberfläche, die sich stark an bekannten sozialen Netzwerken orientiert, der mögliche mobile Zugriff und die textbasierte Interaktion, die zu sprachbasierter Interaktion erweitert werden kann, erleichtern auch den Zugriff in einem geschäftigen Arbeitsumfeld, sodass R_2 ebenfalls erfüllt wird.

Der interaktive Charakter des Sozialen Netzwerks, das Maschinen und die Fabrik selbst als quasi belebte Gesprächspartner darstellt und eine Schnittstelle zur Dokumentation von Ereignissen und Problemlösungen wie auch zum Einbinden von Dokumenten bietet, motiviert Mitarbeiter auch dazu, ihr implizites Wissen einzubringen und sich zu engagieren, da eine starke Identifikation mit der Sozialen Fabrik hergestellt werden kann. Somit ist R_3 ebenfalls erfüllt.

Menschen wie auch Maschinen werden über digitale Zwillinge in Form passender Profile in der Sozialen Fabrik repräsentiert. Dabei sind die Maschinen mit ihren Sensoren über SitOPT eingebunden und über Chatbot-Funktionalitäten am Dialog im Sozialen Netzwerk beteiligt, und die Menschen haben Zugriff über eine ansprechende, gut nutzbare text- und bildbasierte Nutzeroberfläche. Auch ältere Maschinen ohne eigene smarte Technologie können bei einem gewissen Automatisierungsgrad in die Soziale Fabrik integriert werden, da die gesamten Aktivitäten von Maschinen in der Sozialen Fabrik durch die Middleware-Komponente Maschinen-Handler und den Situationserkennungsservice SitRS aus SitOPT verwaltet werden. Damit ist auch R_4, die gleichwertige Beteiligung von Menschen und Maschinen, im Prototypen erfüllt.

Durch die Kombination aus SitOPT und Text Analytics ist eine schnelle, verlässliche und datengetriebene Erkennung und Eskalation von Fehlern gewährleistet, womit auch R_5 erfüllt wird.

SitOPT, Text Analytics und das Wissensrepository gemeinsam stellen durch die Dokumentation und Analyse von Fehlerdaten und Handbüchern auch die Grundlage dafür zur Verfügung, dass die Soziale Fabrik eine lernende Fabrik in Erfüllung von R_6 werden kann.

Die Implementierung der Sozialen Fabrik ist voll funktionsfähig und steht auf Nachfrage als Open-Source-Software zur Verfügung.

9.5 Erreichte Forschungsziele und Verortung in ApPLAUDING

Zum Abschluss dieses Kapitels werden die erreichten Forschungsziele betrachtet (Abschnitt 9.5.1), und die Soziale Fabrik wird in den Kontext von ApPLAUDING eingebettet (Abschnitt 9.5.2).

9.5.1 Erreichte Forschungsziele

Die Konzepte und Prozesse, die in der MaXCept-Architektur erarbeitet und im Prototypen der Sozialen Fabrik exemplarisch umgesetzt wurden, betreffen vor allem das Forschungsziel 3 (FZ_3):

Sie zeigen, dass in der Smarten Fabrik der Zukunft, aber auch schon auf dem Shop Floor von heute, Text Analytics umgesetzt werden kann und einen wertschöpfenden Beitrag zur Integration des Menschen in Produktionsprozesse leisten kann. Wie bereits in den Anwendungsszenarien aus dem Kontext der Automobilindustrie sind unstrukturierte Textdaten vor allem im Bereich der Qualitätskontrolle relevant, wo der Mensch als Beobachter und Entscheidungsträger eine große Rolle spielt. Dabei geht es im Produktionskontext auch um die Qualität von Prozessen und nicht nur um die des Produktes. Die Fehleranalyse und -behebung in der Produktion, die heute oft manuell oder aufwändig mehrschrittig erfolgt, kann durch eine Analysearchitektur mit umfassender Datenintegration teilweise automatisiert und ansonsten durch gezielte Informationsbereitstellung auf natürlichsprachlichen Kommunikationskanälen unterstützt werden. Damit ist auch ein Beitrag zur Erfüllung von Forschungsziel 1 (FZ_1), der Unterstützung manueller Analysearbeit durch Text Analytics, geleistet.

9.5.2 Verortung in ApPLAUDING

Die MaXCept-Architektur leitet sich aus der ApPLAUDING-Architektur ab, fügt ihr aber den physischen Kontext des Shop Floors hinzu und schränkt ihren Fokus gleichzeitig stark auf eine Phase des Produktlebenszyklus ein, nämlich die Produktionsphase. Daten aus anderen Lebenszyklusphasen können im Wissensrepository von MaXCept vorhanden sein und für Analysen genutzt werden. In der Analyseschicht präsentiert MaXCept eine komplex interagierende Abfolge wertschöpfender Analytics-Anwendungen zu Fehlererkennung, Fehlerklassifizierung und Fehlerlösung. Die Soziale Fabrik fügt diesen als explizit ausgearbeitete wertschöpfende Anwendungsfälle die textbasierte Interaktion mit der Fabrik über chatbot-artige Repräsentationen von Maschinen und Fehler-Handler hinzu.

9.6 Weiterführende Forschung

Der Prototyp der Sozialen Fabrik ist Ausgangspunkt für eine Reihe möglicher Weiterentwicklungen. Beispielsweise kann als nächster Schritt zur intuitiven Einbindung des Menschen eine noch direktere Schnittstelle mit gesprochener statt textuell repräsentierter Sprache umgesetzt werden. Das wäre vor allem im Shop-Floor-Umfeld der Fabrik nützlich, wenn gleichzeitig handwerkliche Tätigkeiten erledigt werden müssen. Das Shop-Floor-Modell, das im Prototypen der Sozialen Fabrik durch digitale Profile der Maschinen und Arbeiter umgesetzt ist, kann erweitert werden durch eine genaue Abbildung laufender und geplanter Prozesse und aktueller Aufgabenverteilungen. Auch weiterreichende prädiktive und präskriptive Analytics-Anwendungen auf den Ereignisdaten im Wissensrepository der Sozialen Fabrik können implementiert werden. Schließlich soll die Soziale Fabrik vollständig ans Anwendungszentrum Industrie 4.0 (Landherr u. a., 2016) angeschlossen und auch in einem realistischen Anwendungskontext in der Industrie getestet werden.

Kapitel 10

Fazit und Ausblick

Das letzte Kapitel dieser Dissertation fasst zunächst in Abschnitt 10.1 rückblickend die bearbeiteten Themen zusammen. In Abschnitt 10.2 werden die erreichten Forschungsziele rekapituliert, und in Abschnitt 10.3 wird ein Ausblick auf weitere Forschungsarbeit und die vollständige Umsetzung der erarbeiteten Konzepte im Industriekontext gegeben.

10.1 Zusammenfassung der bearbeiteten Themen

Die Analyse und Integration von strukturierten und unstrukturierten Daten aus dem gesamten Produktlebenszyklus kann sehr viel zur Wertschöpfung in der fertigenden Industrie beitragen. Insbesondere unstrukturierte unternehmensinterne Textdaten haben enormes Potenzial, zum Beispiel für Ursachenanalysen zwischen verschiedenen Produktlebenszyklusphasen (siehe Kapitel 8.3.3). Dieses Potenzial wird aber heute noch kaum ausgeschöpft, da integrierte Analysen heute noch nicht Realität sind. Von dieser Beobachtung ging die Forschungsarbeit für diese Dissertation in Kapitel 1.1 aus. Zur Umsetzung von umfassenden Analytics- und Integrationslösungen fehlte bisher ein genaues Konzept und Rahmenwerk. Auch die Bandbreite möglicher Anwendungsfälle wurde bisher nicht genauer untersucht. Stattdessen waren im Bereich Analytics auf unstrukturierten Daten Einzelfallimplementierungen für einige etablierte Anwendungsfälle die Regel, zumeist auf unternehmensexternen Daten aus den Sozialen Medien.

Wenig bis gar nicht untersucht wurde bisher auch der Beitrag von Analytics auf strukturierten und unstrukturierten Daten zur Unterstützung des menschlichen Arbeiters in einem flexiblen und datengetriebenen Fertigungsumfeld, wie es im Zuge von Industrie 4.0 angestrebt wird. Aus diesen Forschungslücken ergaben sich drei aufeinander aufbauende Forschungsziele, welche in dieser Dissertation bearbeitet wurden:

- Forschungsziel 1 (FZ_1): Unterstützung oder teilweise Automatisierung von manueller Datenanalysearbeit auf unstrukturierten Textdaten unter realistischen industriellen Gegebenheiten.
- Forschungsziel 2 (FZ_2): Unterstützung von produktlebenszyklusübergreifenden Analyseszenarien, die erst durch Text Analytics möglich werden, unter Verwendung unstrukturierter Textdaten aus verschiedenen Quellen.
- Forschungsziel 3 (FZ_3): Nutzung unstrukturierter Textdaten für die Integration des Menschen in die Smarte Fabrik von Industrie 4.0.

Gemeinsam tragen diese Forschungsziele zur Erfüllung des übergeordneten Forschungsziels bei, der Entwicklung und Implementierung eines Rahmenwerkes für die produktlebenszyklusübergreifende Integration und Analyse strukturierter und unstrukturierter Daten im Kontext der Produktionsindustrie.

In Kapitel 2 wurde das Thema dieser Dissertation in den Forschungshintergrund eingebettet und von verwandten Arbeiten abgegrenzt. Dabei wurde zunächst auf den Kontext Produktionsindustrie und die aktuellen Entwicklungen in Richtung Industrie 4.0 eingegangen, danach ein Überblick über die allgemeinen Konzepte und Methoden für Datenanalyse in Unternehmen aufgespannt und schließlich eine Einführung in Text Analytics gegeben.

Zwei Anwendungsbereiche für die Forschungsarbeit in dieser Dissertation wurden in Kapitel 3 definiert: Erstens ein reales Szenario zu Qualitätsdaten rund um den Produktlebenszkylus aus der Automobilindustrie, welches in Kooperation mit einem Industriepartner und unter Verwendung von Echtdaten bearbeitet wurde und Gegenstand mehrerer protoypischer Entwicklungen und Machbarkeitsstudien war. Zweitens ein visionäres Szenario zu Daten im Shop Floor einer Smarten Fabrik, für das ein detaillierter Prototyp umgesetzt wurde.

Als Kernstück des Lösungsansatzes wurde in Kapitel 4 das Konzept *Product Life Cycle Analytics (PLCA)* definiert. Dieses Konzept sieht vor, dass strukturierte und unstrukturierte Daten rund um den gesamten Produktlebenszyklus miteinander integriert werden und für wertschöpfende Analytics zur Verfügung stehen. PCLA ist charakterisiert durch die folgenden fünf Anforderungen:

- Verwendung von Daten aus allen Lebenszyklusphasen (A_1).
- Integration strukturierter und unstrukturierter Daten (A_2).
- Bereitstellung eines generellen Rahmenwerks für Analytics und Integration (A_3).
- Bereitstellung von Werkzeugen für umfassende Analytics auf strukturierten und unstrukturierten Daten, mit denen man neue, wertschöpfende Einsichten ableiten kann (A_4).
- Modularität, Flexibilität und Wiederverwendbarkeit von Komponenten (A_5).

Bisherige Analytics- und Integrationsansätze wurden im Hinblick auf diese Anforderungen ausgewertet und für unzureichend befunden. In Kapitel 5 wurde daraufhin *ApPLAUDING* definiert, eine Referenzarchitektur für Product Life Cycle Analytics, die alle Anforderungen an PLCA erfüllt.

In den Folgekapiteln 6, 7 und 8 wurden für mehrere Ausschnitte und Anwendungsfälle aus ApPLAUDING prototypische Implementierungen und experimentelle Untersuchungen zur Machbarkeit präsentiert, die sich alle auf das Szenario der Qualitätsdaten aus der Automobilbranche beziehen.

Kapitel 6 betrachtete einen Anwendungsfall aus der Aftersales-Qualitätsanalyse und fokussierte dabei vor allem auf FZ_1, die Unterstützung manueller Analysearbeit. Ein System zum automatischen Vorschlagen von Fehlercodes für Schadteile auf Basis von Textberichten wurde prototypisch implementiert und experimentell ausgewertet. Dabei zeigte sich, dass die automatische Klassifikation der Textdaten zu guten Fehlercodevorschlägen führt, welche die Arbeit der

Aftersales-Qualitätsbefunder wesentlich erleichtern können. Es zeigte sich allerdings auch, dass ein domänenspezifischer Klassifikationsansatz mithilfe einer entsprechenden semantischen Ressource, welcher gemäß der Idee von domänenspezifischen Analytics aus ApPLAUDING für die Klassifikation implementiert wurde, im Vergleich zu einem domänenignoranten Ansatz schlechter abschnitt. Ein Grund dafür ist die fehlende Wartung und Anpassung der domänenspezifische Ressource für die neu zu analysierende Datenquelle.

Als Konsequenz wurde in Kapitel 7 ein Konzept zur IT-gestützten Wartung und Weiterentwicklung von semantischen Ressourcen entwickelt und prototypisch implementiert.

In Kapitel 8 wurden neue Anwendungsfälle für produktlebenszyklusübergreifende Analysen auf Basis strukturierer und unstrukturierter Daten in der Automobilindustrie definiert. Mehrere Analytics-Strategien wurden für diese Anwendungsfälle auf ihre Machbarkeit hin untersucht. Damit lag der Fokus auf Forschungsziel FZ_2, der Unterstützung von produktlebenszyklusübergreifenden Analyseszenarien. Die Umsetzbarkeit der Anwendungsszenarien konnte qualitativ gezeigt werden. Dabei wurden unter anderem Komponenten und Ressourcen aus dem Prototypen aus Kapitel 6 wiederverwendet, ganz im Sinne der PLCA-Anforderung nach Modularität (A_5).

Abbildung 10.1 zeigt die Einordnung der gesamten entwickelten Konzepte und Implementierungen aus dem Anwendungsbereich der Automobilbranche in die Architektur ApPLAUDING. Es wurden beispielhaft mehrere Datenquellen betrachtet, in denen strukturierte und unstrukturierte Daten bereits miteinander integriert vorliegen. Die unstrukturierten Anteile der Daten wurden zunächst durch unstrukturiertes ETL mit den Schritten Tokenisierung und Sprachidentifikation bearbeitet. Auch die domänenunabhängige Bildung von Bag-of-Words-Repräsentationen der Texte kann als unstrukturiertes ETL eingeordnet werden.

Im Wissensrepository wurden die aufbereiteten Daten gespeichert. Ebenfalls dort gespeichert wurden Klassifikatormodelle, extrahierte Fehlerursachen und Varianten einer Taxonomie, die in der Kern-Analytics-Schicht als domänenspezifische Ressource verwendet wurde.

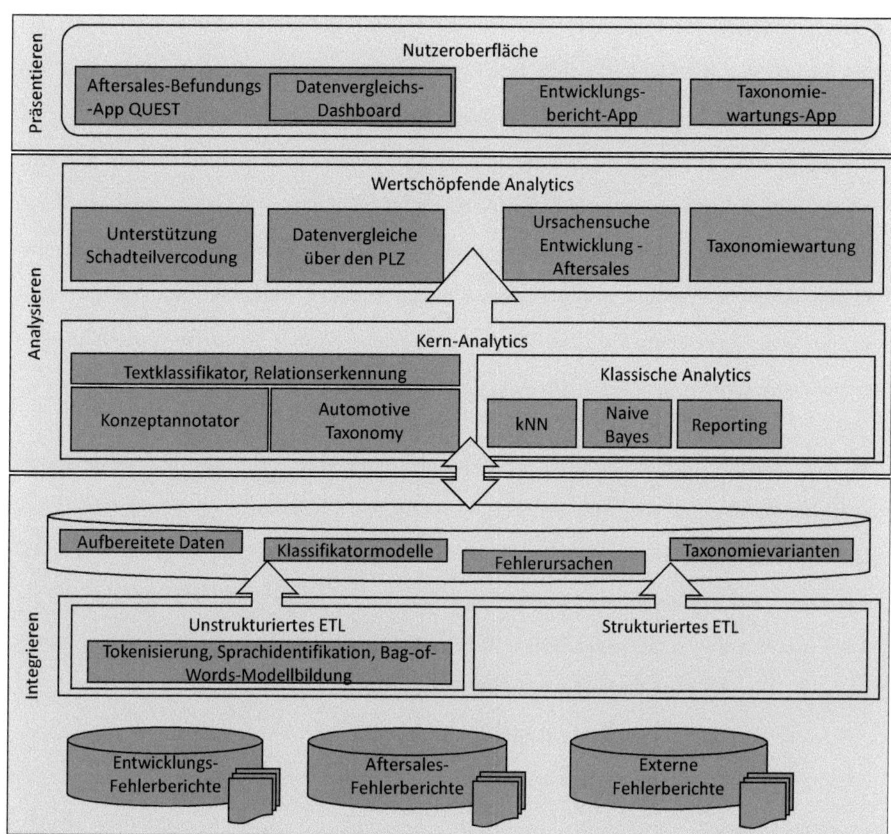

Abbildung 10.1: Komponenten der bearbeiteten Anwendungsbeispiele aus der Automobilbranche, eingeordnet in die ApPLAUDING-Architektur

Im Bereich Kern-Analytics fand mithilfe der besagten Taxonomie die domänenspezifische Annotation mit Konzepten statt. Außerdem sind hier die verschiedenen verwendeten Algorithmen für Klassifikation und Reporting einzuordnen. Die speziell entwickelten Komponenten für Textklassifikation und Relationserkennung stellen innerhalb der Kern-Analytics-Schicht advanced Text Analytics dar.

Mithilfe dieser Komponenten wurden schließlich mehrere wertschöpfende Anwendungsszenarien in der Schicht für wertschöpfende Analytics umgesetzt: Der Textklassifikator diente zur Unterstützung der Schadteilvercodung im Aftersales, bei welcher die Befunder von Schadteilen durch automatische Vorschläge von Fehlercodes schneller und genauer arbeiten können (siehe Kapitel 6). Die Annotation mit Konzepten und die darauf basierende Erkennung von Bauteil-Fehler-Relationen ermöglichte beispielsweise Datenvergleiche über den Produktlebenszyklus, die markt- und markenspezifische Stärken und Schwächen aufdecken können, und eine Ursachensuche für gehäuft auftretende Fehler in der Entwicklungs- und in der Aftersales-Phase, aus der für die Entwicklung von Nachfolgebaureihen gelernt werden kann (siehe Kapitel 8). Auch die Taxonomiewartung, also die Anpassung der domänenspezifischen semantischen Ressource an neue Anwendungsfälle und Datenquellen (siehe Kapitel 7), ist ein wertschöpfendes Anwendungsszenario.

Über verschiedene Apps, die prototypisch implementiert wurden, wird aus der Präsentationsschicht das Arbeiten mit den Analyseergebnissen möglich: Die Schadteilvercodung (Kapitel 6) erfolgt über eine Aftersales-Befundungs-App QUEST, in die außerdem ein Dashboard zum Vergleich von Daten zwischen internen und externen Quellen integriert ist (Kapitel 8). Die verschiedenen Varianten der domänenspezifischen Taxonomie werden ebenfalls über eine App gewartet (Kapitel 7). Für die Ursachensuche zwischen Entwicklungs- und Aftersales-Phase (Kapitel 8) wurde keine gesonderte App implementiert, hier ist aber eine Integration in die bestehende Anwendung zur Verwaltung der Fehlerberichte aus der Entwicklung denkbar.

In Kapitel 9 schließlich wurden die Konzepte und Ergebnisse aus den vorigen Kapiteln in einen weiteren, zukunftsweisenden Kontext übertragen: Auf Basis der ApPLAUDING-Architektur wurden ein Prozess und eine Architektur für die datengetriebene Fehlereskalation und textbasierte Arbeiterintegration in der Smarten Fabrik definiert. Diese unterstützen das ebenfalls in Kapitel 9 neu entwickelte Konzept einer *Sozialen Fabrik*, welche menschliche Arbeiter und Maschinen gleichermaßen einbindet und nach Art der Sozialen Medien miteinander kommunikativ vernetzt. Eine prototypische Implementierung dieses Konzepts wurde ebenfalls in Kapitel 9 vorgestellt.

10.2 Erreichte Forschungsziele

Sowohl das übergeordnete Forschungsziel als auch die drei untergeordneten Forschungsziele werden durch die Inhalte dieser Arbeit erfüllt. Das Konzept Product Life Cycle Analytics und die dafür entwickelte Architektur ApPLAUDING bilden ein Rahmenwerk, durch das strukturierte und unstrukturierte Daten in der Produktionsindustrie entlang des gesamten Produktlebenszyklus integriert und analysiert werden können. Dabei geschieht Wertschöpfung einerseits durch die Unterstützung manueller Datenarbeit (FZ_1) und andererseits durch neuartige erkenntnisbringende Analysen (FZ_2), die ohne unstrukturierte Daten nicht möglich wären. Exemplarisch wird dies an den Anwendungsbeispielen aus der Automobilindustrie gezeigt: Die manuelle, durch Experten vorgenommene Vercodung von Schadteilen im Rahmen der Aftersales-Qualitätsanalyse kann durch Text Analytics erleichtert werden, indem Vorschläge für wahrscheinliche Fehlercodes gemacht werden. Die Vergleiche von textbasierten Qualitätsdaten aus der Entwicklung, dem Aftersales-Bereich und externen Quellen bieten wertvolle Erkenntnisse, die bisher nicht zugänglich ware, zum Beispiel über Wettbewerbsvorteile und -nachteile gegenüber anderen Marken, Fehleranfälligkeiten auf bestimmten Märkten und mögliche Fehlerursachen in anderen Lebenszyklusphasen. Damit sind Forschungsziel 1 und Forschungsziel 2 erfüllt.

Auch für Forschungsziel 3, die Nutzung von unstrukturierten Textdaten für die Integration des Menschen im datengetriebenen Shop Floor (FZ_3), bilden PLCA und ApPLAUDING die Grundlage. Auf dieser Basis kann eine produktionsspezifische Architektur für die IT einer Smarten Fabrik definiert und umgesetzt werden. Dies wurde am Thema Fehlereskalation genauer spezifiziert und durch prototypische Implementierung gezeigt. In der Sozialen Fabrik können Menschen und Maschinen miteinander auf Basis von Textnachrichten interagieren und Lösungen für auftretende Probleme können mithilfe von Text Analytics gefunden werden.

10.3 Ausblick

In dieser Arbeit wurden mehrere prototypische Implementierungen und Machbarkeitsnachweise für das Konzept Product Life Cycle Analytics und die darauf aufbauende Idee der Sozialen Fabrik für Industrie 4.0 entwickelt, ausgewertet und vorgestellt. Ein Großteil der Untersuchungen fand auf echten Daten in Kooperation mit einem Industriepartner statt. Die Soziale Fabrik wurde mit einem realistischen zukunftsweisenden Anwendungsszenario, jedoch ohne Industriepartner oder Echtdaten entwickelt.

An mehreren Stellen kann auf die Ergebnisse dieser Arbeit gewinnbringend aufgebaut werden: Die ApPLAUDING-Architektur kann in einem Industriekontext als Gesamtarchitektur umgesetzt werden. Dazu bietet sich eine Weiterführung der Kooperation mit demselben Industriepartner an. Nächste Schritte wären die Anbindung einer größeren Menge an Datenquellen, die Bereitstellung einer noch größeren Bandbreite an Analysewerkzeugen und Algorithmen und die Standardisierung von Technologien für die Umsetzung von ETL-Mechanismen, Wissensrepository und Nutzerschnittstellen. Dann können die Anwendungsfälle, die bereits auf Machbarkeit untersucht wurden, umgesetzt werden und weitere Anwendungsfälle können erarbeitet werden. Das Thema Datenqualität unstrukturierter Daten ist in dieser Arbeit als wichtig erkannt worden und wird bereits in einer weiteren Forschungsarbeit an der Graduate School advanced Manufacturing Engineering untersucht. Ebenso können weitere Forschungsarbeiten zu konkreten Anwendungsfällen für Analytics und zum Management domänenspezifischen unternehmensinternen Wissens auf den Erkenntnissen dieser Arbeit aufbauen.

Die Soziale Fabrik als Spezialfall der ApPLAUDING-Architektur kann ebenfalls in einem realistischen Kontext umgesetzt werden. Gespräche mit möglichen Industriepartnern sind bereits im Gange.

Literaturverzeichnis

[Alippi u. Roveri 2007] ALIPPI, Cesare ; ROVERI, Manuel: Reducing computational complexity in k-NN based adaptive classifiers. In: *Proceedings of the 2007 IEEE International Conference on Computational Intelligence for Measurement Systems and Applications, CIMSA* (2007), S. 68–71. ISBN 1424408245

[AngularJS 2015] ANGULARJS: *AngularJS.* https://www.angularjs.org/. Version: 2015

[Antunes 2011] ANTUNES, Pedro: BPM and Exception Handling : Focus on Organizational Resilience. In: *IEEE Transactions on Systems, Man, and Cybernetics, Part C (Applications and Reviews)* 41 (2011), Nr. 3, S. 383–392

[Apache Software Foundation 2010] APACHE SOFTWARE FOUNDATION: *OpenNLP.* http://http://opennlp.apache.org/. Version: 2010

[Atzori u. a. 2012] ATZORI, Luigi ; IERA, Antonio ; MORABITO, Giacomo ; NITTI, Michele: The Social Internet of Things (SIoT) - When Social Networks Meet the Internet of Things: Concept, Architecture and Network Characterization. In: *Comput. Netw.* 56 (2012), Nr. 16, S. 3594–3608. – ISSN 1389–1286

[Baars u. Kemper 2008] BAARS, Henning ; KEMPER, Hans-George: Management Support with Structured and Unstructured Data—An Integrated Business Intelligence Framework. In: *Information Systems Management* 25 (2008), März, Nr. 2, S. 132–148. – ISSN 1058–0530

[Bank 2013] BANK, Mathias: *AIM – A Social Media Monitoring System for Quality Engineering*, Universität Leipzig, Diss., 2013

[Bank u. Hänig 2011] BANK, Mathias ; HÄNIG, Christian: Using the Internet as Sensor for Customer Perception. In: *Proceedings der Fachtagung zum Text-und Data Mining für die Qualitätsanalyse in der Automobilindustrie (2011)* (2011), S. 49–55

[Bank u. a. 2012] BANK, Mathias ; REMUS, Robert ; SCHIERLE, Martin: Textual Characteristics for Language Engineering. In: *LREC*, 2012, S. 515–519

[Batini u. a. 2011] BATINI, Carlo ; BARONE, Daniele ; CABITZA, Federico ; GREGA, Simone: A Data Qality Methodology for Heterogeneous Data. In: *International Journal of Database Management Systems (IJDMS)* 3 (2011), Nr. 1, S. 60 – 79

[Bauer u. Günzel 2004] BAUER, Andreas (Hrsg.) ; GÜNZEL, Holger (Hrsg.): *Data Warehouse Systeme*. 2. Heidelberg : dpunkt.verlag, 2004. – ISBN 3–89864–251–8

[Bhattacharya u. a. 1981] BHATTACHARYA, Binay K. ; POULSEN, Ronald S. ; TOUSSAINT, Godfried T.: Application of proximity graphs to editing nearest neighbor decision rule. In: *International Symposium on Information Theory* (1981)

[Böhm u. a. 2017] BÖHM, Alexander ; LEHNER, Wolfgang ; MAY, Norman: SAP HANA – The Evolution of an In-Memory DBMS from Pure OLAP Processing Towards Mixed Workloads. In: MITSCHANG, Bernhard (Hrsg.) ; NICKLAS, Daniela (Hrsg.) ; LEYMANN, Frank (Hrsg.) ; SCHÖNING, Harald (Hrsg.) ; HERSCHEL, Melanie (Hrsg.) ; TEUBNER, Jens (Hrsg.) ; HÄRDER, Theo (Hrsg.) ; KOPP, Oliver (Hrsg.) ; WIELAND, Matthias (Hrsg.): *Datenbanksysteme für Business, Technologie und Web (BTW 2017), Lecture Notes in Informatics (LNI)*. Bonn : Gesellschaft für Informatik, 2017, S. 545–563

[Bootstrap 2015] BOOTSTRAP: *Bootstrap Framework*. `http://getbootstrap.com/`. Version: 2015

[Bruner 2013] BRUNER, Jon: *Industrial Internet.* O'Reilly Media, Inc., 2013

[Brunzel 2008] BRUNZEL, Marko: The XTREEM Methods for Ontology Learning from Web Documents. In: BUITELAAR, Paul (Hrsg.) ; CIMIANO, Philipp (Hrsg.): *Ontology learning and population: bridging the gap between text and knowledge.* Ios Press, 2008. – ISBN 1586038184

[Buitelaar u. Cimiano 2008] BUITELAAR, Paul (Hrsg.) ; CIMIANO, Philipp (Hrsg.): *Ontology learning and population: bridging the gap between text and knowledge.* Ios Press, 2008. – ISBN 1586038184

[Cavnar u. Trenkle 1994] CAVNAR, William B. ; TRENKLE, John M.: N-Gram-Based Text Categorization. In: *Proceedings of Third Annual Symposium on Document Analysis and Information Retrieval*, 1994

[Celjuska u. Vargas-Vera 2004] CELJUSKA, David ; VARGAS-VERA, Maria: Ontosophie: A Semi-Automatic System for Ontology Population from Text. In: *Proceedings of the 3rd International Conference on Natural Language Processing (ICON)*, 2004

[Demoly u. a. 2013] DEMOLY, Frédéric ; DUTARTRE, Olivier ; YAN, Xiu-Tian ; EYNARD, Benoît ; KIRITSIS, Dimitris ; GOMES, Samuel: Product relationships management enabler for concurrent engineering and product lifecycle management. In: *Computers in Industry* 64 (2013), September, Nr. 7, S. 833–848. – ISSN 01663615

[ECMA 2013] ECMA: Standard ECMA-404 The JSON Data Interchange Format / European Computer Manufacturers Association International. Version: 2013. `http://www.ecma-international.org/publications/files/ECMA-ST/ECMA-404.pdf`. 2013. – Forschungsbericht

[elgg 2016] ELGG: *elgg Open Source Social Networking Engine.* `https://elgg.org/`, 2016

[Estel 2015] ESTEL, Marcel: *Master Thesis: Taxonomy Extension through Synonym Discovery in Integrated Data.* 2015

[Fayyad u. a. 1996] FAYYAD, Usama ; PIATETSKY-SHAPIRO, Gregory ; SMYTH, Padhraic: From Data Mining to Knowledge Discovery in Databases. In: *AI Magazine* 17 (1996), Nr. 3, S. 37–54. – ©2017, Association for the Advancement of Artificial Intelligence (www.aaai.org)

[Feinerer u. a. 2008] FEINERER, Ingo ; HORNIK, Kurt ; MEYER, David: Text Mining Infrastructure in R. In: *Journal of Statistical Software* 25 (2008), Nr. 1, S. 1–54. – ISSN 1548–7660

[Fellbaum 1999] FELLBAUM, Christiane: *WordNet.* Blackwell Publishing Ltd, 1999

[Ferrucci u. Lally 2004] FERRUCCI, David ; LALLY, Adam: UIMA: an architectural approach to unstructured information processing in the corporate research environment. In: *Natural Language Engineering* 10 (2004), Nr. 3-4, S. 327–348

[Gölzer u. a. 2015] GÖLZER, Philipp ; CATO, Patrick ; AMBERG, Michael: Data Processing Requirements of Industry 4.0 - Use Cases for Big Data Applications. In: *ECIS 2015 Research-in-Progress Papers* (2015), S. 0–13. ISBN 9783000502842

[Grimes 2008] GRIMES, Seth: Unstructured data and the 80 percent rule. In: *Carabridge Bridgepoints* (2008)

[Grimes 2014] GRIMES, Seth: Text Analytics 2014 : User Perspectives on Solutions and Providers / Alta Plana Corporation. 2014. – Forschungsbericht

[Gröger u. a. 2013] GRÖGER, Christoph ; HILLMANN, Mark ; HAHN, Friedemann ; MITSCHANG, Bernhard ; WESTKÄMPER, Engelbert: The Operational Process Dashboard for Manufacturing. In: *Procedia CIRP* 7 (2013), S. 205–210

[Gröger u. a. 2016] GRÖGER, Christoph ; KASSNER, Laura B. ; HOOS, Eva ; KÖNIGSBERGER, Jan ; KIEFER, Cornelia ; SILCHER, Stefan ; MITSCHANG, Bernhard: The Data-Driven Factory

- Leveraging Big Industrial Data for Agile, Learning and Human-Centric Manufacturing. In: *Proceedings of the 18th International Conference on Enterprise Information Systems*, 2016

[Gröger u. a. 2012a] GRÖGER, Christoph ; NIEDERMANN, Florian ; SCHWARZ, Holger ; MITSCHANG, Bernhard: Supporting Manufacturing Design by Analytics. In: *Proceedings of the 2012 IEEE 16th International Conference on Computer Supported Cooperative Work in Design, CSCWD 2012 (2012)*, 2012

[Gröger u. a. 2012b] GRÖGER, Christoph ; SCHLAUDRAFF, Johannes ; NIEDERMANN, Florian: Warehousing Manufacturing Data. In: *International Conference on Data Warehousing and Knowledge Discovery*, Springer Berlin Heidelberg, 2012, S. 142–155

[Gröger u. a. 2014a] GRÖGER, Christoph ; SCHWARZ, Holger ; MITSCHANG, Bernhard: Prescriptive analytics for recommendation-based business process optimization. In: *Lecture Notes in Business Information Processing* 176 LNBIP (2014), Nr. 3, S. 25–37. – ISBN 9783319066943

[Gröger u. a. 2014b] GRÖGER, Christoph ; SCHWARZ, Holger ; MITSCHANG, Bernhard: The Deep Data Warehouse: Link-based Integration and Enrichment of Warehouse Data and Unstructured Content. In: *Enterprise Distributed Object Computing Conference (EDOC), 2014 IEEE 18th International*, IEEE, 2014, S. 210–217

[Gröger u. a. 2014c] GRÖGER, Christoph ; SCHWARZ, Holger ; MITSCHANG, Bernhard: The Manufacturing Knowledge Repository. Consolidating Knowledge to Enable Holistic Process Knowledge Management in Manufacturing. In: *Proceedings of the 16th International Conference on Enterprise Information Systems (ICEIS), 27-30 April, 2014, Lisbon, Portugal.*, 2014

[Grossmann u. a. 2005] GROSSMANN, Matthias ; BAUER, Martin ; HÖNLE, Nicola ; KÄPPELER, Uwe-Philipp ; NICKLAS, Daniela ; SCHWARZ, Thomas: Efficiently Managing Context Information for Large-scale Scenarios. In: *Third IEEE International Conference on Pervasive Computing and Communications* IEEE, 2005. – ISBN 0769522998, S. 331 – 340

[Hall u. a. 2009] HALL, Mark ; FRANK, Eibe ; HOLMES, Geoffrey ; PFAHRINGER, Bernhard ; REUTEMANN, Peter ; WITTEN, Ian H.: The WEKA Data Mining Software: An Update. In: *SIGKDD Explorations* 11 (2009), Nr. 1, S. 10–18

[Hamp u. Feldweg 1997] HAMP, Birgit ; FELDWEG, Helmut: GermaNet - a lexical-semantic net for German. In: *Proceedings of ACL workshop Automatic Information Extraction and Building of Lexical Semantic Resources for NLP Applications*, 1997

[Han u. Kamber 2006] HAN, Jiawei ; KAMBER, Micheline: *Data Mining - Concepts and Techniques*. Elsevier, 2006. – ISBN 9781558609013

[Hänig 2012] HÄNIG, Christian: *Unsupervised Natural Language Processing for Knowledge Extraction from Domain-specific Textual Resources*, Universität Leipzig, Diss., 2012

[Harris 1968] HARRIS, Zellig: *Mathematical structures of language*. Wiley, 1968

[Hepp 2010] HEPP, Martin: *Volkswagen Vehicles Ontology*. `http://www.volkswagen.co.uk/vocabularies/vvo/ns`. Version: 2010

[Hippner u. Wilde 2001] HIPPNER, Hajo ; WILDE, Klaus D.: Der Prozess des Data Mining im Marketing. In: *Handbuch Data Mining im Marketing*. Wiesbaden : Vieweg, 2001, S. 22–94

[Hirmer u. a. 2016] HIRMER, Pascal ; WIELAND, Matthias ; BREITENBÜCHER, Uwe ; MITSCHANG, Bernhard: Automated Sensor Registration, Binding and Sensor Data Provisioning. In: *Proceedings of the CAiSE 2016 Forum at the 28th International Conference on Advanced Information Systems Engineering*, 2016

[Hirmer u. a. 2015] HIRMER, Pascal ; WIELAND, Matthias ; SCHWARZ, Holger ; MITSCHANG, Bernhard ; BREITENBÜCHER, Uwe ; LEYMANN, Frank: SitRS - A Situation Recognition Service Based on Modeling and Executing Situation Templates. In: *Proceedings of the 9th Symposium and Summer School On Service-Oriented Computing (SummerSOC)*, 2015

[Hoos u. a. 2014] HOOS, Eva ; GRÖGER, Christoph ; KRAMER, Stefan ; MITSCHANG, Bernhard: Improving Business Processes through Mobile Apps – An Analysis Framework to Identify Value-added App Usage Scenarios. In: *Proceedings of the 15th International Conference on Information Systems (ICEIS)*. 2014, S. 71–82

[Hornik u. a. 2013] HORNIK, Kurt ; MAIR, Patrick ; RAUCH, Johannes ; GEIGER, Wilhelm ; BUCHTA, Christian ; FEINERER, Ingo: The textcat Package for n-Gram Based Text Categorization in R. In: *Journal of Statistical Software* 52 (2013), Nr. 6, S. 1–17

[Jiang u. Zhou 2004] JIANG, Yuan ; ZHOU, Zhi-Hua: Editing Training Data for kNN Classifiers with Neural Network Ensemble. In: *International Symposium on Neural Networks*, Springer Berlin Heidelberg, 2004, S. 356–361

[Jun u. a. 2007] JUN, Hong-Bae ; KIRITSIS, Dimitris ; XIROUCHAKIS, Paul: Research issues on closed-loop PLM. In: *Computers in Industry* 58 (2007), Dezember, Nr. 8-9, S. 855–868. – ISSN 01663615

[Jurafsky u. Martin 2014] JURAFSKY, Dan ; MARTIN, James H.: *Speech and language processing*. Pearson, 2014

[Kagermann u. a. 2013] KAGERMANN, Henning ; WAHLSTER, Wolfgang ; HELBIG, Johannes: Umsetzungsempfehlungen für das Zukunftsprojekt Industrie 4.0. 2013. – Forschungsbericht

[Kassner u. a. 2017a] KASSNER, Laura ; GRÖGER, Christoph ; KÖNIGSBERGER, Jan ; HOOS, Eva ; KIEFER, Cornelia ; WEBER, Christian ; SILCHER, Stefan ; MITSCHANG, Bernhard: The Stuttgart IT Architecture for Manufacturing. An Architecture for the Data-Driven Factory. In: HAMMOUDI, S. (Hrsg.) ; MACIASZEK, L.A. (Hrsg.) ; MISSIKOFF, M.M. (Hrsg.) ; CAMP, O. (Hrsg.) ; CORDEIRO, J. (Hrsg.): *Enterprise Information Systems. 18th International Conference, ICEIS 2016, Rome, Italy, April 25–28, 2016, Revised Selected Papers.* Springer, 2017 (Lecture Notes in Business Information Processing (LNBIP)), S. 53–80. – ©Springer International Publishing AG 2017 This work is subject to copyright. All rights are reserved by the Publisher, whether the whole or part of the material is concerned, specifically the rights of translation, reprinting, reuse of illustrations, recitation, broadcasting, reproduction on microfilms or in any other physical way, and transmission or information storage and retrieval, electronic adaptation, computer software, or by similar or dissimilar methodology now known or hereafter developed. The use of general descriptive names, registered names, trademarks, service marks, etc. in this publication does not imply, even in the absence of a specific statement, that such names are exempt from the relevant protective laws and regulations and therefore free for general use. The publisher, the authors and the editors are safe to assume that the advice and information in this book are believed to be true and accurate at the date of publication. Neither the publisher nor the authors or the editors give a warranty, express or implied, with respect to the material contained herein or for any errors or omissions that may have been made. The publisher remains neutral with regard to jurisdictional claims in published maps and institutional affiliations.

[Kassner u. a. 2015] KASSNER, Laura ; GRÖGER, Christoph ; MITSCHANG, Bernhard ; WESTKÄMPER, Engelbert: Product Life Cycle Analytics – Next Generation Data Analytics on Structured and Unstructured Data. In: *Procedia CIRP* 33 (2015), S. 35–40

[Kassner u. a. 2017b] KASSNER, Laura ; HIRMER, Pascal ; KÖNIGSBERGER, Jan ; WIELAND, Matthias ; STEIMLE, Frank ; MITSCHANG, Bernhard: The Social Factory: Connecting People, Machines & Data in Manufacturing for Context-Aware Exception Escalation. In: *Proceedings of the 2017 50th Hawaii International Conference on System Sciences (HICSS)*, 2017

[Kassner u. Kiefer 2015] KASSNER, Laura ; KIEFER, Cornelia: Taxonomy Transfer: Adapting a Knowledge Representing Resource to new Domains and Tasks. In: *Proceedings of the 16th European Conference on Knowledge Management*, 2015

[Kassner u. Mitschang 2015] KASSNER, Laura ; MITSCHANG, Bernhard: MaXCept – Decision Support in Exception Handling through Unstructured Data Integration in the Production Context: An Integral Part of the Smart Factory. In: *Proceedings of the 2015 48th Hawaii*

International Conference on System Sciences (HICSS), 2015. – ISSN 1530–1605, S. 1007–1016. – ©IEEE

[Kassner u. Mitschang 2016] KASSNER, Laura ; MITSCHANG, Bernhard: Exploring Text Classification for Messy Data: An Industry Use Case for Domain-Specific Analytics. In: *Proceedings of the International Conference on Extending Database Technology (EDBT) 2016*, 2016

[Kassner u. a. 2008] KASSNER, Laura ; NASTASE, Vivi ; STRUBE, Michael: Acquiring a Taxonomy from the German Wikipedia. In: *Proceedings of the Sixth International Language Resources and Evaluation (LREC'08)*, 2008, S. 2143–2146

[Kemper u. a. 2010] KEMPER, Hans-George ; BAARS, Henning ; MEHANNA, Walid: *Business Intelligence — Grundlagen und praktische Anwendungen*. Wiesbaden : Vieweg, 2010. – ISBN 978–3–8348–0275–0

[Kiritsis 2011] KIRITSIS, Dimitris: Closed-loop PLM for intelligent products in the era of the Internet of things. In: *Computer-Aided Design* 43 (2011), Mai, Nr. 5, S. 479–501. – ISSN 00104485

[Knight 2016] KNIGHT, Will: *Microsoft Says Maverick Chatbot Tay Foreshadows the Future of Computing*. `https://www.technologyreview.com/`. Version: 2016

[Königsberger u. a. 2014] KÖNIGSBERGER, Jan ; SILCHER, Stefan ; MITSCHANG, Bernhard: SOA-GovMM: A meta model for a comprehensive SOA governance repository. In: JOSHI, James B. D. (Hrsg.): *Proceedings of the 2014 IEEE 15th International Conference on Information Reuse and Integration*. Piscataway, NJ : IEEE, 2014. – ISBN 978–1–4799–5879–5, S. 187–194

[Landherr u. a. 2016] LANDHERR, Martin ; SCHNEIDER, Ulrich ; BAUERNHANSL, Thomas: The Application Center Industrie 4.0 - Industry-driven manufacturing, research and development. In: *Proceedings of the 49th CIRP Conference on Manufacturing Systems (CIRP-CMS 2016)*,

2016, S. 1–6

[Lang u. a. 2009] LANG, Alexander ; ORTIZ, Maria M. ; ABRAHAM, Stefan: Enhancing Business Intelligence with Unstructured Data. In: *BTW*, 2009, S. 469–485

[Magoutis u. a. 2015] MAGOUTIS, Kostas ; PAPOULAS, Christos ; PAPAIOANNOU, Antonis ; KARNIAVOURA, Flora ; AKESTORIDIS, Dimitrios-Georgios ; PAROTSIDIS, Nikos ; KOROZI, Maria ; LEONIDIS, Asterios ; NTOA, Stavroula ; STEPHANIDIS, Constantine: Design and implementation of a social networking platform for cloud deployment specialists. In: *Journal of Internet Services and Applications* 6 (2015), Nr. 1, S. 1–26. – ISSN 1869–0238

[Manning u. a. 2014] MANNING, Christopher D. ; SURDEANU, Mihai ; BAUER, John ; FINKEL, Jenny ; BETHARD, Steven J. ; MCCLOSKY, David: The Stanford CoreNLP Natural Language Processing Toolkit. In: *Association for Computational Linguistics (ACL) System Demonstrations*, 2014, 55–60

[Marcus u. a. 1999] MARCUS, Mitchell ; TAYLOR, Ann ; MACINTYRE, Robert: *Penn Treebank*. http://www.cis.upenn.edu/{~}treebank/. Version: 1999

[Matsokis u. Kiritsis 2010] MATSOKIS, Aristeidis ; KIRITSIS, Dimitris: An ontology-based approach for Product Lifecycle Management. In: *Computers in Industry* 61 (2010), oct, Nr. 8, S. 787–797. – ISSN 01663615

[MySQL 2014] MYSQL: *MySQL*. https://www.mysql.co/. Version: 2014

[Nastase u. Strube 2013] NASTASE, Vivi ; STRUBE, Michael: Transforming Wikipedia into a large scale multilingual concept network. In: *Artificial Intelligence* 194 (2013), S. 62–85. – ISBN 00043702 (ISSN)

[NHTSA 2014] NHTSA: *National Highway Traffic Safety Administration Data*. http://www-odi.nhtsa.dot.gov/downloads/. Version: 2014

[Niles u. Pease 2001] NILES, Ian ; PEASE, Adam: Towards a Standard Upper Ontology. In: *The 2nd International Conference on Formal Ontology in Information Systems (FOIS-2001)* (2001), S. 2–9. – ISBN 1581133774

[Ogren u. Bethard 2009] OGREN, Philip V. ; BETHARD, Steven J.: Building test suites for UIMA components. In: *SETQA-NLP '09 Proceedings of the Workshop on Software Engineering, Testing, and Quality Assurance for Natural Language Processing* (2009), Nr. June, S. 1–4. ISBN 978–1–932432–32–9

[OPC 2016] OPC: *OPC Foundation Unified Architecture.* https://opcfoundation.org/about/opc-technologies/opc-ua/, 2016

[Oracle 2015a] ORACLE: *GlassFish Application Server.* https://glassfish.java.net/. Version: 2015

[Oracle 2015b] ORACLE: *Java Database Connectivity (JDBC).* http://www.oracle.com/technetwork/java/overview-141217.html. Version: 2015

[Oracle 2015c] ORACLE: *Jersey.* https://jersey.java.net/. Version: 2015

[PostgreSQL 2014] POSTGRESQL: *PostgreSQL.* https://www.postgresql.org/. Version: 2014

[PrimeFaces 2015] PRIMEFACES: *PrimeFaces JSF.* www.primefaces.org/. Version: 2015

[R-Project 2016] R-PROJECT: *R Project for Statistical Computing.* https://www.r-project.org/. Version: 2016

[Rosen u.a. 2015] ROSEN, Roland ; WICHERT, Georg V. ; LO, George ; BETTENHAUSEN, Kurt D.: About the Importance of Autonomy and Digital Twins for the Future of Manufacturing. In: *IFAC-PapersOnLine* Bd. 48, Elsevier Ltd., 2015. – ISSN 2405–8963, S. 567–572

[Ruiz-Casado u. a. 2005] Ruiz-Casado, Maria ; Alfonseca, Enrique ; Castells, Pablo: Using context-window overlapping in synonym discovery and ontology extension. In: *Proceedings of RANLP-2005*, 2005, S. 1–7

[Russom 2007] Russom, Philip: BI Search and Text Analytics. In: *TDWI Best Practices Report* (2007), S. 9–11

[Saaksvuori u. Immonen 2002] Saaksvuori, Antti ; Immonen, Anselmi: *Product Lifecycle Management.* Springer Berlin Heidelberg, 2002. – ISBN 9783540781738

[Schierle 2011] Schierle, Martin: *Language Engineering for Information Extraction*, Universität Leipzig, Diss., 2011

[Schierle u. Trabold 2008] Schierle, Martin ; Trabold, Daniel: Extraction of Failure Graphs from Structured and Unstructured Data. In: *2008 Seventh International Conference on Machine Learning and Applications*, Ieee, 2008. – ISBN 978–0–7695–3495–4, S. 324–330

[Schierle u. Trabold 2009] Schierle, Martin ; Trabold, Daniel: Multilingual knowledge-based concept recognition in textual data. In: *Advances in Data Analysis, Data Handling and Business Intelligence. Proceedings of the 32nd Annual Conference of the Gesellschaft für Klassifikation e.V., Joint Conference with the British Classification Society (BCS) and the Dutch/Flemish Classification Society (VOC), Helmut-Schmidt-University, Hamburg, July 16-18, 2008.* Springer, 2009, S. 327–336. – ©Springer-Verlag Berlin Heidelberg 2010

[Schnabel 2015] Schnabel, Niklas: *Master Thesis: Entwurf und Realisierung einer App zur Verwaltung von Taxonomien.* 2015

[Schuster u. Wauer 2010] Schuster, Daniel ; Wauer, Matthias: Semantic Computing und Informationsextraktion als Schlüsseltechnologien für das Produktinformationssystem der Zukunft. In: *Text-und Data Mining für die Qualitätsanalyse in der Automobilindustrie* (2010)

[Silcher u. a. 2013] SILCHER, Stefan ; DINKELMANN, Max ; MINGUEZ, Jorge ; MITSCHANG, Bernhard: Advanced Product Lifecycle Management by Introducing Domain-Specific Service Buses. In: CORDEIRO, José (Hrsg.) ; MACIASZEK, Leszek A. (Hrsg.) ; FILIPE, Joaquim (Hrsg.): *Enterprise information systems* Bd. 141. Berlin : Springer, 2013. – ISBN 978–3–642–40653–9, S. 92–107

[Silcher u. a. 2010] SILCHER, Stefan ; MINGUEZ, Jorge ; SCHEIBLER, Thorsten ; MITSCHANG, Bernhard: A service-based approach for next-generation Product Lifecycle Management. In: *Proceedings of the 2010 IEEE International Conference on Information Reuse & Integration*, Ieee, 2010. – ISBN 978–1–4244–8097–5, S. 219–224

[Spath u. a. 2013] SPATH, Dieter ; GANSCHAR, Oliver ; GERLACH, Stefan: Produktionsarbeit der Zukunft - Industrie 4.0 / Fraunhofer-IAO. Stuttgart : Fraunhofer Verlag, 2013. – Forschungsbericht

[Sql2o 2015] SQL2O: *sql2o*. http://www.sql2o.org/. Version: 2015

[Stark 2011] STARK, John: *Product Lifecycle Management - 21st Century Paradigm for Product Realisation*. Springer, 2011. – ISBN 9780857295453

[Stein u. Morrison 2014] STEIN, Brian ; MORRISON, Alan: The enterprise data lake: Better integration and deeper analytics / pwc Technology Forecast. 2014 (1). – Forschungsbericht

[The Apache Software Foundation 2015a] THE APACHE SOFTWARE FOUNDATION: *Apache Solr*. https://lucene.apache.org/solr/, 2015

[The Apache Software Foundation 2015b] THE APACHE SOFTWARE FOUNDATION: *Apache Tika*. https://tika.apache.org/, 2015

[TUDarmstadt 2011] TUDARMSTADT: *DKPro Core*. http://www.ukp.tu-darmstadt.de/software/dkpro-core. Version: 2011

[Turing 1950] TURING, Alan M.: Computing Machinery and Intelligence. In: *Mind* 59 (1950), Nr. 236, S. 433–460

[Van der Plas u. Tiedemann 2006] VAN DER PLAS, Lonneke ; TIEDEMANN, Jörg: Finding synonyms using automatic word alignment and measures of distributional similarity. In: *Proceedings of the COLING/ACL on Main conference poster sessions* Association for Computational Linguistics, 2006, S. 866–873

[Vermesan u. Friess 2013] VERMESAN, Ovidiu ; FRIESS, Peter: *Internet of Things: Converging Technologies for Smart Environments and Integrated Ecosystems*. River Publishers, 2013

[Villanueva 2016] VILLANUEVA, Alejandro Gabriel Z.: *Master Thesis: Exploring Classification Algorithms and Data Feature Selection for Domain Specific Industrial Text Data*. 2016

[Waldner 1992] WALDNER, Jean-Baptiste: *CIM, principles of computer-integrated manufacturing*. Chichester, West Susssex, England and New York : Wiley, 1992. – ISBN 047193450X

[Wang u. Capiluppi 2015] WANG, Zhenchen ; CAPILUPPI, Andrea: A Specialised Social Network Software Architecture for Efficient Household Water Use Management. In: *European Conference on Software Architecture* Springer, 2015, S. 146–153

[Wauer u. a. 2010] WAUER, Matthias ; SCHUSTER, Daniel ; MEINECKE, Johannes: Aletheia: an architecture for semantic federation of product information from structured and unstructured sources. In: *Proceedings of the 12th International Conference on Information Integration and Web-based Applications & Services* ACM, 2010. – ISBN 9781450304214, S. 325–332

[Wauer u. a. 2009] WAUER, Matthias ; SCHUSTER, Daniel ; SCHILL, Alexander ; MEINECKE, Johannes ; JANKE, Thomas: Aletheia – Towards a Distributed Architecture for Semantic Federation of Comprehensive Product Information. In: *IADIS International Conference WWW/Internet*, 2009

[Weizenbaum 1966] WEIZENBAUM, Joseph: ELIZA - A Computer Program For the Study of Natural Language Communication Between Man And Machine. In: *Communications of the ACM* 9 (1966), Nr. 1, S. 36–45. – ISSN 0549–4974

[Wieland u. a. 2015] WIELAND, Matthias ; SCHWARZ, Holger ; BREITENBÜCHER, Uwe ; LEYMANN, Frank: Towards Situation-Aware Adaptive Workflows. In: *2015 IEEE International Conference on Pervasive Computing and Communication Workshops (PerCom Workshops))* IEEE, 2015, S. 32 –37

[Witten u. a. 2011] WITTEN, Ian H. ; FRANK, Eibe ; HALL, Mark A.: *Data Mining*. Morgan Kaufmann Publishers, 2011. – ISBN 9788578110796

[WSO2 2015] WSO2: *WSO2 Server*. `www.wso.com`. Version: 2015

[Zhang u. a. 2012] ZHANG, Chunhong ; CHENG, Cheng ; JI, Yang: Architecture Design for Social Web of Things. In: *Proceedings of the 1st International Workshop on Context Discovery and Data Mining*. New York, NY, USA : ACM, 2012 (ContextDD '12). – ISBN 978–1–4503–1553–1, S. 3:1–3:7

[Zhang u. Mani 2003] ZHANG, Jianping ; MANI, Inderjeet: kNN Approach to Unbalanced Data Distributions: A Case Study involving Information Extraction. In: *Workshop on Learning from Imbalanced Datasets II ICML Washington DC 2003*, 2003, S. 42–48